TRAITÉ
DES ARBRES
ET
ARBUSTES.

TOME PREMIER.

TRAITÉ
DES ARBRES

ET
ARBUSTES

QUI SE CULTIVENT EN FRANCE
EN PLEINE TERRE.

Par M. DUHAMEL DU MONCEAU, *Inspecteur général
de la Marine ; de l'Académie Royale des Sciences, de la Société
Royale de Londres, Honoraire de la Société d'Edimbourg
& de l'Académie de Marine.*

TOME PREMIER.

A PARIS,

Chez H. L. GUERIN & L. F. DELATOUR,
rue Saint Jacques, à Saint Thomas d'Aquin.

M. DCC. LV.

Avec Approbation & Privilege du Roi.

PRÉFACE.

L E voiſinage de la Forêt d'Orléans , où eſt ſituée une de nos Terres , m'ayant fourni bien des ſujets d'obſervations , je me propoſai de prendre des inſtructions ſur tout ce qui pouvoit concerner les Bois & les Forêts ; mais les recherches auxquelles je ne m'étois d'abord livré que par goût , devinrent pour moi un devoir lorſque M. le Comte de Maurepas m'engagea à ſuivre cet objet , & à m'attacher ſur-tout à certains points qu'il jugeoit intéreſſants pour la Marine.

M. Rouillé m'ayant depuis paru agréer ce travail , je l'ai continué avec une ardeur qui n'a fait qu'augmenter ſous le Miniſtere de M. le Garde des Sceaux , qui en ayant ſaiſi l'utilité , me recommanda de donner à cette recherche la préférence ſur tous les autres objets qui auroient pu m'occuper : j'y étois d'ailleurs engagé par le deſir que j'ai toujours eu de me rendre utile à

a

la Marine, & de satisfaire au devoir que m'impose la place que j'occupe dans l'Académie.

Quelque desir que j'eusse de presser l'exécution de cet Ouvrage, les expériences & les observations qui me restoient à faire exigeoient nécessairement des délais dont j'ai profité pour donner au Public mon *Traité de la Fabrique des Manœuvres*, mes *Eléments d'Architecture Navale*, mon *Traité de la Culture des Terres*, & celui *de la Conservation des Grains*. Peut-être même me serois-je encore laissé entraîner à donner la préférence à quelque ouvrage moins étendu que celui que je commence à présenter au Public, si Sa Majesté ne m'avoit pas demandé, lorsque je lui présentai mes Recherches sur la Culture des Terres, en quel état étoit mon travail sur les Bois de construction. Ce mot me fit prendre la résolution d'abandonner toute autre occupation pour me livrer entiérement à un objet qui avoit mérité l'attention de notre Auguste Monarque.

J'ai donc travaillé sans relâche à mettre en ordre mes Mémoires qui s'étoient accumulés depuis un nombre d'années que j'employois à faire continuellement des observations & des expériences. Mais parce que les différentes faces sous lesquelles on peut considérer ce grand objet sont comme autant de branches qui partent d'une souche commune, il ne m'étoit pas possible d'étudier les Bois relativement à la construction des Vaisseaux sans étendre mes connoissances sur un nombre d'autres objets qui pouvoient devenir utiles au Public.

Ainsi après avoir mis un peu d'ordre dans mes Mémoires, je me suis cru en état de donner un ouvrage dont l'utilité seroit plus générale que le motif qui m'avoit engagé à l'entreprendre ; puifque fans rien perdre de ce qui peut intéreffer la Marine, il feroit utile aux propriétaires des Forêts, à ceux qui voudront décorer leurs Terres, de Bois, d'Avenues, de Garennes, & de Remifes ; ou, leurs Parcs & leurs Jardins, de bofquets délicieux d'une efpece toute nouvelle ; enfin à un nombre confidérable d'Arts & de Métiers qui font une grande confommation de bois de toute efpece.

On apperçoit déja que mes vues doivent s'étendre fur la formation, l'entretien, le rétabliffement & l'exploitation des Forêts & des Bois de tout genre, & encore fur les agréments qu'ils peuvent procurer lorfqu'ils font fur pied ; enfin les différents ufages auxquels on peut les employer quand ils font abattus, relativement à leur âge, à leur groffeur, à leur qualité & à leur efpece.

Je ne dois point négliger de prévenir que plufieurs de ces objets feront traités fuccinctement dans les deux Volumes que je mets au jour, pour ne point perdre de vue les bois de fervice qui font le premier & le principal objet de mon travail.

Mais, malgré cette reftriction, j'avoue franchement que quand j'ai pris la plume pour rédiger mes Mémoires, j'ai été effrayé de l'étendue de l'entreprife ; & peut-être n'aurois-je pas eu le courage de la fuivre, s'il ne m'étoit pas venu dans la penfée de décompofer en quelque façon ce grand projet, pour m'attacher fucceffivement à des Traités particuliers, qui, pouvant être enfuite réunis, en formaffent un général. Dans cette vue, je ferai mon poffible pour que chacun des Traités féparés foit complet dans fon genre, afin que fi la totalité de mon ouvrage ne peut pas être conduit au terme que je me suis proposé, le Public puisse au moins profiter des parties que j'aurai données.

Comme le travail que j'ai entrepris regarde les Bois en général, j'ai cru qu'il convenoit de commencer par faire connoître les différents Arbres, Arbrisseaux & Arbustes qu'on peut élever en pleine terre dans les différentes Provinces de France. Ainsi c'est l'objet de ce premier Traité que je mets au jour, auquel j'ai donné pour titre : *Traité des Arbres & Arbustes qu'on peut élever en pleine terre en différentes Provinces de France.* Je vais entrer dans le détail du plan de cet Ouvrage, & des raisons qui m'ont déterminé à lui donner la forme que j'ai choisie.

J'ai suivi dans ces deux premiers Volumes l'ordre alphabétique : on peut donc les regarder comme un Dictionnaire. Chaque genre d'Arbre & d'Arbuste forme un article séparé qui est précédé d'une vignette en taille-douce sur laquelle on a représenté les caracteres de chaque objet, c'est-à-dire, le détail des fleurs & des fruits qui en sont les parties vraiment caractéristiques. On trouve ensuite un ou plusieurs noms latins ou françois sous lesquels les genres sont le plus généralement connus. Immédiatement après suit une description qui convient à tout le genre dont on traite : nous avons mis ensuite la liste de toutes les especes connues, avec les phrases latines & leur traduction en françois ; cette liste est suivie de la culture qui convient aux Arbres du genre dont il s'agit ; viennent ensuite les usages, sur lesquels nous nous sommes plus ou moins étendus, suivant que le genre nous a paru l'exiger; enfin nous avons terminé chaque article par une, deux, trois ou un plus grand nombre de planches, fur lefquelles font repréfentées des branches chargées de fleurs & de fruits, qui peuvent fervir à faire connoître le port qui eft propre à chaque genre. Voilà en général le tableau de notre Ouvrage : il faut maintenant en examiner les parties plus en détail.

§. I. *Pourquoi j'ai choifi l'ordre alphabétique.*

Je fuis très-convaincu de l'avantage qu'il y a à fuivre dans l'étude de la Botanique une des méthodes qui ont été fi ingénieufement imaginées par MM. Ray, de Tournefort, Boerhaave, Van-Royen, Linnæus, Bernard de Juffieu, & autres favants méthodiftes. C'eft le feul moyen de foulager fa mémoire dans l'étude d'une fcience qui exige qu'on retienne non-feulement un grand nombre de noms, mais encore des phrafes entieres, qui font quelquefois fort longues.

De plus, un voyageur inftruit d'une de ces méthodes (n'importe laquelle) pourra donner aux Botaniftes avec lefquels il fera en correfpondance, une idée exacte de toutes les plantes inconnues qui fe préfenteront à fes recherches, & il pourra le faire, en rapportant aux claffes & aux genres déja établis, les plantes qui pourront naturellement s'y ranger ; il lui fuffira de faire remarquer les fingularités des efpeces nouvelles qu'il voudra faire connoître. S'il arrive qu'il trouve des plantes qui ne puiffent abfolument pas fe rapporter aux genres précédemment établis, il en fera de nouveaux ; mais alors il aura foin de les rendre relatifs à la méthode qu'il aura adoptée. Donnons un exemple. Des voyageurs peu inftruits, nous ont souvent parlé d'un Merisier de Canada fort différent de ceux d'Europe ; mais nous n'avons jamais pû prendre une idée juste de cet arbre, qu'après que les semences qu'on nous avoit envoyées du pays même, nous ont fait connoître que cet arbre qu'on nomme Merisier en Canada, est un véritable Bouleau à feuilles de Merisier. De même, des Canadiens nous ont souvent représenté le Bonduc comme une espece de Noyer ; mais les Botanistes nous en ont donné une idée bien plus exacte par la description méthodique qu'ils en ont faite.

Quoique je fusse persuadé, par les raisons que je viens de rapporter, des avantages réels qu'on peut retirer des méthodes qui sont établies, j'ai néanmoins préféré dans cet ouvrage l'ordre alphabétique ; parce que mon objet étant restraint aux arbres & aux arbustes qu'on peut élever en pleine terre, je n'aurois pû présenter que des ébauches de méthode qui auroient paru difformes aux Botanistes instruits, & qui auroient été assez inutiles aux simples amateurs : j'ai essayé de suppléer au défaut qu'on peut légitimement reprocher à l'ordre alphabétique, par des Tables méthodiques, dont j'indiquerai l'usage dans la suite. De quelque utilité que ces Tables puissent être, il y aura cependant bien des cas où un amateur sera dispensé d'y avoir recours. S'il reçoit, par exemple, de quelqu'un de ses correspondants, des semences ou des arbres en pied, dont les noms soient exactement marqués ; ou si pour faire dans son Parc un bosquet singulier, il consulte les listes des Jardiniers, il ne connoîtra que des noms qui ne lui présenteront aucune idée des arbres qu'il se proposera de cultiver ou d'acheter ; au lieu qu'en cherchant ces noms dans notre

Ouvrage, il prendra une connoiſſance preſque auſſi exacte de ces arbres, que s'il les avoit déja cultivés depuis pluſieurs années. On apperçoit bien que ce que nous venons de dire des arbres de décoration, doit avoir ſon application aux arbres utiles dont on voudroit former des bois.

Il eſt bon d'avertir ici, que quoique nous ayions rangé les plantes par leurs noms latins, parce qu'ils ſont plus généralement connus, ceux qui ne ſauront que les dénominations françoiſes, ou même les vulgaires, trouveront à la fin de cet Ouvrage une Table très-détaillée qui leur indiquera les noms qu'ils doivent chercher.

§. II. *Raiſons qui m'ont déterminé à ſuivre la nomenclature de M. de Tournefort.*

Il y a peu d'arbres qui n'ayent reçu différents noms des Auteurs qui en ont traité. J'avois donc à choiſir, ſans me donner la liberté de faire encore une nouvelle nomenclature : mais comme les dénominations de M. de Tournefort ſont aſſez généralement connues, même de ceux qui ne ſont pas une étude particuliere de la Botanique, j'ai cru devoir leur donner la préférence pour me prêter aux connoiſſances qui ſont déja aſſez répandues, ſans néanmoins déſapprouver les Auteurs qui ont jugé à propos de ſuivre une autre nomenclature.

Je n'ai garde, par exemple, de blâmer M. Linnæus d'avoir réuni à un même genre qu'il appelle Pin, les Sapins, les Méleſes & les Pins de M. de Tournefort, puiſqu'en effet ces arbres ſe reſſemblent beaucoup par les parties de la fructification ; les Botaniſtes ne refuſeront pas d'approuver cette réunion ; mais comme les Sapins & les Méleſes ſont diſtingués des Pins par tous les Artiſtes qui font ufage de ces différents bois, & par ceux qui ont quelque connoiffance des Forêts, j'ai cru devoir conferver ces trois noms pour ne point troubler les idées reçues, ce qui feroit immanquablement arrivé, fi j'avois appellé Pin, ce qu'ils ont nommé Mélefe ou Sapin.

D'ailleurs il m'a paru convenable d'éviter de faire des genres trop chargés d'efpeces; car fi, pour éviter la confufion qui en réfulteroit, on fe trouvoit obligé de divifer ces genres par fections, autant vaudroit-il conferver les noms déja reçus, en avertiffant, comme l'a fouvent fait M. de Tournefort, que tels ou tels genres ont beaucoup de rapport les uns avec les autres. Mais pour ne point dépayfer ceux qui fe feroient rendu la nomenclature de M. Linnæus familiere, j'ai eu foin de mettre à la tête de chaque genre & dans la Table générale, le fynonime fourni par cet Auteur; ainfi on fera libre d'appeller avec M. Linnæus *Lonicera* les arbuftes que M. de Tournefort a nommés *Caprifolium*, *Periclymenum* & *Chamæcerafus*.

J'ai cependant préféré quelquefois la dénomination de M. Linnæus : comme à l'article du *Baccharis*, qui ne m'a pas paru avoir le caractere du *Senecio* de M. de Tournefort : alors j'ai commencé par la dénomination de M. Linnæus, & j'ai rapporté celle de M. de Tournefort comme fynonime.

Comme depuis M. de Tournefort la Botanique s'eft enrichie de plufieurs genres qui étoient inconnus à ce célébre Botanifte, j'ai employé pour ces nouveaux genres, ou la dénomination de M. Linnæus, comme *Amorpha*, *Azalea*, *Ceanothus*, &c. ou celles des Auteurs qui ont les premiers fixé les caracteres,

comme

comme *Clethra Gronovii, Bonduc Plumerii.*

§. III. *Moyens que j'ai employé pour faire connoître les Arbres & les Arbustes.*

Si je n'avois travaillé que pour les Botanistes, il m'auroit suffi, à l'exemple de MM. de Tournefort, Van-Royen, Linnæus, & des autres célébres Méthodistes, de rapporter les points vraiment caractéristiques; mais comme j'ai principalement en vue de faire connoître les Arbres & les Arbustes aux Propriétaires des terres, aux Jardiniers, aux Officiers des Eaux & Forêts, aux Architectes, aux Constructeurs, & à quantité d'Ouvriers qui employent beaucoup de bois, sans avoir ni le temps, ni le goût de se livrer à l'étude de la Botanique, j'ai employé tous les moyens possibles pour me rendre intelligible, & pour épargner de la peine à ceux qui voudront faire usage de mon Ouvrage.

Comme les figures parlent aux yeux, & qu'elles mettent en état d'abréger beaucoup le discours, j'ai représenté les détails de la fleur & du fruit dans des vignettes gravées en taille-douce, qui sont placées à la tête de chaque genre, immédiatement au-dessus d'une description générique qui est fort abrégée, quoique j'y examine avec soin le calice, les petales, les étamines, les pistils, & même les feuilles ; en sorte que tout ce qu'on trouve dans les descriptions, ainsi que dans les vignettes, convient à tout le genre dont il s'agit. Toutes les fois donc qu'on trouvera un Arbre ou un Arbuste dont les fleurs, les fruits ou les feuilles seront semblables à quelqu'une de nos descriptions, on pourra être assuré que cet Arbre est de ce genre : il ne restera plus qu'à découvrir quelle est son efpece. Affez ordinairement les phrafes qui font elles-mêmes de courtes defcriptions, fuffiront pour guider un amateur attentif ; mais toutes les fois que les phrafes nous ont paru infuffifantes, nous y avons fuppléé par des marques finguliérement diftinctives, qui, toutes abrégées qu'elles font, nous ont femblé pouvoir fuppléer à des defcriptions fpécifiques qui auroient été indifpenfablement longues & ennuyeufes.

Chaque genre d'Arbres & d'Arbuftes a communément un port, propre à toutes les efpeces qui le compofent : les Pins, les Sapins, les Cyprès, les Chênes, les Noyers ont des ports différents qui font communs à toutes les efpeces de ces différents genres ; & ces ports qu'il feroit long & difficile de rendre par des defcriptions, s'expriment très-bien par des deffeins exacts *. C'eft ce qui m'a engagé à placer à la fin de chaque article une ou plufieurs planches qui repréfentent une branche chargée de fleurs ou de fruits ; & afin de ne rien omettre de tout ce qui peut faciliter la connoiffance des Arbres & des Arbuftes, nous avons non feulement multiplié ces planches, toutes les fois que dans un même genre il fe trouve des efpeces qui ont des ports différents, mais nous avons encore fait graver le contour des feuilles dans leur grandeur naturelle, lorfque les efpeces d'un même genre ont leurs feuilles de figures affez variées pour caufer de l'embarras.

---

* J'ai eu le bonheur de recouvrer prefque toutes les planches de la belle édition latine du Matthiole de Valgrife : les Imprimeurs de mon Ouvrage ont fait graver avec foin celles qui y manquoient ; entre celles-ci il s'en trouve plufieurs qui n'avoient point été repréfentées jufqu'à préfent dans les livres de Botanique, ou qui l'étoient fort mal, n'ayant été deffinées que fur des plantes feches.

Nous venons de dire que les phrafes des Botaniftes étoient de courtes defcriptions qui aidoient fouvent à connoître les efpeces ; ces phrafes auroient en effet plus fréquemment cette utilité, fi elles avoient toujours été faites dans cette vue ; mais les mêmes raifons qui nous ont fait adopter la nomenclature de M. de Tournefort, nous ont détourné de faire de nouvelles phrafes, & nous ont déterminé à nous contenter de rapporter dans notre lifte celles qui font le plus en ufage, foit qu'elles ayent été faites par les Bauhins, ou par Matthiole, Clufius, de Lobel, Dodonée, Dalechamp, de Tournefort, Barrelier, Pluknet, Linnæus, &c; mais en faveur de ceux qui ne fe font pas familiarifés avec le langage des Botaniftes, on a eu toujours foin de mettre la phrafe françoife, & même autant que l'on a pu, les noms populaires en ufage dans différentes Provinces.

Je fens bien qu'on pourra m'accufer d'avoir étendu le nombre des efpeces, en y comprenant beaucoup de variétés : mais outre que ce reproche pourroit fouvent n'être pas fondé, comme j'efpere le prouver ailleurs, il faut convenir que dans un Traité comme celui-ci, les variétés font fouvent auffi intéreffantes que les efpeces. J'avouerai, par exemple, fi l'on veut, que l'Epine blanche, les Meriziers & les Cerifiers à fleur double, ne font que des variétés des efpeces ordinaires; mais ces variétés ont l'avantage de fournir à nos bofquets une décoration, dont les autres efpeces du même genre ne font point fufceptibles : ce que je dis de quelques Arbres à fleurs doubles, a fon application aux Houx panachés, aux Rofiers, & même à quantité d'Arbres utiles.

§. IV. *Des vues que j'ai eu en parlant de la culture
des Arbres & des Arbustes.*

Il y a des principes généraux, qui étant bien établis,
& bien clairement expliqués, ont leur application à la
culture de tous les Arbres : nous remettons ces grands objets à une autre partie de cet Ouvrage, où nous donne-
rons la façon d'élever les Arbres d'un service vraiment
utile, & qui doivent faire la masse des Forêts. Il faut
cependant convenir que chaque genre d'Arbre exige
des attentions qui lui sont propres : celui-ci veut avoir
ses racines dans l'eau ; cet autre se plaît dans des sa-
bles assez secs ; plusieurs subsistent dans les mauvais terreins, pendant que la plûpart exigent des terres *substan-
tieuses* * & qui ayent beaucoup de fond : les uns ne se
multiplient que par les semences ; d'autres produisent des
drageons enracinés, ou reprennent de marcotte & même
de bouture. Ce sont ces cultures particulieres aux différents Arbres qu'on trouvera dans la partie de mon Ouvrage
que je presente actuellement au Public ; & j'espere que
ce que j'en dis, quoique fort en abrégé, suffira pour
mettre un amateur intelligent en état de se procurer tous
les Arbres & Arbustes dont il est fait mention dans
notre Traité. C'est donc, en le considérant sous ce point
de vue, que cet Ouvrage pourra paroître complet, d'autant que je me suis quelquefois assez étendu sur la culture de

---

* Comme j'aurai fréquemment à parler de terres remplies de sucs nourriciers, il m'a paru nécessaire d'employer un seul mot pour l'exprimer, afin
d'éviter de longues périphrases : j'inclinois pour le terme de *substantiel* ; mais
comme ce terme est en quelque façon consacré à la Logique & à la Morale,
j'ai cru qu'on me permettroit celui de *substantieux*, qui d'ailleurs se trouve
dans quelques Dictionnaires.

certains Arbres, tels que les Mûriers, les Oliviers, &c. qui ne peuvent pas être regardés comme des Arbres de Forêts, mais qui ont des utilités si intéressantes, qu'ils m'ont paru mériter une attention particuliere. Je terminerai ce que j'ai à dire présentement de la culture, par une réflexion qui pourra être utile aux Propriétaires de Terres assez étendues, & qui voudront se faire un plaisir de cultiver & de multiplier les Arbres étrangers.

La plûpart de ceux qui ont le goût de cette culture choisissent dans leurs Parcs une étendue de terrein qu'ils consacrent à ce genre de curiosité. On veut que tous les Arbres viennent dans ce même lieu ; & si quelques-uns n'y réussissent pas, on s'en prend au Jardinier, ou bien on se persuade que ces arbres ne peuvent réussir dans notre climat.

Je propose une conduite bien différente, & c'est celle que j'observe depuis plusieurs années. Tous nos Arbres étrangers sont semés & élevés dans un même Jardin, où on leur donne les soins nécessaires pour réparer le défaut du terrein ; mais dès qu'ils sont assez grands pour être transplantés, nous essayons de leur choisir une exposition & un sol qui leur conviennent. Ce sera pour les uns une terre de marais, pour d'autres une terre médiocrement humide, ou une terre forte, ou une terre sabloneuse, ou des côteaux fort secs : il y a peu de Propriétaires de Terres qui ne se trouvent avoir dans leurs Domaines ces différentes sortes de terreins. Il est vrai, qu'en suivant notre pratique, on n'a pas la satisfaction d'appercevoir d'un coup d'œil toutes ses richesses ; mais aussi l'on a le plaisir de voir ces différents Arbres réussir presque comme dans leur sol naturel , sans presque

aucune culture ; & lorfqu'on entreprend des prome-
nades dans la campagne, on jouit d'un fpectacle qui les
rend plus agréables. D'ailleurs on fe ménage l'avantage
de ne pas rifquer de perdre toutes ces plantations d'Arbres étrangers, par les changemens que la fuite des temps
amene néceffairement dans la difpofition des Jardins &
des Parcs.

§. V. *Sur ce que j'ai dit des ufages que l'on peut faire des Arbres & des Arbuftes qui font compris dans ce Traité.*

Si je m'étois étendu dans l'Ouvrage que je mets pré-
fentement au jour, fur toutes les attentions qu'un éco-
nôme intelligent doit apporter pour tirer le plus grand
avantage poffible des bois de fervice, j'aurois fatisfait à
tout ce qu'on pourroit attendre du Traité général des
Bois, dont je ne préfente au Public qu'une petite partie ;
mais auffi ce Traité particulier auroit été incomplet &
peu fatisfaifant, fi après avoir fait connoître les Arbres
& parlé de leur culture, je n'avois rien dit de l'utilité
& des agrémens qu'on en peut retirer. Ces réflexions
m'ont engagé à prendre à l'égard des ufages, le même
parti que pour la culture : je ne fais qu'indiquer fort
en abrégé l'ufage qu'on peut faire des bois pour la Marine, l'Architecture, les autres Arts ; me réfervant de
traiter dans la fuite ces objets avec plus de détail ; mais
je me fuis étendu fur des articles qui font d'une utilité
particuliere, auxquels je pourrai me difpenfer de revenir dans la fuite.

C'eft, par exemple, dans cette vue que j'ai décrit avec
foin la maniere d'adoucir les Olives & d'en retirer l'huile.

Ayant aussi remarqué que nos Auteurs ont laissé beaucoup de confusion sur ce qui regarde les Résines & les Arbres qui les fournissent, j'ai essayé d'éclaircir cette partie de l'Histoire naturelle, qui est également intéressante pour nos Colonies & pour la Marine. En effet nos Colonies sont amplement pourvues d'Arbres propres à fournir du Goudron, de la Résine, du Bray-gras & du Bray-sec ; & comme la Marine fait une grande consommation de toutes ces matieres, on est dans la nécessité d'en tirer du Nord pour des sommes considérables, qu'il seroit bien plus avantageux de répandre dans nos Colonies.

Je suis aussi parvenu à éclaircir plusieurs faits concernant le Mastic, & à faire connoître la différence qu'il y a entre la Térébenthine de Scio ou Chio, celles que fournissent les différentes especes de Sapin, celle du Mélese, & la Térébenthine grossiere qu'on peut tirer des Pins. Enfin j'ai cru ne devoir pas négliger de dire quelque chose des usages qui ont rapport à la Teinture & à la Médecine.

Je m'étois d'abord proposé de ne comprendre dans cet Ouvrage que les Arbres les plus communs de nos Forêts, ou ceux qui font d'une plus grande consommation : tels font le Chêne, l'Orme, le Noyer, le Hêtre, le Châteignier, &c. Mais comme il n'y a point d'Arbre qui n'ait son utilité particuliere, j'ai cru devoir étendre mes vues sur tous ceux qui se trouvent dans les Bois, dans les Parcs & même les Jardins des différentes Provinces du Royaume. Quoiqu'au moyen de cette addition mon Ouvrage ait acquis beaucoup d'étendue, je crois qu'on l'auroit jugé incomplet, si je l'avois borné aux Arbres naturels à la France. Pourquoi effectivement refuser de s'enrichir des Arbres du Canada, de l'Ifle Royale, de la côte de Virginie, de Bofton, & de tant d'autres Pays où les hyvers font autant ou plus rigoureux qu'en France? Nous favons par une longue expérience que la plûpart de ces Arbres réuffiffent très-bien au Jardin du Roi, à Trianon, à Saint-Germain-en-Laye chez M. le Duc d'Ayen, chez M. le Marquis de la Galiffonniere, près de Nantes; en Bourgogne chez M. de Buffon; à Malesherbes dans le Gâtinois; dans nos Jardins près de Petiviers, & même dans nos campagnes, où nous n'avons pas héfité d'en placer un affez grand nombre. Enfin ces expériences fe trouvent répétées dans la plûpart des Provinces du Royaume; car le goût de la culture des Arbres s'eft beaucoup étendu, & il eft en quelque façon annobli, depuis que des perfonnes de la plus haute diftinction ont donné la préférence à ce genre de curiofité fur celui des fleurs. Ces fuccès ne femblent-ils pas annoncer que les Arbres dont on reconnoîtra l'utilité pour les Arts, ou pour la décoration des Jardins, pourront fe naturalifer dans le Royaume? Le faux Acacia & le Marronnier d'Inde nous en fourniffent des exemples, ainfi que l'Ebénier ou Cytife des Alpes, qui étoit rare dans plufieurs Provinces, quand nous avons commencé à nous livrer à la culture des Arbres, & qui eft maintenant commun.

J'ai donc cru devoir comprendre dans mon Ouvrage les Arbres étrangers qui peuvent fupporter la rigueur de notre climat, & s'élever en pleine terre avec prefque autant de facilité que les Arbres qui croiffent naturellement dans nos Bois; mais j'ai évité de parler des Arbres des Pays chauds, qui ne peuvent fe paffer des ferres

chaudes,

chaudes & des Orangeries, afin de ne point m'écarter de mon principal objet, qui est l'utilité. C'est dans la vue d'engager mes Compatriotes à cultiver & à multiplier les Arbres qui pourront être avantageux aux Arts, que je me suis proposé de les faire connoître plus particuliérement.

On ne voit point encore par tout ce que je viens de dire, ce qui m'a déterminé à comprendre dans cet Ouvrage les Arbrisseaux & les Arbustes : c'est, pour le dire en deux mots, dans la vue de ramener à l'utile par l'agréable. En effet, il se trouve des hommes fort riches qui recevroient mal la proposition de faire des Semis consi-dérables de bois dans des terres peu propres à produire du grain : inutilement leur representeroit-on l'avantage qui en résulteroit pour la société, & qu'ils travailleroient bien plus utilement pour leur postérité en améliorant ainsi leurs Domaines, que s'ils en reculoient les limites : le présent est ce qui flatte, on veut jouir : prêtons-nous à cette façon de penser, quoiqu'elle ne soit pas d'un vrai citoyen ; essayons de faire goûter le bon & l'utile qui pa-roît insipide à plusieurs personnes, en le couvrant (qu'on me passe cette expression) du masque de la frivolité ; car il y a lieu d'espérer que nous serons mieux écoutés, des gens riches surtout, en leur proposant d'orner leurs Châ-teaux d'avenues faites d'Arbres étrangers, & leurs Parcs de Bosquets charmants remplis d'Arbustes singuliers. Si l'amour propre des Possesseurs de Terres est flatté par la vue des Parcs ordinaires, malgré la rebutante uniformité de leurs Bosquets qui ne sont variés que par les formes, n'y a-t-il pas lieu d'espérer qu'il le seroit encore plus, si les Bosquets de ces Parcs offroient des spectacles variés & propres à chaque saison ?

La chofe eft très-poffible : on s'en procurera pour le premier Printemps en ménageant dans un Bofquet d'Arbres verds, des plate-bandes qu'on pourra remplir d'Arbuftes, & même de plantes, qui fleuriffent dès le commencement du mois d'Avril.

Les Bofquets du milieu du Printemps pouvant être formés d'un grand nombre d'Arbres & d'Arbuftes qui fleuriffent tous dans le même temps, on fe procurera dans les beaux jours de cette faifon un fpectacle des plus agréables. Nous avons des Bofquets plantés dans ce goût, qui excitent l'admiration de ceux qui les voyent, quoiqu'ils foient fort petits. Qu'y a-t-il en effet de plus raviffant que de trouver dans fon Parc une très-grande falle ornée de tapifferies auffi riches que les plus belles plate-bandes formées des fleurs les plus précieufes, & meublée d'Arbriffeaux & d'Arbuftes qui tous portent dans le même temps des fleurs qui charment par la beauté de leurs couleurs, la variété de leurs formes & de leurs agréables odeurs ?

Ajoutons à cela que dès que la plus belle planche de Jacinthes ou de Tulipes a paffé fa fleur, il n'y refte plus rien que de très-défagréable à la vue, au lieu que dans nos Bofquets une verdure admirable fuccede prefque toujours à l'éclat des fleurs.

Par un choix convenable des Arbres, le fpectacle dont nous venons de tracer l'efquiffe, fe peut renouveller jufqu'au milieu de l'Eté : il eft vrai qu'alors il y a peu d'Arbres & d'Arbuftes qui donnent des fleurs : mais on peut former d'affez beaux Bofquets pendant le refte de cette faifon, & pendant toute celle de l'Automne, avec des Arbres qui confervent leur verdure jufqu'au temps

des gelées ; & cette verdure eſt quelquefois accompa-
gnée ou ſuivie de fruits, dont les couleurs & les formes agréables ou bizarres, fourniſſent de nouveaux plai-
ſirs.

On croiroit volontiers que pendant l'Hyver, la campagne eſt dépourvue de toute ſorte d'agréments ; cependant ceux qui paſſent cette ſaiſon dans leurs terres, peuvent trouver une reſſource dans les Arbres qui ne quittent point leurs feuilles. Notre Ouvrage en préſente un
grand nombre d'eſpeces, dont on pourra former des
Boſquets qui auront bien leur mérite, quand les autres
Arbres ſeront dépouillés. J'avoue que la plûpart de ces
Arbres ont leurs feuilles d'un verd foncé & obſcur, qui
fait un contraſte déſagréable avec la belle verdure des
Arbres qui ſe dépouillent : c'eſt pour cette raiſon que
nous conſeillons de maſquer les Boſquets d'Arbres verds
avec des paliſſades, ou par des ſalles d'Arbres qui ſe dépouillent, afin d'éviter la comparaiſon fâcheuſe de ces
deux verdures, & que les Arbres verds ne puiſſent être
apperçus des Appartements pendant l'Eté ; mais dans les
beaux jours d'Hyver, on ira volontiers chercher ce Boſquet où l'on aura le plaiſir de ſe promener à l'abri du
vent, au milieu d'Arbres touffus & remplis d'Oiſeaux,
qui abandonnent les autres Bois pour profiter de l'abri
qui leur eſt offert, & qu'ils ne peuvent plus trouver
ailleurs.

. Nous avons eu ſoin d'indiquer dans notre Ouvrage
les Arbres qui pourront être plantés dans ces différents
Boſquets : nous laiſſons aux Architectes, aux bons Jardiniers, & aux perſonnes de goût le ſoin d'étudier la forme de chaque Arbre, ſa grandeur, ſon port, la couleur

de ſes fleurs ou de ſes feuilles pour donner d'autant plus de mérite à ces ſortes de Boſquets. La plus grande difficulté qui s'oppoſe à l'exécution de ce projet , eſt que la plûpart de ces Arbres ne ſe trouvent point à vendre dans les Pépinieres ; mais ſi ce genre de curioſité continue à faire du progrès, l'induſtrie de nos Jardiniers *pépiniériſtes*, s'exercera ſur cet objet : le ſuccès de l'application qu'ils ont donnée aux Arbres fruitiers , nous répond de celui des Arbres de décoration. Pour nous rendre utile à tout le monde , nous avons encore eu ſoin d'indiquer , en faveur de ceux qui aiment la Chaſſe , les Arbres qui ſont propres à former des Remiſes & des Garennes.

Mais je prie qu'on ſe ſouvienne que je me propoſe de traiter très - amplement dans un autre Ouvrage , la maniere de ſemer les Bois , de les entretenir , de rétablir ceux qui ſont dégradés , ainſi que tout ce qui regarde l'exploitation des Forêts : car j'avoue qu'on n'auroit pas lieu d'être content , ſi je me bornois aux généralités que je donne aujourd'hui , tant ſur la culture, que ſur les uſages des Arbres que j'eſſaye de faire connoître dans les deux volumes que je donne au Public.

Je prévois encore que ceux qui n'ont aucune connoiſſance de la Botanique pourront trouver mauvais que nous ayions employé quantité de termes propres à cette ſcience, ſans avoir eu ſoin de les expliquer. Ils ne ſauront peut-être ce que c'eſt que Chatons , Etamines , Sommets, Piſtils , Stigmates , Pétales , *Nectarium*, &c. ils auront peut-être peine à ſe prêter à la diſtinction des fleurs mâles & des fleurs femelles ; ils ſe trouveront embarraſſés par les dénominations de feuilles ſimples , feuilles compoſées , conjuguées , alternes , oppoſées ; les mots de folioles, de ſtipules, leur pourront être étrangers. J'avoue qu'il auroit peut-être été convenable de donner les Rudiments de la Langue des Botaniſtes, avant d'en faire uſage: c'étoit bien mon deſſein, & je comptois en faire la principale partie de cette Préface ; mais les deux Volumes que je donne au Public ſe ſont trouvés trop gros pour admettre cette addition. Ainſi je me réſerve de traiter cette matiere dans le Volume ſuivant , qu'on regardera, ſi l'on veut, comme une introduction à ceux-ci , ou comme la premiere partie de tout l'ouvrage.

Nous avons compris dans notre Traité cent quatre-vingt-onze Genres & près de mille Eſpeces. Néanmoins je ſuis bien éloigné de penſer que j'y aye compris tous les Arbres , les Arbriſſeaux & les Arbuſtes qui peuvent ſupporter nos Hyvers : ainſi pour compléter ce Traité, je me propoſe d'y ajouter par forme de Supplément, les genres & les eſpeces qui auroient pû m'échapper, ou même ceux que nous pourrons nous procurer par la culture des Semences qui nous ſont envoyées de différents Pays par nos Correſpondants ; & j'ai lieu d'eſpérer, qu'à l'exemple de pluſieurs bons citoyens qui ont bien voulu ſe réunir à moi, pour travailler de concert à la perfection de l'Agriculture, les Botaniſtes & les Amateurs ſe prêteront à m'informer des omiſſions qu'ils auront apperçues, & à me faire part des Arbres ſinguliers qu'ils auront élevés dans leurs Jardins.

J'ai déja éprouvé combien ces ſecours ſont avantageux. Sa Majeſté a trouvé bon que M. Richard (qui cultive avec tant de ſuccès les Jardins de Trianon) me fît part des Arbres de pleine terre qu'il s'eſt procuré en élevant des femences étrangeres , ou par la correfpondance qu'il a avec les Botaniftes d'Angleterre ; M. le Duc d'Ayen , & M. le Monnier Médecin du Roi à Saint Germain-en-Laye , qui préfide aux Jardins de ce Seigneur , me font pareillement part de tout ce qu'ils ont de fingulier dans le genre qui m'intéreffe : M. Bernard de Juffieu , qui s'eft prêté avec toute la générofité poffible à m'aider de fes Livres , de fes Mémoires , & plus encore que tout cela , de fes confeils, fe fera un plaifir de rendre mon Ouvrage plus complet, en me procurant les Arbres & les Arbuftes de pleine terre que l'on élevera par la fuite au Jardin du Roi. J'en dois dire autant de MM. Bombarde, Charantonneau , le Chevalier Turgot, l'Abbé Nollin , &c. qui font cultiver avec foin les graines que nous recevons de nos Colonies. M. le Marquis de la Galiffonniere qui s'intéreffe fi utilement au progrès des Sciences , veut bien me faire part des Semences & des Arbres que fes amis lui envoyent de différents Pays.

M. Gautier Correfpondant de l'Académie, Confeiller au Confeil fupérieur de Quebec, & Médecin du Roi en Canada ; M. de Fontenette Médecin du Roi à la Louyfiane ; M. Peyffonel Conful de France à Smyrne ; M. Coufineri Chancelier à Scio ; & M. Prevôt Commiffaire Ordonnateur de l'Ifle Royale, fe font un plaifir de m'envoyer tous les ans beaucoup de graines. MM. Mitchell Docteur en Médecine ; Collinfon & Miller de la Société Royale de Londres, veulent bien me faire part des femences qu'ils reçoivent de la Virginie , de Bofton, &c. Avec ces fecours il y a lieu d'efpérer que nous pourrons en peu de temps rendre notre

Traité le plus complet qu'il fera poffible ; & pour ne point abufer de la patience du Public, nous nous propofons de donner de temps en temps les additions que nous nous mettrons en état de faire à notre Ouvrage, en fournif- fant à ceux qui auront acquis cet Ouvrage, dans la même forme, les nouveaux Genres & les nouvelles Efpeces qui feront parvenues à notre connoiffance : nous profiterons de l'occafion de ces divers Suppléments pour faire part au Public des nouvelles connoiffances que nous aurons pû acquérir fur les matieres qui font déja traitées dans cet Ouvrage, & nous aurons toujours finguliérement l'atten- tion de faire connoître les perfonnes aufquelles le Public fera principalement redevable de ces additions.

TABLE

TABLE MÉTHODIQUE

DE TOUS LES GENRES

Contenus dans ce Traité.

SI un Amateur a dans fon jardin ou dans fes bois un Arbre ou un Arbufte qu'il ne connoiffe pas, il pourra, au moyen de cette Table & en examinant avec attention les fleurs, rapporter cet Arbre au genre qui lui convient. Pour y parvenir, il commencera par examiner fi les fleurs contiennent des étamines, & un ou plufieurs piftils. Si elles ne contiennent que des étamines, ce feront alors des fleurs mâles; fi elles ne contiennent que des piftils, ce feront des fleurs femelles : dans l'un & l'autre cas les Arbres appartiennent à la premiere Claffe. Si les fleurs contiennent des étamines & des piftils, alors elles feront hermaphrodites : & pour connoître fi les Arbres appartiennent à la feconde ou à la troifieme Claffe , il faut en examiner les pétales; car fi elles n'en ont qu'un, ces Arbres appartiendront à la feconde Claffe ; fi elles en ont plufieurs, ils feront de la troifieme. Il fera également aifé de connoître dans quelle Section ils doivent être placés ; car en fuppofant la fleur hermaphrodite polypétale , qui appartient à la troifieme Claffe , fi les pétales font de figure réguliere, & attachées en rond autour du calyce , cet Arbre devra être rapporté à la premiere Section de cette troifieme Claffe : enfuite on comptera les étamines & les piftils; alors fi l'on trouve plus de douze étamines attachées au calyce, & cinq piftils, on fera certain que l'Arbre inconnu fera un Nefflier , ou un Poirier, ou un Pommier, ou un Coignaffier, ou un Spiræa. L'incertitude fe trouvera ainfi réduite à un petit nombre de genres qu'il faudra chercher dans le corps de l'Ouvrage, où les defcriptions génériques mettront en état de rapporter cet Arbre inconnu au genre précis qui lui convient.

Tome I.   *d*

Il eſt bon de faire remarquer 1°. que le nombre des étamines n'eſt pas une choſe abſolument conſtante , ni exempte de toute variation ; mais il ſuffit que le nombre indiqué ſe trouve dans la plûpart des fleurs. 2°. A l'égard des Arbres qui compoſent la premiere Section de la premiere Claſſe , il faut être prévenu que l'on trouve quelquefois ſur les individus qui portent les fleurs mâles , quelques fleurs femelles ; & réciproquement quelques fleurs femelles ſur les individus qui portent des fleurs mâles : mais nous n'avons pas cru devoir renvoyer les Arbres de la premiere Section à la troiſieme , parce que nous nous ſommes attachés à ce qui ſe rencontre le plus ordinairement.

Ainſi pour faciliter le rapport de chaque Arbre ou Arbuſte au genre qui lui convient , nous diviſons tous les Arbres & les Arbuſtes contenus dans ce Traité en trois Claſſes , ſavoir :

PREMIERE CLASSE. Les Arbres & Arbuſtes qui portent des fleurs mâles & des fleurs femelles diſtinctes l'une de l'autre ſur les mêmes pieds ou ſur différents pieds.

SECONDE CLASSE. Les Arbres & Arbuſtes qui portent des fleurs hermaphrodites & monopétales, ou dont la feuille de la fleur eſt d'une ſeule piece.

TROISIEME CLASSE. Les Arbres & Arbuſtes qui portent des fleurs hermaphrodites & polypétales, ou dont les fleurs ſont formées de pluſieurs feuilles.

La *Premiere Claſſe* ſe diviſe en trois Sections , ſavoir :

PREMIERE SECTION. Les Arbres & Arbuſtes dont les fleurs mâles & les fleurs femelles ſe trouvent ſur des individus différents.

SECONDE SECTION. Les Arbres & Arbuſtes dont les fleurs mâles & les fleurs femelles ſont ſéparées l'une de l'autre , mais ſe trouvent ſur le même pied.

TROISIEME SECTION. Les Arbres & Arbuſtes qui portent ſur les mêmes pieds des fleurs hermaphrodites, tantôt avec des fleurs mâles , tantôt avec des fleurs femelles , ou bien ces trois ſortes de fleurs en même temps , mais toujours diſtinctes l'une de l'autre.

La *Seconde Classe* se divise aussi en trois Sections, savoir :

PREMIERE SECTION. Les Arbres & Arbustes qui portent des fleurs hermaphrodites monopétales régulieres , ou d'une seule feuille , semblables à un grelot , à un godet , à une cloche , à un entonnoir , à une soucoupe , &c.

SECONDE SECTION. Les Arbres & Arbustes qui portent des fleurs hermaphrodites monopétales irrégulieres , ou qui sont formées d'une seule feuille qui a la figure d'un cornet , d'un capuchon ou d'une gueule , souvent symmétriquement , mais toujours irréguliérement & inégalement découpées par les bords.

TROISIEME SECTION. Les Arbres & Arbustes qui portent des fleurs monopétales régulieres ou irrégulieres , hermaphrodites , mâles ou femelles , mais toujours rassemblées en forme de tête.

La *Troisieme Classe* se subdivise en deux Sections, savoir :

PREMIERE SECTION. Les Arbres & Arbustes qui portent des fleurs hermaphrodites polypétales régulieres , ou composées de plusieurs feuilles de figures assez semblables , & qui sont attachées circulairement autour du calyce.

SECONDE SECTION. Les Arbres & Arbustes qui portent des fleurs hermaphrodites polypétales irrégulieres , ou dont les feuilles de figures très-différentes les unes des autres , sont attachées circulairement & irréguliérement , quoique souvent symmétriquement , autour du calyce.

PREMIERE CLASSE.

Des Arbres & Arbuſtes qui portent des fleurs mâles &
des fleurs femelles diſtinctes l'une de l'autre, ſur
les mêmes pieds ou ſur différents pieds.

PREMIERE SECTION.

*Arbres & Arbuſtes dont les fleurs mâles & les fleurs femelles ſe trouvent
ſur des individus différents.*

I. Ceux qui ont deux étamines.

Salix, 1 *piſtil.*

II. Ceux qui ont trois étamines.

Caſia. *Ozyris*, LINN. 1 *piſtil.*

III. Ceux qui ont quatre étamines.

Rhamnoides. *Hippophaë*, LINN. 1 *piſtil.* | Gale. *Myrica*, LINN. 2 *ſtiles.*
Viſcum, 1 *ſtigmate.*

IV. Ceux qui ont cinq étamines.

Terebinthus, } *Piſtacia*, LINN. 3 *ſtigm.* | Siliqua, *Ceratonia*, LINN. 1 *piſtil.*
Lentiſcus, }

V. Ceux qui ont six étamines.

Smilax, 3 *ſtiles.* | Fagara. *Le nombre des étamines varie quel-*
Gleditſia, 1 *piſtil.*   *quefois.* 5 *piſtils.*
Zantoxilum, LINN. | Aſparagus, 1 *piſtil.*

VI. Ceux qui ont huit étamines.

Populus, 1 *piſtil.*

VII. Ceux qui ont dix étamines.

Coriaria, 5 *piſtils.*

VIII. Ceux qui ont plus de douze étamines réunies:

Juniperus, } | Ruſcus, 1 *piſtil. L'eſpece* n°. 5, *porte ſur le*
Cedrus, } *Juniperus*, LINN. 3 *ſtigm.* *même pied des fleurs mâles & d'autres fe-*
Sabina, }   *melles.*
Taxus, 1 *ſtigmate.* | Ephedra, 2 *ſtiles.*

SECONDE SECTION.

Arbres & Arbuſtes dont les fleurs mâles & les fleurs femelles ſont ſéparées l'une de l'autre , mais ſe trouvent ſur les mêmes pieds.

I. Ceux qui ont quatre étamines :

Alnus, } Betula, LINN. 2 ſtiles.
Betula, }

Morus, 2 ſtiles.
Buxus, 2 ſtiles.

II. Ceux qui ont plus de douze étamines.

Quercus, }
Ilex, } Quercus, LINN. pluſieurs ſtil.
Suber, }
Nux. Juglans, LINN. 2 ſtigmates.
Fagus, } Fagus, LINN. 3 ſtiles.
Caſtanea, }

Corylus, pluſieurs ſtiles.
Carpinus, 2 ſtiles.
Platanus, 1 piſtil.
Liquidambar, 2 ſtiles.

III. Ceux qui ont des étamines réunies en un ſeul corps.

Pinus, }
Abies, } Pinus, LINN. 1 ſtile.
Laryx, }

Cupreſſus, preſque point de piſtils.
Thuya, 2 ſtiles.

TROISIEME SECTION.

Arbres & Arbuſtes qui portent ſur les mêmes pieds des fleurs hermaphrodites , tantôt accompagnées de fleurs mâles & tantôt accompagnées de fleurs femelles , ou ces trois ſortes de fleurs à la fois , mais toujours diſtinctes l'une de l'autre.

Atriplex, 1 ſtile.
Empetrum , 1 ſtile.
Acer, 1 piſtil.

Fraxinus, 1 piſtil.
Celtis , 2 ſtiles.
Alaternus. Rhamnus , LINN. 3 ſtigmates.

La plupart des Genres de cette Claſſe pourroient être renvoyés aux Hermaphrodites en regardant comme monſtrueuſes ou comme avortées les fleurs qui n'auroient qu'un ſexe.

SECONDE CLASSE.

Des Arbres & Arbuſtes qui portent des fleurs hermaphrodites monopétales, ou dont la feuille de la fleur
eſt d'une ſeule piece.

Première Section.

Arbres & Arbuſtes qui portent des fleurs hermaphrodites monopétales
régulieres, ou d'une ſeule feuille, ſemblables à un grelot, ou à un
godet, ou à une cloche, ou à une ſoucoupe, &c. toujours réguliérement
découpées par les bords.

I. Ceux qui ont deux étamines & un piſtil.

Lilac. **Syringa**, Linn.
Jaſminum.
Liguſtrum.

Phyllirea.
Olea.
Chionanthus.

II. Ceux qui ont quatre étamines & un piſtil.

Burcardia. **Callicarpa**, Linn.

Elæagnus.

III. Ceux qui ont quatre étamines & quatre piſtils.

Aquifolium. **Ilex**, Linn. 4 *ſtigmates.*

IV. Ceux qui ont cinq étamines & un piſtil.

Azalea.
Periclymenum,
Xyloſteon, } **Lonicera**, Linn.
Symphoricarpos,
Belladona. **Atropa**, Linn.

Jaſminoides. **Licium**, Linn.
Solanum.
Pervinca. **Vinca**, Linn.
Nerion. **Nerium**, Linn.
Sideroxilon.

V. Ceux qui ont cinq étamines & deux piſtils.

Periploca.

Ulmus.

VI. Ceux qui ont cinq étamines & trois piſtils, ou plutôt trois ſtigmates.

Tinus, 3 *ſtigmates.*
Viburnum, 3 *ſtigmates.*

Opulus, 3 *ſtigmates.*
Sambucus, 3 *ſtigmates.*

VII. Ceux qui ont ſix étamines & trois ſtigmates.

Yucca, 3 *ſtigmates.*

VIII. Ceux qui ont huit étamines & un piftil.

Dirca.
Thymelæa, 1 *ftigmate.* ⎫
Daphne, ⎬ *Thymelæa.*
Pafferina, ⎭

Erica.
Vitis idæa. *Vaccinium*, Linn.
Guaiacana. *Diofpiros*, Linn.

IX. Ceux qui ont dix étamines & un piftil.

Chamærhododendros. *Rhododendron*, Linn.
Kalmia.
Arbutus.

Uva Urfi.
Gualteria.

X. Ceux qui ont plus de dix étamines attachées au calyce.

Styrax.

SECONDE SECTION.

*Arbres & Arbuftes qui portent des fleurs hermaphrodites monopétales irrégu-
lieres, ou formées d'une feule feuille qui a la figure d'un cornet ou d'un
capuchon, ou d'une gueule toujours irréguliérement & inégalement,
quoique fouvent fimétriquement découpée par les bords. Toutes ont un
piftil.*

I. Ceux qui ont deux étamines avec quatre femences renfermées dans le calyce

Rofmarinus. | Salvia.

II. Ceux qui ont quatre étamines, dont deux plus longues que les deux autres, avec quatre femences renfermées dans le calyce.

Teucrium, ⎫
Chamædris, ⎬ *Teucrium*, Linn.
Thymus. ⎭

Lavandula, ⎫
Stæchas, ⎬ *Lavandula*, Linn.
Phlomis.
Hyffopus.

III. Ceux qui ont quatre étamines, dont deux plus longues que les deux autres, & dont les femences font contenues dans une capfule.

Bignonia. | Vitex.

IV. Ceux qui ont cinq étamines, & les femences contenues dans une baye.

Caprifolium, ⎫
Chamæcerafus, ⎬ *Lonicera*, Linn.
Diervilla, ⎭

Troisieme Section.

*Arbres & Arbustes qui portent des fleurs monopétales régulieres ou irré-
gulieres, hermaphrodites mâles ou femelles, mais toujours rassemblées en
forme de tête, connues sous le nom de Fleurs à fleurons & demi fleurons.*

I. Ceux qui ne portent que des fleurs hermaphrodites dans lesquelles
on trouve quatre étamines & un pistil.

Globularia. | Cephalanthus.

II. Ceux qui portent des fleurs hermaphrodites & des fleurs
femelles, & dont les fleurs hermaphrodites renferment
cinq étamines & un pistil.

Abrotanum, } *Abrotanum*, L I N N. | Baccharis, *Senecio*, T O U R N.
Absynthium, } | Othonna.

III. Ceux qui ne portent que des fleurs hermaphrodites dans
lesquelles on trouve cinq étamines & un pistil.

Santolina.

IV. Ceux qui ne portent que des fleurs hermaphrodites dans
lesquelles on trouve plus de douze étamines & un pistil.

Acacia, *Mimosa*, L I N N.

V. Ceux qui portent des fleurs mâles & des fleurs femelles couvertes
d'une enveloppe qui empêche qu'on ne les apperçoive, & un pistil.

Ficus.

TROISIEME CLASSE.

Des Arbres & Arbustes qui portent des fleurs hermaphrodites polypétales, ou dont les fleurs sont formées de plusieurs feuilles attachées au calyce.

Premiere Section.

*Arbres & Arbustes qui portent des fleurs hermaphrodites polypétales ré-
gulieres, ou composées de plusieurs feuilles de figure assez semblable,
attachées circulairement autour du calyce.*

I. Ceux qui ont trois étamines & un pistil.

Chamælea, *Cneorum*, L I N N.

II,

II. Ceux qui ont trois étamines & deux ftiles.

Arundo.

III. Ceux qui ont quatre étamines & un piftil.

Cornus.
Evonimus.

Ptelea.

IV. Ceux qui ont quatre étamines & deux piftils.

Hamamelis.

V. Ceux qui ont cinq étamines & un piftil.

Rhamnus,
Frangula, } *Rhamnus*, L I N N. 3 *ftigm.*
Itea.
Hedera.

Vitis, 1 *ftigmate.*
Groffularia, *Ribes*, L I N N.
Ceanothus.
Evonimoides, *Celaftrus*, L I N N.

VI. Ceux qui ont cinq étamines & deux ftiles.

Ziziphus, *Rhamnus*, L I N N.
Chenopodium.

Buplevrum. *Sa fleur eft en ombelle.*

VII. Ceux qui ont cinq étamines & trois ftiles ou ftigmates.

Paliurus, *Rhamnus*, L I N N.
Rhus,
Toxicodendron, } *Rhus*, L I N N.
Cotinus,

Tamarifcus, *Tamarix*, Linn. *quelquefois dix étamines.*
Staphylodendron, *Staphylæa*, L I N N. Nº, 2 *n'a que 2 ftiles.*
Granadilla; *Paffiflora*, L I N N.

VIII. Ceux qui ont cinq étamines & cinq piftils.

Aralia. *Les fleurs font en ombelle ; elles ont quelquefois fix étamines.*

IX. Ceux qui ont fix étamines & un piftil.

Berberis.

X. Ceux qui ont fix étamines & trois piftils.

Menifpermum.

XI. Ceux qui ont fept étamines & un piftil.

Hippocaftanum. *Efculus*, L I N N. *Ces fleurs approchent des irrégulieres.*
Pavia.

XII. Ceux qui ont huit étamines & un piftil.

Ruta.

XIII. Ceux qui ont huit étamines & trois ftiles.

Polygonum. *Atraphaxis*, L I N N.

Tome I.

c

XIV. Ceux qui ont neuf étamines & un piftil.

Laurus.

XV. Ceux qui ont dix étamines & un piftil.

Azedarach. *Melia*, L I N N.	Ledum, L I N N.
Clethra.	Molle. *Scinus*, L I N N.

XVI. Ceux qui ont dix étamines & deux piftils.

Hydrangea.

XVII. Ceux qui ont plus de douze étamines attachées au calyce, & un piftil.

Myrtus.	Prunus,
Punica.	Armeniaca, } *Prunus*, L I N N.
Perfica, } *Amygdalus*, L I N N.	Cerafus,
Amygdalus,	Lauro-cerafus,

XVIII. Ceux qui ont plus de douze étamines attachées au calyce, & trois, quatre ou cinq ftiles.

Syringa. *Philadelphus*, L I N N.	Pyrus,
Cratægus.	Malus, } *Pyrus*, L I N N.
Sorbus.	Cydonia,
Mefpilus.	Spiræa, *3 piftils*.

XIX. Ceux qui ont plus de douze étamines attachées au calyce, avec un nombre indéterminé de ftiles ou piftils.

Rofa.	Rubus, *piftil*.
Butneria.	Pentaphylloides. *Potentilla*, L I N N.

XX. Ceux qui ont plus de douze étamines attachées à la bafe du piftil & un piftil.

Capparis.	Stewartia.
Tilia.	Grewia.
Ciftus.	

XXI. Ceux qui ont plus de douze étamines attachées à la bafe du piftil avec un nombre indéterminé de piftils.

Tulipifera, *Liriodendron*, L I N N.	Anona.
Magnolia.	Clematitis. *Clematis*, L I N N.

XXII. Ceux qui ont plus de douze étamines qui fe réuniffent par le bas formant un corps, & cinq ftigmates.

Ketmia.

XXIII. Ceux qui ont plus de douze étamines réunies en plufieurs corps, & deux ftiles.

Androfœmum. *Hypericum*, L I N N.

XXIV. Ceux qui ont plus de douze étamines réunies par le bas
en plufieurs corps, & cinq ftiles.

Hypericum. | Afcyrum, *Hypericum,* L i n n.

Seconde Section.

*Arbres & Arbuftes qui portent des fleurs hermaphrodites polypétales irrégu-
lieres , & dont les feuilles qui font de figures très-différentes les unes des
autres , font attachées circulairement & irréguliérement , quoique fouvent
fimétriquement autour du calyce.* Elles ont toutes dix étamines.

Spartium. *Genifta,* L i n n.
Genifta. *Spartium,* L i n n.
Genifta-Spartium. *Ulex,* L i n n.
Cytifo-Genifta. *Spartium ,* L i n n.
Cytifus.
Anonis. *Ononis ,* L i n n.
Emerus , }
Coronilla , } *Coronilla ,* L i n n.

Anagyris.
Pfeudo-Acacia. *Robinia ,* L i n n.
Colutea.
Tragacantha.
Barba - Jovis. *Anthyllis ,* L i n n.
Siliquaftrum.
Amorpha. *Sa fleur n'a que le Vexillum.*

TABLE
DES ARBRES ET DES ARBUSTES
RANGÉS
SUIVANT LA FORME DE LEURS FRUITS.

POUR aider encore à rapporter les Arbres & les Arbuftes aux genres qui leur conviennent, nous avons cru qu'il feroit avantageux de donner la Table fuivante, afin que, fi l'on trouvoit quelque embarras dans l'ufage de la précédente, on pût lever fes doutes, en confultant dans celle-ci quelle eft la forme des Fruits qui convient à chaque genre d'arbre : nous ne préfentons point ceci comme une Méthode exacte ; le nombre des femences eft fujet à trop de variations ; mais comme des notes qui pourront être utiles à ceux qui voudront acquérir la connoiffance des Arbres & des Arbuftes : c'eft pour cette raifon que nous nous contenterons de préfenter les Fruits par Famille.

Les Genres qui font liés par des crochets, fe reffemblent fi fort, qu'on pourroit n'en faire qu'un feul.

PREMIERE FAMILLE.

Arbres & Arbuftes qui portent des fruits fecs, & qui contiennent un nombre de femences fous des écailles, ou dans des capfules, ou dans des alvéoles, ou ceux dont les femences nues font raffemblées en maffe.

I. *Fruits écailleux qu'on nomme Cônes.*

{ Pinus.	{ Thuya.	{ Alnus.
{ Abies.	{ Cupreffus.	{ Betula.
{ Larix.		

II. *Fruits compofés de capfules raffemblées en forme de cônes.*

Magnolia.

III. *Fruits dont les femences font reçues dans des alvéoles.*

Liquidambar.

I V. *Fruits dont les semences rassemblées en masse forment*
par leur extrêmité des écailles.

Tulipifera.

V. *Fruits dont les semences rassemblées en masse forment des sphéres.*

Platanus. | Cephalanthus.

SECONDE FAMILLE.

Arbres & Arbustes qui portent des fruits plus ou moins charnus,
avec des semences recouvertes d'une enveloppe coriacée ,
& que je nommerai Pepins.

I. *Fruits à pepin, qui ont beaucoup de chair succulente.*

{ Pyrus.
  Cydonia.
  Malus.

I I. *Fruits à pepin dont l'enveloppe est charnue, mais peu succulente ;*
presque séche, & qu'on nomme Brou.

{ Castanea.   { Hippocastanum.
  Fagus.   Pavia.

III. *Fruits dont les pepins sont simplement enchâssés dans le brou.*

{ Quercus.
  Ilex.
  Suber.

I V. *Fruits à pepin, succulents ou non; qui renferment beaucoup de*
semences dans une ou plusieurs cavités.

Granadilla. | Punica. | Ficus.

TROISIEME FAMILLE.

Arbres & Arbustes qui portent des fruits à noyau , ou dont
l'amande est contenue dans une boîte ligneuse.

I. *Fruits à noyau, qui sont charnus & succulents.*

{ Armeniaca.
  Prunus.
  Cerasus.
  Persica.

II. *Fruits à noyau, qui font charnus & fucculents, & dont le noyau contient deux amandes.* *

{ Olea.	Cornus.	Lauro-cerafus.
Elæagnus.	Celtis.	Laurus.
Ziziphus.		

III. *Fruits dont le noyau eft fimplement recouvert d'un brou.*

Nux.   J Amygdalus.

IV. *Fruits dont le noyau eft fimplement enchâffé dans le brou.*

Corylus.

QUATRIEME FAMILLE.

Arbres & Arbuftes qui portent de petits fruits charnus, fucculents ou non, que l'on nomme Bayes : fuivant les genres elles renferment plus ou moins de femences.

I. *Bayes fucculentes qui renferment une femence.*

Chionanthus.	Phylliræa.	Daphne.
Cotinus.	Rhamnoides.	Tinus.
Oxiacantha.	Syderoxilon.	Viburnum.
Menifpermum.	Thymelæa.	Vifcum.
Opulus.		

II. *Bayes fucculentes dont le noyau eft fimplement enchâffé dans la chair.*

Taxus.

III. *Bayes fucculentes qui renferment un noyau & cinq amandes.*

Azedarach.

IV. *Bayes feches ou peu charnues qui renferment une femence.*

Dirca.	Molle.
Gale.	{ Rhus.
{ Lentifcus.	Toxicodendron.
{ Terebinthus.	Paflerina.

V. *Bayes fucculentes charnues ou feches, qui renferment deux femences.*

Afparagus.	Cratægus.	Smilax.
Berberis.	Ephedra.	Styrax.
Caprifolium.	Frangula.	Chamæcerafus.
Periclymenum.	Jafminum.	Xylofteon.

* *Il eft bon de remarquer que fouvent il y a une de ces deux amandes qui avorte, ce qui fait que l'on n'en trouve qu'une, quoique la boite ligneufe forme deux loges.*

VI. *Bayes charnues succulentes ou seches, qui renferment trois semences.*

Alaternus.	Sabina.	Ruscus.
Cedrus.	Rhamnus.	Sambucus.
Juniperus.		

VII. *Bayes charnues succulentes ou seches, qui renferment quatre semences.*

Aquifolium.	Ligustrum.
Burcardia.	Vitex.

VIII. *Bayes charnues succulentes ou seches, qui renferment cinq semences.*

Aralia.	Mespilus , *plusieurs especes.*	Vitis.
Hedera.	Uva Ursi.	

IX. *Bayes charnues succulentes ou non, qui contiennent plus de cinq semences.*

Arbutus.	Myrtus.	Butneria.
Belladona.	Solanum.	Capparis.
Grossularia.	Vitis idæa.	Guaiacana.
Jasminoides.	Rosa.	

CINQUIEME FAMILLE.

Arbres & Arbustes qui portent leurs semences dans des capsules épaisses ou membraneuses, divisées suivant les genres
en plus ou moins de cavités.

I. *Capsule à une cavité & une semence.*

Carpinus.

II. *Capsule membraneuse à une cavité & une semence.*

Ulmus.	Polygonum.
Ptelæa. *Presque toujours deux semences avortent.*	Atriplex.

III. *Capsule à une cavité, avec quantité de semences.*

Itæa.

IV. *Deux capsules réunies, une cavité, une semence dans chacune.*

Acer.	Fagara.

V. *Deux capsules réunies, une cavité, plusieurs semences dans chacune.*

Salix.	Populus.	Tamariscus.

VI. *Deux capsules à deux cavités, deux semences.*

Hamamelis.	Lilac.

VII. *Capfules à trois cavités, trois femences.*

Ceanothus. | Chamelæa. | Paliurus.

VIII. *Capfules à trois cavités, fix femences.*

Buxus.

IX. *Capfules à trois cavités, quantité de femences.*

Androfœmum. | Clethra. | Tithymalus.
Hypericum. | Evonimoydes. | Yucca.

X. *Capfules à quatre ou cinq cavités, quatre ou cinq femences.*

Evonymus. | Grewia.

XI. *Capfules à quatre cavités, beaucoup de femences.*

Ruta. | Syringa. | Erica. | Diervilla.

XII. *Capfules à cinq cavités, une femence, parce que les autres avortent.*

Tilia.

XIII. *Capfules à cinq cavités, cinq femences.*

Stewartia.

XIV. *Capfules à cinq cavités, quantité de femences.*

Afcyrum. | Gualteria. | Ketmia.
Chamærhododendros. | Kalmia. | Spiræa.
Azalea.

XV. *Capfules à un nombre indéterminé de cavités, beaucoup de femences.*

Ciftus.

SIXIEME FAMILLE.

Arbres & Arbuftes qui portent leurs femences dans des efpeces
de gaines qu'on nomme Siliques : lorfqu'elles font courtes
on les nomme Siliculles.

I. *Siliculles fans cloifon, qui renferment une femence.*

Barba-Jovis. | Amorpha. | Spartium.

II. *Siliculles fans cloifon, qui renferment trois ou quatre femences.*

Tragacantha. | Genifta-Spartium.

III. *Siliques fans cloifon, & qui font comprimées entre chaque femence.*
Coronilla. | Emerus.

IV.

IV. *Siliques sans cloison, & dans lesquelles il n'y a point de pulpe.*

Pervinca.	Genista.	Siliquastrum.
Anonis.	Cytiso-Genista.	Pseudo-Acacia.
Anagyris.	Cytisus.	

V. *Siliques sans cloison, dont les semences sont retenues dans une pulpe.*

Acacia.	Siliqua.	Bonduc.

VI. *Siliques qui ont une cloison qui les divise en deux suivant leur longueur.*

Phaseoloides.	Bignonia.

VII. *Fruits qui approchent de la forme des Siliques, & qui n'en ont point exactement le caractere.*

Nerion.	Anona.	Staphilodendron.
Periploca.	Colutea.	

SEPTIEME FAMILLE.

Arbres & Arbustes qui portent leurs semences nues, ou qui n'ont pour enveloppe que le calyce ou le pétale.

I. *Semences nues & sans aucune enveloppe.*

Clematitis.	Buplevrum.

II. *Semences enveloppées par un calyce particulier.*

Chenopodium.

III. *Quatre semences enveloppées par le calyce commun.*

Chamædris.	Lavandula.	Ros marinus.
Teucrium.	Stœchas.	Salvia.
Hyssopus.	Phlomis.	Thymus.

IV. *Cinq semences enveloppées par un calyce commun.*

Coriaria.

V. *Nombre indéterminé de semences, enveloppées par un calyce commun.*

Abrotanum.	Baccharis.	Globularia.
Absynthium.	Othonna.	Pentaphylloides.
Santolina.		

Je prie qu'on se rappelle que j'ai dit que le nombre des semences varioit beaucoup, & que je ne présentois ces Tables que comme des indications, qui dans certains cas pourroient être utiles à ceux qui se trouveroient embarrassés dans l'usage de la Table méthodique que nous avons donnée en premier lieu.

TABLE

Dans laquelle les Arbres & les Arbuſtes ſont rangés en différentes Claſſes, ſuivant la forme & la poſition de leurs feuilles.

IL y a lieu de croire qu'avec le ſecours des deux Tables précédentes on parviendra à rapporter les Arbres & les Arbuſtes contenus dans ce Traité, aux genres qui leur conviennent, toutes les fois que l'on pourra examiner les parties dont nous avons tiré les caraCteres : mais l'uſage de ces Tables ſera tout-à-fait inutile dans le temps que les Arbres n'auront ni fleurs ni fruits. Dans ce cas il ſera naturel de déſirer d'être guidé par une Méthode tirée des feuilles, non-ſeulement parce que les Arbres en ſont garnis une partie de l'année, mais encore parce que les jeunes Arbres produiſent des feuilles bien long-temps avant qu'ils puiſſent être en état de donner des fleurs & des fruits. Malheureuſement cette partie des Arbres varie trop pour qu'elle puiſſe ſervir de fondement à une bonne Méthode ; & les tentatives des Botaniſtes, n'ont ſervi qu'à les convaincre qu'il falloit tirer les caraCteres des fleurs & des fruits, & n'avoir recours aux feuilles que dans des cas particuliers & rares.

Il y a néanmoins certaines propriétés des feuilles qui conviennent aſſez généralement à tous les Arbres d'un même genre ; & il eſt avantageux de les connoître, ne fût-ce que pour parvenir à diſtinguer l'un de l'autre, deux genres qui ſe reſſemblent à beaucoup d'égards. Suppoſons, par exemple, qu'on connoiſſe aſſez bien l'*Opulus Ruellii*, on pourroit, lorſqu'il n'a ni fleurs ni fruits, le confondre avec le *Spiræa Opuli folio*, ſi on n'étoit pas prévenu que l'*Opulus* a ſes feuilles oppoſées, & que celles du *Spiræa Opuli folio* ſont alternes. J'en pourrois dire autant du *Liquidambar Aceris folio*, dont les feuilles ſont alternes, au lieu que celles des *Acer* ſont oppoſées.

Je ne me propoſe donc point d'établir par la forme & la poſition des feuilles ſur les branches, une Méthode aſſez exaCte

pour mettre un Amateur en état de rapporter les Arbres &
les Arbuftes aux genres qui leur conviennent ; mais j'efpére
qu'on me faura gré de fournir des indications , qui, dans certaines circonftances, pourront être d'un grand fecours pour
fervir à diftinguer certains Arbres les uns des autres.

La différence que la nature a mife entre les Arbres qui confervent leurs feuilles pendant l'Hiver , & ceux qui fe dépouillent, eft trop frappante pour n'en pas profiter : ainfi je ne con-
fondrai point ces deux efpeces d'Arbres , mais la diftinction
des Claffes générales fera tirée de la forme des feuilles.

PREMIERE CLASSE. Arbres & Arbuftes qui ont leurs
feuilles fimples ou entieres , fans grandes découpures, telles
que celles de l'Orme, du Laurier.

SECONDE CLASSE. Arbres & Arbuftes qui ont leurs
feuilles fimples , mais découpées affez profondément , telles
que celles de la Vigne , de l'Érable, de l'Opulus.

TROISIEME CLASSE. Arbres & Arbuftes qui ont leurs
feuilles compofées & empanées , ou conjuguées , formées de
folioles , rangées aux deux côtés d'un filet commun , ainfi que
celles de l'Acacia, du Noyer, ou du Frêne.

QUATRIEME CLASSE. Arbres & Arbuftes qui ont leurs
feuilles compofées & palmées , ou compofées de 3 , 5 , 7, &c.
folioles, difpofées en éventail au bout d'une queue commune ,
& formant comme une main ouverte.

Les Sections ou fubdivifions de ces Claffes font tirées de
la pofition des feuilles fur les branches, fuivant qu'elles font
ou oppofées deux à deux , ou placées alternativement, ainfi
que de la circonftance d'avoir les bords des feuilles ou des folioles unies ou dentelées.

PREMIERE CLASSE.

Arbres & Arbuftes qui ont leurs feuilles fimples &
entieres, fans grandes découpures.

SECTION PREMIERE.

'Arbres & Arbuftes qui ont leurs feuilles fort étroites.

Ceux dont les feuilles fubfiftent pendant l'Hiver.	*Ceux dont les feuilles fe renouvellent.*
I. *Longues & étroites.*	
Pinus.	
Abies.	
Larix Orientalis, &c.	Larix folio deciduo.
Taxus.	
Ros marinus.	
Ciftus, Roris marini folio.	
Lavandula.	
Stœchas.	
II. *Courtes, étroites, piquantes, ou non piquantes.*	
Afparagus foliis acutis.	
Cedrus. *Plufieurs efpeces.*	
Juniperus.	
Erica.	
III. *Prefque pas apparentes, & comme articulées les unes avec les autres, ou articulées fur les branches.*	
Cupreffus. }	
Thuya. }	
Tamarifcus.	
Sabina.	
Cedrus. *Plufieurs efpeces.*	
Santolina.	

SECONDE SECTION.

'Arbres & Arbuftes qui ont leurs feuilles ovales & fort
allongées, comme celles du Saule, du Pêcher, &c.

I. *Allongées, oppofées, non dentelées.*	
Liguftrum.	
Pervinca anguftifolia.	
Kalmia.	
Chamærhododendros.	
Nerion.	
Olea.	
Vifcum.	
Phyllirea anguftifolia.	

Ceux dont les feuilles subsistent pendant l'Hiv.	Ceux dont les feuilles se renouvellent.

II. *Allongées, alternes, non dentelées.*

Chamelæa.	Elæagnus.
Thymelæa semper virens.	Genista.
Othonna.	Jasminoides.
Casia.	Rhamnoides.
	Thymelæa foliis deciduis.

III. *Allongées, opposées, dentelées.*

Azalea.

IV. *Allongées, alternes, dentelées.*

Celtis. *Elles sont quelquefois assez larges, sur-tout du côté de la queue.*
Amygdalus. }
Persica. }
Salix.
Spiræa salicis folio.

Section III.

Arbres & Arbustes qui ont leurs feuilles ovales & assez larges,
comme celles du Laurier, du Poirier, de l'Orme, &c.

I. *Ovales, opposées, point dentelées.*

Buxus.	Cornus.
Tinus.	Cephalanthus.
Cistus. *Plusieurs especes.*	Punica.
Salvia. *Plusieurs especes.*	Chamæcerasus.
Phlomis.	Symphoricarpos.
Teucrium Bœticum.	Periclymenum.
Thymus.	Xylosteon.
Pervinca latifolia.	Viburnum.
Phyllirea levis.	Lilac ligustri folio.
Caprifolium semper virens.	Butneria.

II. *Ovales, alternes, point dentelées.*

Lauro-cerasus. *Les dentelures presque imperceptibles.*	Cotonaster.
Benzoin.	Belladona.
Myrtus.	Capparis.
Buplevrum.	Styrax.
Magnolia.	Spiræa Hyperici folio.
Vitis idæa.	Guaiacana.
Uva Ursi.	Frangula.
Tithymalus.	Chenopodium.
	Dirca.
	Sideroxilon.
	Anona.
	Dulcamara.

Ceux dont les feuilles ſubſiſtent pendant l'Hiv.	*Ceux dont les feuilles ſe renouvellent.*

III. *Ovales, oppoſées, dentelées.*

Phyllirea. *Pluſieurs eſpeces.*	Rhamnus.
Chamædris.	Syringa.
	Evonymus.
	Diervilla.
	Burcardia.
	Hydrangea.

IV. *Ovales, alternes, dentelées.*

Suber. }	Alnus.
Ilex. }	Berberis.
Itea.	Corylus.
Alaternus.	Caſtanea. }
Aquifolium.	Fagus. }
Caſſine Aquifolium.	Malus. }
Arbutus.	Pyrus. }
Grewia.	Cydonia. }
Gualteria.	Prunus.
Laurus.	Ceanothus.
Gale.	Clethra.
	Meſpilus folio laurino.
	Ulmus.
	Ziziphus.
	Paliurus.
	Spiræa folio crenato.
	Cratægus folio oblongo & arbuti.
	Ceraſus.
	Hamamelis.
	Tacamahaca.
	Carpinus.

SECTION IV.

Arbres & Arbuſtes qui ont leurs feuilles arrondies, larges du côté de la queue, où elles forment une eſpece de cœur, & terminées en pointe.

I. *Oppoſées, point dentelées.*

Aſcyrum.	Lilac. MATTH.
	Periploca.
	Coriaria.
	Hypericum. }
	Androſœmum. }

II. *Alternes, non dentelées.*

Ruſcus. *Pluſieurs eſpeces.*	Siliquaſtrum.
	Meniſpermum.

Ceux dont les feuilles subsistent pendant l'Hiv.	*Ceux dont les feuilles se renouvellent.*

III. *Alternes, dentelées.*

Smilax.	Betula.
	Armeniaca.
	Populus.
	Tilia.
	Evonymoides.

SECONDE CLASSE.

Arbres & Arbustes qui ont leurs feuilles simples & découpées assez profondément.

I. *Découpées, opposées, non dentelées.*

Acer Cretica.	Acer. *Plusieurs especes.*

II. *Découpées, alternes, non dentelées.*

Saffafras.	Liquidambar.
Hedera.	Platanus.
Atriplex. *Les feuilles sont quelquefois oppo-*	Cratægus. *Plusieurs especes.*
sées.	Quercus.
Granadilla.	Baccharis.
	Ficus.

III. *Découpées, opposées, dentelées.*

	Opulus.
	Acer. *Plusieurs especes.*

IV. *Découpées, alternes, dentelées.*

	Ketmia.
	Grossularia.
	Vitis.
	Spiræa Opuli folio.
	Mespilus. *Plusieurs especes.*

Ceux dont les feuilles ſubſiſtent pendant l'Hiv.	*Ceux dont les feuilles ſe renouvellent.*

TROISIEME CLASSE.

Arbres & Arbuſtes qui ont leurs feuilles compoſées &
empanées, ou conjuguées.

I. *Conjuguées, oppoſées, folioles non dentelées.*

	Lilac laciniato folio.
	Jaſminum.

I I. *Conjuguées, alternes, folioles non dentelées.*

Siliqua.	Phaſeoloides.
Lentiſcus.	Bonduc.
Tragacantha.	Pſeudo-Acacia.
	Toxicodendron foliis pinnatis.
	Terebinthus.

III. *Conjuguées, oppoſées, folioles dentelées.*

	Fraxinus.
	Acer foliis trifidis.
	Bignonia Fraxini folio.
	Staphilodendron.

I V. *Conjuguées, alternes, folioles dentelées.*

Molle.	Nux.
	Fagara.
	Rhus.
	Roſa.
	Rubus idæus.
	Sambucus.
	Sorbus.
	Azedarach.

QUATRIEME CLASSE.

Arbres & Arbuſtes qui ont leurs feuilles compoſées &
palmées, ou en éventail.

I. *Palmées, oppoſées, point dentelées.*

	Vitex.

II.

Ceux dont les feuilles subsistent pendant l'Hiv.	*Ceux dont les feuilles se renouvellent.*

II. *Palmées, alternes, point dentelées.*

Toxicodendron triphyllum, glabrum.
Anagyris.
Bignonia capreolis donata.
Cytisus.
Cytiso-Genista.
Ptelea.

III. *Palmées, opposées, dentelées.*

Vitex de la Chine. *An*, Agnus minor foliis
    angustissimis.
Staphilodendron triphyllum.
Toxicodendron folio pubescente.

IV. *Palmées, alternes, dentelées.*

Rubus.
Anonis.
Hippocastanum. }
Pavia.

V. *Laciniées, & assez irrégulieres.*

Vitis Petroselini folio.
Sambucus laciniato folio.
Abrotanum.
Absynthium.
Genista-Spartium.
Ruta.
Pentaphylloides.

ARBRES ET ARBUSTES qui peuvent servir à faire des Bosquets dans les différentes Saisons de l'Année , garnir des Tonnelles , former des Avenues , &c.

QUOIQUE j'aye marqué dans le corps de cet Ouvrage en quelle saison chaque arbre & chaque arbuste produisoit ses fleurs, j'ai cru que les Amateurs verroient ici avec plaisir une Liste dans laquelle ils pourroient trouver d'un coup d'œil ceux qui peuvent concourir à faire des bosquets agréables dans les différentes saisons de l'Année. Mais comme cette Liste est bornée à de simples indications, on ne sera pas dispensé de consulter les différents articles de notre Ouvrage où nous avons eu la liberté de nous étendre beaucoup plus que nous ne pouvons le faire présentement.

Fin de MARS , & commencement d'AVRIL.

Les productions de la terre sont ordinairement trop peu avancées à la fin du mois de Mars & au commencement d'Avril, pour entreprendre de former des bosquets avec les arbres & les arbustes qui sont alors en fleur. Nous ne connoissons que le Cornouiller , dont les fleurs cependant n'ont pas beaucoup d'éclat, & les *Mezereon*, ou Bois-gentil à fleurs blanches & à fleurs rouges, & l'Amandier nain, qui produisent de fort jolies fleurs ; & comme il est bien agréable de jouir de ces avant-coureurs du Printemps, on fera bien d'en orner un petit bosquet planté des plus beaux arbres verds.

Fin d' AVRIL.

Dès la fin de ce mois on a le *Mahaleb* qui pousse à la fois des feuilles & des fleurs qui répandent une odeur très-agréable ; nous en avons fait de belles palissades : le grand Pêcher à fleurs doubles ; il donne peu de fruit , mais les fleurs en font aussi belles que de petites roses très-doubles : les Poiriers, celui qu'on nomme à doubles fleurs , & celui à fleurs doubles ; ils produisent de belles & grandes fleurs blanches : le Pêcher nain à fleurs doubles , qui est tout couvert de fleurs très-doubles d'une couleur fort vive : la grande Pervenche dont les fleurs font d'un très-beau bleu ; enfin les petites Pervenches qui font des tapis d'un très-beau verd , ornés de fleurs , les unes bleues & les autres blanches.

Commencement de M A Y.

C'est dans ce temps qu'on peut commencer à former des bosquets d'une grande beauté par la quantité d'arbres & d'arbustes qui donnent alors des fleurs extrêmement variées.

Les Merisiers & les Cerisiers à fleurs doubles font chargés de grandes guirlandes de fleurs blanches qui reffemblent à des Renoncules femi-doubles : les Padus ou Cerisiers à grappes & les Lauriers-Cerifes, donnent des pyramides de fleurs blanches qui font un bel effet : les *Caragagnia* ordinaires & à bouquets produisent des fleurs jaunes : le Ragouminer fait dans le même temps un fort joli arbuste. Tout le monde connoît le mérite des fleurs du Lilas qui fatisfont également les yeux & l'odorat : les Amelanchiers, les Azeroliers, les Buisson-ardents, font tout couverts de fleurs blanches : l'Obier & le *Spiræa* à feuilles d'Obier, produisent de gros bouquets de fleurs blanches raffemblées en ombelle ou en boule : enfuite les grands Cytifes fe chargent de longues grappes de fleurs jaunes ; les Gaîniers d'une quantité prodigieufe de fleurs pourpres : l'Epine blanche , fur-tout celle à fleurs doubles , a l'avantage de répandre une odeur très-agréable.

A l'égard des Arbustes , on a les *Emerus* , plufieurs efpeces de Cytife , le *Spartium purgans* , le *Pentaphylloides* & le Mille-pertuis , qui font couverts de fleurs jaunes : le *Butneria* en donne dans le même temps de purpurines ; & les *Spiræa* , à feuilles de Mille-pertuis , produisent alors de longs épis de fleurs blanches.

Voilà certainement de quoi former un très-beau bosquet ;

cependant celui de la fin de ce même mois pourra offrir un spectacle encore plus frappant , parce qu'on pourra joindre plusieurs grands arbres avec les arbrisseaux & les arbustes.

La fin du mois de M A Y.

C'est dans ce temps que le Marronnier d'Inde est garni de ses beaux & grands épis de fleurs : le Frêne à fleurs est aussi très-agréable à cause des grosses grappes de fleurs dont il est chargé : le Mélese ordinaire produit des cônes rouges qui font un aussi bel effet que des fleurs , & d'ailleurs les feuilles dont il se garnit font du plus beau verd naissant qu'on puisse desirer: le faux Acacia est garni de grandes grappes de fleurs blanches qui répandent une très-agréable odeur : le *Pavia* est tout chargé de fleurs d'un fort beau rouge : le Bonduc de Canada produit des bouquets de fleurs blanches.

A l'égard des arbrisseaux & arbustes ; le *Styrax* a ses fleurs approchantes de celles de l'Oranger ; le *Staphylodendron* produit de longues grappes de fleurs blanches ; le *Syringa* donne , comme l'on sait , des bouquets de fleurs blanches qui ont beaucoup d'odeur ; les *Colutea* se garnissent de fleurs , les unes jaunes , les autres rouges ; les branches des Tamarisques font terminées par des fleurs qui font d'un assez beau rouge ; les *Diervilla* se garnissent de fleurs jaunes ; le Troêne , le *Xylosteon* & le *Jasminoïdes* portent des fleurs blanches.

Ainsi les bosquets de la fin du mois de May peuvent être garnis d'arbres & d'arbustes qui, fleurissant tous dans le même temps, concourent à les rendre très-agréables.

J U I N.

Je ne connois point de grands arbres qui donnent de belles fleurs pendant le mois de Juin ; mais on en sera dédommagé par la quantité d'arbrisseaux & d'arbustes qui portent dans cette saison des fleurs d'une beauté admirable.

L'*Amorpha* produit de grands épis de fleurs pourpres qui paroissent semées de pailletes d'or ; le Sanguin donne des ombelles de fleurs blanches ; les fleurs de l'*Elæagnus* font d'un jaune pâle peu brillant ; mais elles répandent une odeur très-forte qui est agréable de loin ; le *Grewia* est charmant par ses fleurs violettes , c'est dommage qu'il soit sensible aux gelées : rien n'est plus éclatant que les fleurs rouges des Grenadiers : les ombelles des Sureaux ont aussi leur agrément : les *Spiræa* à feuilles de Saule , & le Laurier-Thym font beaucoup d'effet : les fleurs des Rosiers , des Capriers , des Chevre-feuilles , des *Periclymenum* font charmantes par leur forme , leur couleur, leur odeur : on en peut dire autant des Jasmins blancs & jaunes, des *Clematitis* simples , du *Phaseoloides* , du *Chamærhododendros* , du *Chionanthus* , du Genêt , du Sparte-Genêt & de quantité d'arbustes , tels que le Romarin , la Sauge , la Santoline , le *Spartium* , le Mille-pertuis , la Toute-saine , la Lavande , le *Stœchas* , l'Hyssope , le Thym , le *Chamæcerasus* , le *Xylosteon* , l'*Anonis*.

Juillet , Aoust , Septembre , Octobre.

Comme la plus grande partie des fleurs font passées au mois de Juillet , on fera obligé pour le mois de Juillet & les suivants , jusqu'à l'entrée de l'hyver , de former les bosquets avec des arbres & des arbustes qui tirent leur principal mérite de leur belle verdure : tels font les Platanes & les Tulipiers ; ces arbres portent de grandes feuilles qui ne font presque jamais attaquées par les insectes ; le Mûrier de la Louysiane , & celui d'Espagne à grandes feuilles ; l'Érable de Canada , dont les feuilles deviennent d'un très-beau rouge en Automne ; le Peuplier noir de Virginie dont les feuilles font prodigieusement larges ; l'*Anona* , le Piaqueminier , le Bonduc , le *Fagara* , le *Gleditsia* , le Fustet , le Porte-chapeau , le Jujubier , le *Ptelea* , le Micocoulier , le *Liquidambar* , les Sumacs , les Térébinthes , le *Gale* , le *Coriaria* , dont la fleur qui paroît en Juin est peu éclatante. On peut y joindre les arbres & les arbustes qu'on a coutume d'employer pour les bosquets ordinaires ; on les trouvera indiqués dans le corps de l'ouvrage ; car ils font trop connus pour qu'il soit nécessaire de les rappeller ici : mais nous ne devons pas nous dispenser de faire remarquer qu'on pourra relever l'éclat de ces bosquets par quelques arbres &

arbustes qui fleurissent tard ou qui se trouvent en Automne chargés de fruits colorés qui tiennent en quelque façon lieu des fleurs qui sont alors très-rares. Je vais les indiquer.

L'*Aralia* épineux, qui fleurit au commencement d'Octobre, produit quantité d'ombelles de fleurs ; le *Bignonia* donne pendant tout le mois de Juillet, & une partie d'Août & de Septembre, de grandes fleurs rouges. Le *Catalpa* produit en Juillet de grands bouquets de belles fleurs purpurines qui répandent une odeur très-gracieuse ; le Capprier continue à épanouir ses belles fleurs presque jusqu'au temps des gelées ; le *Clematitis* à fleurs doubles fleurit en Juillet, aussi-bien que le *Clethra* ; l'*Hamamelis* fleurit en Septembre & en Octobre ; l'*Hydrangea*, donne sa fleur en Juillet, ou en Août & même en Septembre ; le *Ketmia* est en fleur pendant le mois de Septembre ; la Ronce à fleurs doubles fournit des fleurs depuis le mois d'Août jusqu'aux gelées, ainsi que le Rosier de tous les mois & le Laurier-Thym ; l'*Agnus-castus* fleurit dans les mois de Septembre & d'Octobre.

Outre cela le Troêne, le Buisson-ardent, l'*Evonimus*, l'*Evonimoides*, les *Jasminoides* sont garnis de fruits colorés qui ont bien leur mérite pour décorer les bosquets d'Automne.

Pendant l'*H Y V E R.*

Au commencement de Novembre tous les arbres bien loin de produire des fleurs quittent leurs feuilles, & les fruits les plus tardifs tombent. On n'a plus alors d'autre ressource pour garnir les bosquets que celle des arbres qui conservent leurs feuilles pendant toute l'année. Nous allons donner une liste de ces arbres, que nous rangerons à peu près suivant l'ordre de leur grandeur, en commençant par les plus grands arbres & finissant par les plus petits arbustes.

Le Cedre du Liban, les différentes especes de Pin, le cultivé & le grand maritime, ont un très-beau feuillage ; les Sapins & les Épicias ; les Cyprès, celui qui rassemble ses branches, fait un très-bel effet sur les bordures, l'autre doit être placé dans les massifs ; l'If, ceux de bouture branchent beaucoup & sont presque toujours courbes, ceux de graine se tiennent fort droits

& s'élevent ; plusieurs especes de Cedres à feuilles de Cyprès ou à feuilles de Genievre, les uns & les autres font de beaux arbres ; les *Thuya*, celui de Canada n'est bon que dans les massifs, mais celui de la Chine soutient ses branches & est d'un plus beau verd ; les Chênes verds & les Lieges font de beaux arbres quoique leur verdure soit terne ; les Houx ordinaires font de beaux arbres, leurs feuilles font d'un beau verd, & leurs fruits rouges en augmentent le mérite, mais les panachés font dans les bosquets un effet admirable : les *Phylliræa* ne font, à la vérité, que de grands arbrisseaux, mais ils font touffus & d'un assez beau verd : les Tamarifques répandent leurs branches de côté & d'autre & font peu touffus, ainsi ils ne conviennent que dans les massifs. L'Érable de Candie est assez joli, mais il quitte ses feuilles quand les hyvers font rudes : les Lauriers ont un beau port, mais leur verd est très-foncé ; le Laurier-Cerise ne forme dans ce pays-ci que des buissons, mais dont la verdure est très-éclatante : l'Alaterne fait à peu près le même effet que le *Filaria* ordinaire, mais il est un peu tendre à la gelée : le *Grewia* est malheureusement trop sensible à la gelée : le Laurier-Thym a ses feuilles d'un verd très-foncé, néanmoins il feroit un très-bel effet s'il n'étoit pas de temps en temps endommagé par les fortes gelées : le Benjoin a ses feuilles d'un beau verd, mais il est encore fort rare : le *Buplevrum* fait un fort beau buisson ; ses feuilles font d'un beau verd tirant fur le bleu : l'Olivier n'a pas la couleur de ses feuilles d'un verd fort éclatant : les Buis de la grande espece & les Buis panachés font de beaux buissons, c'est dommage qu'ils répandent une odeur peu agréable : l'Arboufier fait un fort beau buisson : le Saffafras peut être comparé aux Lauriers, mais il est encore fort rare : les Genevriers & les Sabiniers font des buissons assez agréables, quoique de forme très-bizarre : le *Caprifolium femper virens* ne perd ses feuilles que dans les très-grands hyvers : les *Rufcus*, les Lauriers-Alexandrins, font de fort jolis buissons, mais ils font très-bas. Nous en dirons autant des arbuftes fuivants qui font toujours très-nains.

Le Troêne ; l'Ofeille maritime qui a ses feuilles argentées ; le *Baccharis* ; les *Gale* ; le Romarin ; l'Afperge en arbriffeau ; le *Chamærhododendros* ; le *Kalmia* ; *Phlomis* ; *Ciftus* ; *Salvia* ; *Santolina* ; *Abrotanum* ; *Ruta* ; *Abfynthium* ; *Lavandula* ; *Stœchas* ; *Teucrium* ;

*Tithymalus ; Hypericum ; Androsœmum ; Ascyrum ; Chamelæa ;
Thymelæa semper virens ; Smilax ; Gualteria ; Chenopodium ; Ephedra ; Pervinca ; Vitis idæa ; Uva-ursi ; Thymus.*

On pourra former dans les Jardins de propreté des tonnelles
avec des plantes grimpantes , telles que le Jasmin blanc qui fleurit en Juin ; les *Bignonia* qui fleuriffent en Septembre & en Octobre ; le Capprier qui eft en fleur depuis le mois de Juin jufqu'aux gelées ; les Chevre-feuilles qui fleuriffent dans le mois de
Juin ; le *Periclymenum* produit des fleurs prefque jufqu'aux gelées :
le Clématite fimple fleurit à la fin de Juin , & celui à fleurs
doubles en Juillet ; la Granadille fleurit dans le mois de Juin ;
le *Phafeoloides* , au commencement de Juillet ; l'*Evonimoides* ne
donne point de belles fleurs , mais il fe charge de fruits d'un
fort beau rouge qui fubfiftent jufqu'aux gelées ; la Ronce double
eft en fleur jufqu'aux gelées ; le *Menifpermum* n'eft eftimable que
par fon feuillage ; le *Dulcamara* donne de jolies fleurs bleues &
des fruits rouges qui fubfiftent jufqu'aux gelées ; les fleurs de la
Vigne-vierge n'ont aucun mérite , mais elle produit une quantité
de branches chargées de feuilles qui font d'un très-beau verd en
Été & d'un rouge très-vif en Automne.

A l'égard des avenues & des quinconces , on pourra les former avec les Ormes , qui , comme on fait , font de beaux & de
grands arbres : avec les Platanes d'Orient & d'Occident qui deviennent fort grands & qui portent des feuilles très-larges qui
ne font point endommagées par les infectes ; les Chênes qui font
de grands arbres affez beaux ; les Maronniers d'Inde dont tout
le monde connoît le mérite ; les Frênes , celui à fleurs eft préférable aux autres , qui néanmoins feroient très-eftimables fi leurs
feuilles n'étoient pas ordinairement mangées par les Cantharides ; les Noyers de France & de Virginie qui dans les terreins
où ils fe plaifent font de très-beaux arbres ; les Châtaigniers &
les Mûriers , fur-tout ceux à grandes feuilles , font de fort
beaux & grands arbres ; les Hêtres ; les Tilleuls ; quelques efpeces d'Erable ; l'Ypréau ; le Peuplier noir de Virginie ; les
Merifiers ; les faux Acacia ; les Cedres du Liban ; les Pins ;
les Sapins , &c. tout le monde connoît le mérite de ces
différents arbres.

F I N   D E S   T A B L E S.

TRAITÉ

OBSERVATION

En faveur de ceux qui defireroient faire des Remifes pour le Gibier.

LES Lapins & les Lievres ne mangent point les Sapins, les Pins, ni les Genievres; ils endommagent peu les Noyers, les Sureaux; ils font peu de tort à l'Aune, au Tilleul, à l'E-pine-Noire; ils ne font pas trop friands du Bouleau, de l'Orme, de l'Erable, des Noifettiers, fur-tout lorfque ces Arbres ont acquis une certaine groffeur: ils endommagent plus fréquemment les jeunes Taillis de Chênes; mais ils attaquent plus volontiers les Châtaigniers, les Charmes, les Neffliers & l'Epine-Blanche; ils fe jettent par préférence fur la Bourdaine, le Frêne, le Marfau, le Peuplier blanc & le Mûrier. Prefque tous les Arbres & Arbuftes à fleurs légumineufes, tels que les *Colutea*, les Cytifes, les Faux-Acacia, &c. font mangés par ces animaux. Au refte lorfqu'ils font preffés par la faim, comme il arrive dans les temps de neige, il y a peu d'arbres à couvert de leurs dents.

EXPLICATION

Des Noms abrégés des Auteurs & des Ouvrages cités dans ce Traité.

ACT. *Acad. R. P.* Acta Academiæ Regiæ Parisienfis : *ou* Hiftoire & Mémoires de l'Académie Royale des Sciences.

Adv. Adverfaria nova Stirpium Petri Penæ & Matthiæ de Lobel.

Amm. Ruth. Amman Stirpes Ruthenicæ.

Banifter. Cat. Stirp. Virg. Banifteri Catalogus Stirpium Virginiæ, nondum editus, fed à Pluknetio memoratus.

Bar. Icon. R. P. Jacobi Barrelieri Icones Plantarum 1300. per Galliam, Hifpaniam & Italiam obfervatarum, & ad vivum exhibitarum.

Bocc. Muf. Mufeo di Fifica di Paolo Boccone.

Boerh. Ind. Alt. Hermanni Boerhaave, Index alter Plantarum quæ in Horto Academico Lugduno-Batavo aluntur.

Bot. Monfp. Botanicon Monfpelienfe Petri Magnoli.

Bot. Par. Botanicon Parifienfe.

Breyn. Prod. Jacobi Breynii Prodromus fafciculi rariorum Plantarum primus.

Broff. Broffæus; *ou* Defcription du Jardin Royal des Plantes médicinales, par Guy de la Broffe, Médecin ordinaire du Roi, & Intendant dudit Jardin.

Burman. Burmanni Thefaurus Zeylanicus.

Cæfalp. Andræas Cæfalpinus, de Plantis.

Cam. Hort. Hortus medicus & philofophicus, Joannis Camerarii.

C. B. vel C. B. P. vel C. B. Pin. Cafpari Bauhini Pinax Theatri Botanici.

Caft. Dur. Herbario nuovo di Caftore Durante.

Catal. Hort. R. P. Catalogus Horti Regii Parifienfis : *ou* Catalogue manufcrit des Plantes du Jardin du Roi.

Catefb. Hift. Nat. Hiftoire naturelle de la Caroline, de la Floride & des Ifles-Bahama, &c. par Marc Catefby, de la Société Royale.

Clayt. Flor. Virg. Clayton, Flora Virginiaca.

Cluf. Hifp. Caroli Clufii, rariorum Plantarum in Hifpania obfervatarum Hiftoria.

Cluf. Hift. Caroli Clufii rariorum Plantarum Hiftoria.

Col. in Recch. Columna in Recchum, in Hernandez.

Cor. Inft. Pitton de Tournefort, Corollarium Inftitutionum rei herbariæ.

Cord. Hift. Valerii Cordi Hiftoriæ Stirpium libri I V.

Corn. Jacobi Cornuti, Hiftoria Plantarum Canadenfium.

Dod. Pempt. Remberti Dodonæi Pemptades fex.

Eyft. Hortus Eyftettenfis, Bafilii Belleri.

Flor. Suec. Flora Suecica Linnæi.

Gault. M. Gaultier, Médecin du Roi à Québec.

Ger. Emac. Joannis Gerardi, Hiftoria Plantarum emaculata.

Gmel. Flor. Sib. Gmelini Flora Siberica.

Gron. Fl. Virg. Gronovii Flora Virginica: *Item.* dans les Ouvrages de M. Linnæus.

Hall. Helv. Haller Stirpes Helveticæ.

Heift. Heifteri Index Plantarum Horti Helmftadenfis.

H. Cath. Hortus Catholicus Francifci Cupani.

Hort. Cliff. Hortus Cliffortianus Linnæi.

H. Edinb. Hortus Medicus Edinburgenfis, Jacobi Sutherland.

Hort. Eltham. Hortus Elthamenfis, Joannis-Jacobi Dillenii.

H. L. vel *H. L. B.* vel *H. L. Bat.* Hortus Academicus Lugduno-Batavus Pauli Hermanni.

H. R. Monfp. Hortus Regius Monfpelienfis, Petri Magnol.

H. R. P. vel *H. R. Par.* Hortus Regius Parifienfis.

Hort. Pif. Catalogus Plantarum Horti Pifani, Michaelis-Angeli Tillii.

Hort. Upf. Hortus Upfalenfis, Linnæi.

J. B. Joannis Bauhini Hiftoria Plantarum univerfalis.

Inft. vel *Inftit.* vel *Tourn.* Inftitutiones Rei Herbariæ Jofephi Pitton de Tournefort.

Jonc. Hort. Dionyfii Joncquet, Hortus.

Lignon. M. Lignon , Botaniſte à S. Domingue.

Linn. Act. Upf. Linnæi Acta Upfalienſia.

Linn. Gen. Plant. Linnæi Genera Plantarum.

Linn. Spec. Plant. Linnæi Species Plantarum.

Lob. Icon. Matthiæ Lobelii Plantarum ſeu Stirpium Icones.

Matth. Petri Matthioli Opera, illuſtrata à Caſparo Bauhino.

Mich. Micheli Genera Plantarum.

M. C. Philippi Miller Catalogus Arborum Fructicumque, &c.

Mitch. Mitchel Genera Plantarum Virginiæ.

Mor. Hiſt. Roberti Moriſon Plantarum Hiſtoria univerſalis.

M. H. R. Bl. Hortus Regius Bleſenſis , auctus à Roberto Moriſon.

Munt. Phyt. Abrahami Muntingii Phytographia curioſa.

Par. Bat. Paradiſus Batavus, Pauli Hermanni.

Parck. Theat. Parckinſonii Theatrum Botanicum.

Paſſ. Criſpini Paſſæi Icones.

Pet. Petiverii Gazophylacium, & Muſæum.

Pluk. Alm. Leonardi Pluknetii Almageſtum Botanicum.

Pluk. Phyt. Leonardi Pluknetii Phytographia.

Plum. Caroli Plumier, nova Plantarum Americanarum Genera.

Proſp. Alp: Proſperi Alpini de Plantis exoticis libri duo.

Rand. Iſaacus Rand, Præfectus Horti Chelſeyani.

Raii Hiſt. Joannis Raii Hiſtoria Plantarum.

Raii Synopſ. Joannis Raii Synopſis Stirpium Britannicarum.

Royen, Prodro. Van-Royen Prodromus Floræ Lugduno-Batavæ.

Royen, Flor. Van-Royen Flora Leydenſis.

Ruell. Ruellus de Natura Stirpium.

Sarrac. vel *Sarracenus.* M. Sarraſin , Médecin du Roi à Québec.

Tabern. Ic. Jacobi Theodori Tabernæ-Montani, Icones Pſantarum.

T. Cor. Joſephi Pitton de Tournefort, Corollarium Inſtitutionum Rei Herbariæ.

Vaill. M. Vaillant , Démonſtrateur des Plantes au Jardin du Roi.

ADDITIONS ET CORRECTIONS.

TOME PREMIER.

PRÉFACE. Page iv. ligne 1. conduit, *lisez* conduite.

Ibid. *Page vj. ligne* 17. méthode, *lisez* méthodes.

Ibid. *Page xxij. Ajoutez :* Nous ne devons pas négliger de témoigner les obligations que nous avons à M. Perrichon de Vandeuil qui fait cultiver avec soin, sous ses yeux, & par conséquent avec succès, les semences que nous recevons des pays étrangers, & qui se fait un plaisir de nous donner les plantes qui en proviennent & qui n'ont pas réussi dans nos Jardins.

Page 3. ligne 26. *Abies piceæ , foliis brevibus ;* lisez : *Abies piceæ foliis brevibus.*

Page 31. *ligne antépenultieme ; ajoutez :* Cet Erable n°. 11. dont les variétés sont représentées dans les planches placées à la fin de cet article , produit des fleurs en grappes qui se soutiennent droites comme celles du *Padus ;* ces fleurs sont fort petites & les grappes très-longues : je soupçonne que quelques-uns de ces Erables donnent du sucre.

Page 38. *ligne* 24. H. R. Pav. *lisez :* H. R. Par.

Ibidem , ligne 26. Même correction.

Page 55. *ligne* 21. graines divisées en deux rangées ; *lisez :* graines placées sur une rangée.

Page 85. ligne 13. *fructuosus ;* lisez : *fruticosus.*

Ibidem, lignes 16 & 17. *ATRIPLEX* Orientalis , *frutex aculeatus, &c.* Cette phrase entiere doit être portée *à linea* & faire un article séparé , d'autant qu'elle n'est point un synonime de l'*Atriplex maritima , &c.*

Page 104. ligne 4. *Arbor syringæ , ceruleæ folio ;* lisez : *Arbor syringæ ceruleæ folio.*

Page 131. *ligne* 17. Amæn. Ruth. *ou OZIRIS ; lisez :* Amman. Ruth. ou *OZYRIS.*

Page 161. *ligne* 17. *ESPECES ; lisez : CULTURE.*

Page 165. ligne 17. *Catini foliis ;* lisez : *Cotini foliis.*

Page 182. *avant-derniere ligne ;* Amœn. Stirp. rar. *lisez :* Amman. Stirp. Ruth.

Page 183. *ligne* 3. Amœn. Stirp. rar. *lisez :* Amman. Stirp. Ruth.

A l'article des Usages de la Bruyere , ajoutez : Paul Constant, Chap. CXXVI.

page 137. dit, que l'*Erica* de Dioſcoride eſt la Bruyere mâle qui croît dans le territoire du Duché de Châtelleraud , & qu'on la nomme dans ce pays , *Brumelle :* il ajoute qu'on y trouve encore une autre eſpece de Bruyere que l'on employe à faire des balais, des broſſes ou *Epouſſettes.* En Normandie , aux environs du Village de Bugle , on cultive avec ſoin une eſpece de Bruyere qui , ſelon le même Auteur , ſert à faire *de fines Epouſſettes.*

Page 254. ligne 2. *Jeſſili ;* liſez : *Seſſili.*

Page 366. ligne 20. Ajoutez : Les ſemences que M. Peiſſonel nous a envoyées , ont fourni des Arbres dont les feuilles ſont un peu dif-férentes de celles du Liquidambar de la Louyſiane ; elles ſont plus découpées.

TOME SECOND.

Page 6. ligne 27. *& viridi ;* liſez : *è viridi.*

Page 16. ligne 18. *terminalis facie ;* liſez : *torminalis facie.*

Page 95. ligne 16. arbuſte ; *liſez :* arbriſſeau.

Page 191. ligne 20. *Ulmi Sammaris ;* liſez : *Ulmi Salmaris fruſtu.*

Page 236. ligne 20. Ajoutez , à linea : M. Gaultier , Médecin du Roi à Quebec , m'écrit que ce qu'on appelle en Canada : *Plat-de-bierre* eſt un véritable Framboiſier-nain qui croît ſur les rochers du Nord à Merigan , Côte de Labrador.

Page 318. ligne 17. C. L. Hiſt. *liſez :* Cl. Hiſp.

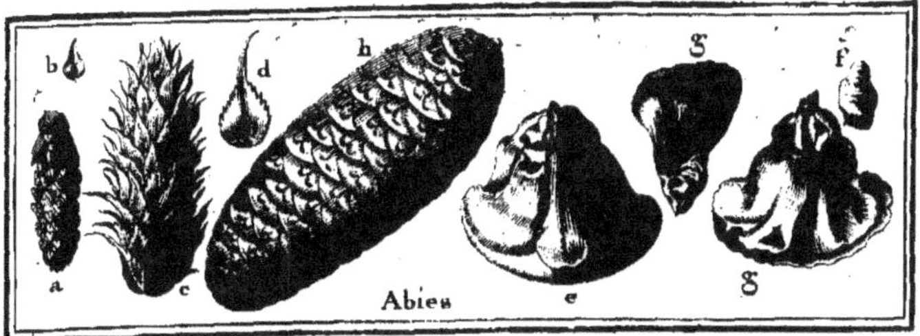

TRAITÉ
DES ARBRES ET ARBUSTES
QUI SE CULTIVENT EN FRANCE EN PLEINE TERRE.

ABIES, Tournef. & Linn. *Gen. Plant.*
PINUS, Linn. *Spec. Plant.* SAPIN.

DESCRIPTION.

LEs Sapins portent fur les mêmes arbres des fleurs mâles (*a*) & des fleurs femelles. (*c*)

Les fleurs mâles (*a*) font groupées fur un filet ligneux & forment des chatons écailleux.

Sous les écailles (*b*) on apperçoit des étamines qui font courtes & furmontés de fommets, qui femblent de petits corps ovales divifés fuivant leur longueur par une rainûre.

Les fruits paroiffent, à d'autres endroits du même arbre, d'abord fous la forme d'un cône écailleux. (*c*)

Les embrions des femences font, fous les écailles, (*d*) furmontés d'un ftile court; & dans le temps de la maturité, on trouve fous chaque écaille (*e*) deux femences ovales, (*f*) quelquefois anguleufes, qui font garnies chacune d'une aîle

Tome I.   A

membraneuſe. (*g*) On appelle ordinairement les fruits entiers & mûrs des cônes à cauſe de leur figure. (*h*)

Les fleurs femelles ſont d'un aſſez beau rouge ; elles ont cependant peu d'éclat, à moins qu'on ne les regarde de près : elles paroiſſent au commencement de Mai.

Au Picea, les écailles des jeunes cônes ſont arrondies par le bout, & renverſées vers la queue ; elles ſe redreſſent enſuite & s'appliquent les unes ſur les autres comme on le voit dans la vignette. (*h*)

Le tronc des Sapins s'éleve tout droit : il eſt terminé par la pouſſe de la derniere ſeve. Ainſi à chaque pouſſe il s'éleve une branche verticale qui eſt le prolongement du tronc , & en même temps il en paroît trois ou quatre qui s'étendent horiſontalement ; enſorte que les branches ſont diſpoſées par étage , & qu'elles forment toutes enſemble une piramide fort réguliere.

Il eſt important , pour diſtinguer les *Abies* des Pins & des Melezes, de remarquer que dans toutes les eſpeces du genre des *Abies* , il ne ſort qu'une ſeule feüille de chaque ſupport. *

On peut en général diviſer les Sapins en deux ordres : ſavoir, les Sapins proprement dits, & les Piceas ou Epicias.

Les Sapins proprement dits , ont la pointe de leurs fruits ou cônes , tournée vers le ciel ; leurs feuilles ſont longuettes , émouſſées, échancrées par le bout, aſſez ſouples, blanchâtres en deſſous & rangées à peu près ſur un même plan des deux côtés d'un filet ligneux, ainſi que les dents d'un peigne.

Ils fourniſſent de la Térébenthine liquide, ou le Beaume blanc de Canada , ou ce qu'on appelle en Angleterre le Beaume de Gilead , &c.

Les cônes des Piceas ou Epicias ont la pointe tournée en en - bas.

Les feuilles des Piceas ſont étroites, aſſez courtes, roides, piquantes , & rangées tout autour d'un filet commun ; enſorte qu'elles forment toutes enſemble par leur pointe une eſpece de cilindre.

Les Piceas ne donnent point de Térébenthine ; mais il ſort de leur écorce un ſuc épais où une raiſine, qui s'épaiſſit & devient concrete & ſemblable à des grains d'encens commun,

* Voyez ce qui eſt dit aux mots L A R I X & P I N U S.

Il y a outre cela des especes mitoyennes entre le Sapin &
l'Epicia, telles que N°. 4. qui a les feuilles d'if, mais dont les
pointes des fruits font tournées en en-bas, & N°. 6. qui eft un
vrai Epicia dont les feuilles font rangées comme les dents d'un
peigne.

E S P E C E S.

1. *A B I E S taxi folio, fructu furfum fpectante.* Inft.
    S A P I N à feuilles d'if, dont la pointe du fruit eft tournée vers le
    ciel, ou S A P I N ordinaire , ou improprement S A P I N F E M E L L E,
    ou encore dans quelques endroits A V E T.

2. *A B I E S taxi folio, fructu rotundiori obtufo.* M. C.
    S A P I N à feuilles d'if & à fruit rond ou obtus.

3. *A B I E S taxi folio, odore Balfami Gileadenfis.* Raii. hift. app.
    S A P I N à feuilles d'if, dit Beaumier de Gilead.

4. *A B I E S taxi folio , fructu longiffimo deorfum inflexo.* M. C.
    S A P I N à feuilles d'if d'Amérique , à fruit long dont la pointe
    regarde la terre.

5. *A B I E S tenuiori folio, fructu deorfum inflexo.* Inft.
    S A P I N, P E C E ou P E S S E, P I C E A ou E P I C I A à feuille étroite,
    dont la pointe du fruit eft tournée vers la terre : les Provençaux
    l'appellent S E R E N T O.

6. *A B I E S minor, pectinatis foliis , Virginiana , conis parvis fubrotundis.*
    Plutk.
    S A P I N ou P E T I T E P I C I A de Virginie , dont les feuilles font
    difpofées en peigne , & à petits cônes arrondis.

7. *A B I E S picea, foliis brevibus, conis minimis.* Rand.
    S A P I N ou E P I C I A à feuilles courtes, ou E P I N E T T E blanche
    de Canada , à petites feuilles.

8. *A B I E S picea, foliis brevioribus, conis parvis , biuncialibus laxis.* Rand.
    S A P I N ou E P I C I A à feuilles très-courtes , à petit fruit peu ferré,
    ou E P I N E T T E de la Nouvelle Angleterre.

9. *A B I E S foliis prælongis, Pinum fimulans.* Raii. hift.
    S A P I N à longues feuilles, femblable au Pin.

A ij

10. *ABIES Orientalis, folio brevi & tetragono, fructu minimo, deorsum inflexo*; Elate *Græcorum recentiorum*. Cor. Inst.
SAPIN ou EPICIA d'Orient à feuille courte & quarrée, à petit fruit dont l'extrémité est tournée vers la terre.

M. Linneus a réuni au genre des Pins les Sapins & les Mélezes. On peut consulter ce que nous disons à ce sujet au mot *PINUS.*

CULTURE.

Toutes les especes de Sapins viennent dans les terres qui ont beaucoup de fonds, & assez fortes; mais l'Epicia est moins délicat que le Sapin proprement dit.

L'une & l'autre espece se plaisent dans les terreins frais & humides, dans les lieux ombragés & sur les revers des montagnes du côté du Nord. Ils réussissent bien dans les terreins graveleux, pourvu qu'ils aient beaucoup de fonds. Ils ne craignent point le froid, & ne font que languir dans les climats chauds.

On cueille les fruits ou cônes de toutes les especes de Sapin & d'Epicia quand ils sont mûrs, en Janvier, en Février, & en Mars. Si on les cueille trop tard, les pluies d'Avril & le Soleil qui se fait sentir vivement à la fin de Mai, font ouvrir les écailles; alors les semences tombent d'elles-mêmes, & les cônes restent vuides.

Il faut toujours cueillir les cônes qui sont à l'extrémité des branches au-dessous des jeunes pousses; les autres sont vieux & vuides de semences, quoique les écailles paroissent rapprochées les unes des autres, sur-tout quand l'air est humide.

On étend ces cônes sur des draps, ou dans des caisses bien jointes; on les expose à la rosée & à la grande ardeur du soleil: les écailles s'ouvrent, & en secouant les cônes les graines tombent sur le drap ou au fond de la caisse.

Il y en a qui mettent les cônes au four; mais alors il faut bien prendre garde qu'une chaleur trop forte n'altere les semences.

Ces graines sont menues, ainsi il ne faut pas les semer bien avant en terre. Si l'on fait le semis dans une terre labourée, il faut la herser, ensuite on répand la graine, & l'on herse une seconde fois; ou bien on fait traîner des broussailles par un cheval, ce qui fuffit pour enterrer la graine, qui ne leve point lorfqu'elle eft trop avant dans la terre. On la feme dans les mois d'Avril ou de Mai, auffi-tôt qu'on l'a tirée des cônes : elle leve rarement dans les terreins expofés au foleil.

Pour femer plus commodément la graine de Sapin, on en peut mêler un litron avec fix ou huit litrons d'avoine, & femer ce mêlange comme de l'avoine pure : les Sapins fe trouveront affez bien diftribués, & les feuilles de l'avoine formeront une ombre qui fera avantageufe aux jeunes plantes de Sapin.

Si l'on veut tranfplanter le jeune plant, ce qui n'eft pratiqua-ble que pour les avenues & les plants de peu d'étendue, la faifon la plus convenable fera dans les mois d'Avril & de Mai. On doit tâcher qu'il refte un peu de terre autour des racines, & de replanter promptement, fans quoi il périra beaucoup de pieds. Si on les met en pepiniere, il faut laiffer au moins trois pieds de diftance d'un arbre à l'autre, afin que l'on puiffe les lever en motte quand on voudra les mettre en place ; car dès qu'ils ont acquis une certaine groffeur, ils ne peuvent plus fe tranfplanter autrement. Néanmoins ils reprennent affez bien quand on les tranfplante la feconde année, ou fort petits.

Dans l'un & dans l'autre cas, il faut éviter de planter les Sapins trop avant, parce que la fuperficie de la terre eft tou-jours la meilleure.

On ne prend en Suiffe aucune précaution pour élever des bois de Sapin & d'Epicia : les uns & les autres produifent leurs cônes qui mûriffent, & qui s'ouvrant naturellement laiffent tomber les graines qui fe fement ainfi elles-mêmes.

Les cônes des Sapins mûriffent tous les ans, & ne tombent point ; mais les Ecureuils qui font très-friands de leur graine les vont écailler. On dit que les cônes des Epicias demeurent fur l'arbre trois ans avant de mûrir & de tomber : je ne conviens pas de ce fait, car j'ai obfervé que les cônes qui fe font formés vers le printems font en parfaite maturité dans le mois de Mars fuivant ; alors ils répandent leur graine, & les cônes vuides reftent attachés aux arbres.

Comme les forêts de Sapins & d'Epicias fe trouvent ordinaire-ment dans les Pays de montagnes, il arrive affez fréquemment que les ouragans rompent, déracinent & couchent fur le côté trente & quarante arpens de bois : on enleve ces arbres abattus pour les différens ufages auxquels ils font propres ; mais dans ce cas la forêt aura peine à fe repeupler. Si l'on néglige les précautions dont nous allons parler, on eft quelquefois vingt-cinq à trente ans fans y voir un arbre de la hauteur d'un pied. D'abord il y vient beaucoup de Framboifiers ; enfuite la terre fe couvre d'herbe ; (car on fait qu'il n'en vient point fous les Sapins ; on n'y trouve que de la Mouffe, un peu de Fougere & de l'Oxis ou Alleluia.) Si on laiffe brouter l'herbe par les animaux, le bois n'y revient pas ; mais fi on n'y laiffe point paître l'herbe, on voit au bout de trois ou quatre ans paroître de jeunes Sapins ; ce qui prouve que cet arbre veut être à couvert des rayons du foleil. En voici encore une preuve : Si on coupe dans une forêt un gros Sapin entre les autres, on voit deux ans après la place que ce Sapin occupoit garnie d'autres jeunes Sapins, qui font auffi près à près que le chanvre qui leve dans une cheneviere ; au contraire fi l'on a affez abattu de Sapins pour que le foleil donne fur le terrain, on n'y en voit lever aucuns, ou très-peu.

On remarque que les Sapins viennent mieux qu'ailleurs, dans les endroits où d'autres Sapins ont pourri ; & il ne manque jamais de lever beaucoup de Sapins fur les groffes fouches où fur les groffes racines qui font réduites en terreau.

Les Sapins croiffent lentement ; & un femis de Sapins ne commence à fe diftinguer de l'herbe que vers la cinquieme ou la fixieme année.

Nous venons de le dire, & nous le répétons encore, il eft important de bannir tout bétail des femis de Sapins : car l'herbe eft abfolument néceffaire pour les défendre du foleil pendant qu'ils font jeunes ; & quoique les beftiaux ne mangent point le Sapin, ils l'arrachent néanmoins avec l'herbe qu'ils paiffent, ou bien ils le foulent avec leurs pieds.

Comme à mefure que les Sapins groffiffent, les plus forts étouffent les foibles, on pourra abattre ceux qui languiffent : cet éclairciffement produira un petit bénéfice, & il ne fera qu'avantageux aux beaux Sapins, pourvu toutefois, que ce retranchement ne fe faffe que peu à peu, & fans trop éclaircir la futaie.

On prétend encore qu'il eſt néceſſaire d'abattre les arbres rompus ou malades, parce qu'il s'engendre entre le bois & l'écorce des vers, qui, devenant ſcarabés, endommagent les arbres ſains.

On n'a point coutume d'élaguer les Sapins, de même qu'on n'élague point les arbres qui viennent en maſſif de bois ; les branches du bas étant privées d'air par celles du haut ſe deſſechent, tombent en pourriture, & la plaie ſe cicatriſe. Cependant nous ne penſons pas comme bien d'autres, que les plaies ſoient pernicieuſes à ces arbres : nous avons élagué de jeunes Sapins qui étoient iſolés ; les plaies ſe ſont recouvertes en très-peu de temps, & le peu de raiſine qui s'échappoit des Epicias ne leur faiſoit aucun tort. Nous convenons bien que le retranchement d'une groſſe branche fait tort aux Sapins ; mais elle en fait à toute ſorte d'arbres, & à l'endroit où l'on a retranché une de ces branches, il reſte néceſſairement une ſolution de continuité, une roulûre, en un mot un défaut qui n'en exiſte pas moins pour être caché par une belle cicatrice ; mais on ne doit point craindre le retranchement des jeunes branches.

Les arbres des liſieres pouvant jouir de l'air, ne manquent pas de pouſſer de ce côté-là beaucoup de branches ; ce qui fait que les Sapins des liſieres ſont peu eſtimés. On peut retrancher ces branches pour en faire du charbon, & ſi les arbres en ſouffrent un peu, le dommage n'eſt pas grand, puiſqu'il eſt rare qu'on les emploie à autre choſe qu'à brûler ; mais il faut bien ſe donner de garde de les arracher, puiſque ces liſieres protégent les arbres qui ſont derriere eux : car comme ils étendent leurs racines dans les terres voiſines, ils ſont en état de ſupporter le premier choc du vent, & ils garantiſſent les autres d'être rompus ou renverſés.

Quand une partie des arbres commencent à ſe couronner, c'eſt-à-dire à mourir par la cime, il eſt temps d'abattre la forêt ; mais il eſt eſſentiel d'entamer l'exploitation du côté que le vent eſt le moins violent, (c'eſt ordinairement dans la partie de l'Eſt,) afin que les liſieres qui ſubſiſtent du côté de l'Oueſt & du Nord-Oueſt continuent de protéger la futaie qui ſans cela courroit riſque d'être renverſée.

Si nous avons dit ci-devant, que pour renouveller une forêt

dans les pays où il y a beaucoup de Sapins, il fuffiroit d'empêcher les beftiaux d'y entrer ; c'eft parce que la graine du Sapin,
qui eft menue & aîlée , eft facilement portée au loin par le vent.

U S A G E S.

Les Sapins de toutes les efpeces , doivent être mis dans le
bofquet d'hyver ; & l'on en fait de très-belles avenues en plantant un de ces arbres qui s'éleve fort haut, & enfuite un arbre
d'une autre efpece , pour garnir le bas : les Sapins viennent
auffi très-bien en maffif de bois.

On fait qu'on fait des planches & des pieces de charpente
avec le bois de Sapin ; mais fouvent on confond les planches
de Sapin avec celles de Pin , qui , dans plufieurs Pays, font
meilleures que les premieres.

Nous avons déja dit que les Sapins proprement dits , qui ont
les feuilles blanchâtres par-deffous , d'un verd clair par-deffus,
& que l'on nomme Sapins à feuilles d'if , font les feuls qui
fourniffent cette raifine liquide & tranfparente , connue fous
le nom de térébenthine ; qu'il tranffude des Piceas une raifine
qui fe feche , qui devient tellement concrete qu'elle reffemble
à des grains d'encens, & qu'on l'appelle Poix, dans le Comté
de Neuf-Châtel où l'on en ramaffe une grande quantité : comme
on trouve dans les Auteurs beaucoup d'obfcurité & de confufion fur les raifines que fourniffent les Sapins , les Piceas , les
Mélezes & les Pins ; j'ai cru devoir m'étendre ici fur cette matiere ,
& j'efpere, au moyen des réponfes qu'on a faites aux Mémoires
que j'ai envoyés fur les lieux , & principalement avec les éclaircif-
femens qui m'ont été fournis par M. le Clerc, célebre Chirurgien
établi en Suiffe à fept ou huit lieues de Befançon , pouvoir
diffiper les nuages qui jettent de l'obfcurité fur ce point.

Toutes les années vers le mois d'Août , des Payfans Italiens
voifins des Alpes , font une tournée dans les Cantons de la
Suiffe où les Sapins abondent , pour y ramaffer la térébenthine :
nous allons détailler leur procédé.

Ces Payfans ont des cornets de fer-blanc qui fe terminent en
pointe aiguë, & une bouteille de la même matiere pendue à leur
ceinture. Ceux qui tirent la térébenthine des Sapins qui croiffent

ſent ſur les montagnes des environs de la grande Chartreuſe, ſe ſervent de cornes de bœuf, qui ſe terminent en pointe ainſi que les cornets de fer-blanc.

C'eſt une choſe curieuſe, de voir ces payſans monter juſqu'à la cime des plus hauts Sapins, au moyen de leurs ſouliers armés de crampons qui entrent dans l'écorce des arbres dont ils embraſſent le tronc avec les deux jambes & un de leurs bras, pendant que de l'autre ils ſe ſervent de leur cornet pour crever de petites tumeurs ou des Veſſies que l'on apperçoit ſur l'écorce des Sapins proprement dits. (N°. 1.) Lorſque leur cornet eſt rempli de cette térébenthine claire & coulante qui forme les veſſies, ils la verſent dans la bouteille qu'ils portent à leur ceinture, & ces bouteilles ſe vuident enſuite dans des outres ou peaux de bouc, qui ſervent à tranſporter la térébenthine dans les lieux où ils ſavent en avoir le débit le plus avantageux.

Comme il arrive aſſez ſouvent qu'il tombe dans les cornets des feuilles de Sapin, des fragmens d'écorce & des lichens qui ſaliſſent la térébenthine, ils la purifient par une filtration, avant de la mettre dans les outres : pour cet effet, ils levent un morceau d'écorce à un Epicia, ils en font une eſpece d'entonnoir, dont ils garniſſent le bout le plus étroit avec des pouſſes du même arbre ; enſuite ils rempliſſent cet entonnoir de la térébenthine qu'ils ont ramaſſée ; elle s'écoule peu à peu, & les ordures reſtent engagées dans la garniture ; c'eſt-là la ſeule préparation que l'on donne à cette réſine liquide, avant de l'expoſer en vente.

Il n'y a que les Sapins proprement dits qui fourniſſent la véritable térébenthine : ce n'eſt pas qu'il ne ſe forme auſſi quelquefois des veſſies ſur l'écorce des jeunes Epicias, dans leſquelles on trouve un ſuc réſineux, clair & tranſparent ; mais ce ſuc n'eſt point de la vraie térébenthine ; c'eſt de la poix toute pure, qui en très-peu de temps s'épaiſſit à l'air : on apperçoit rarement de ces ſortes de veſſies ſur l'écorce des Epicias, & ce n'eſt que lorſqu'ils ſont très-vigoureux & plantés dans un terrein gras. La réſine de ces arbres découle des entailles que l'on fait à leur écorce, comme nous le dirons dans la ſuite ; au contraire il ne coule point de térébenthine par les inciſions que l'on fait à l'écorce des Sapins proprement dits. Toute la térébenthine ſe tire des veffies ou tumeurs qui fe forment naturellement dans l'écorce ; fi quelquefois on fait par hazard ou par expérience des incifions à l'écorce des Sapins, il en fort fi peu de térébenthine qu'elle ne mérite aucune attention. Il eft vrai que ces gouttes de réfine qui fortent liquides des pores de l'arbre s'épaifliffent à l'air prefque comme celles des Epicias ; mais il y a cette différence, que le fuc des Epicias devient en s'épaifliffant opaque comme l'encens ; aulieu que celui des Sapins eft clair & tranfparent comme le maftic.

Il eft bon de remarquer que les veffies ou tumeurs qui paroiffent fous l'écorce des Sapins font quelquefois rondes, & quelquefois ovales ; mais dans ce dernier cas le grand diametre des tumeurs eft toujours horifontal, & jamais perpendiculaire.

Dans les endroits où le fond eft gras, & la terre fubftantieufe, on fait deux récoltes de térébenthine dans la faifon des deux feves, favoir celle du Printemps & celle d'Août : mais chaque arbre ne produit qu'une fois des veffies pendant le cours d'une feve ; ils n'en produifent même qu'à la feve du Printemps dans les terreins maigres.

Il n'en eft pas ainfi des Epicias. Ces arbres fourniffent une récolte tous les quinze jours, pourvu qu'on ait foin de rafraîchir les entailles qu'on a déja faites à leur écorce.

Les Sapins commencent à fournir une médiocre quantité de térébenthine dès qu'ils ont trois pouces de diametre, & ils en fourniffent de plus en plus jufqu'à ce qu'ils aient augmenté jufqu'à un pied ; alors les piquures qu'on a faites à leur écorce forment des écailles dures & racornies : le corps ligneux qui continue à s'étendre en groffeur oblige l'écorce qui eft dure & incapable d'extenfion de fe crever, & à mefure que l'arbre groffit, cette écorce qui, quand l'arbre étoit jeune, n'avoit qu'un quart de pouce d'épaiffeur, acquiert jufqu'à 1 pouce $\frac{1}{2}$, & alors elle ne produit plus de veffies.

Les Epicias au contraire, fourniffent de la poix tant qu'ils fubfiftent, enforte qu'on en voit dont on tire de la poix en abondance, quoiqu'ils aient plus de trois pieds de diametre.

Les Sapins ne paroiffent pas s'épuifer par la térébenthine qu'on en tire, ni par les piquures qu'on fait à leur écorce. Les écailles qu'elles occafionnent & les gerfures de l'écorce des gros Sapins ne leur font pas plus contraires que celles qui arrivent naturellement aux écorces des gros Ormes , des gros Tilleuls ou des Bouleaux.

Il découle naturellement, comme nous l'avons déjà dit, de l'écorce des Epicias des larmes de réfine qui en s'épaiffiffant font une efpece d'encens ; mais pour avoir la poix en plus grande abondance, on emporte , dans le temps de la feve , qui arrive au mois d'Avril , une laniere d'écorce , en obfervant de ne point entamer le bois.

Si l'on apperçoit fur des Epicias qui font entaillés depuis long-temps , que les plaies font profondes , c'eft parce que le bois continue à croître tout autour de l'endroit qui a été entamé ; & comme il ne fe fait point de productions ligneufes dans l'é-tendue de la plaie , peu à peu ces plaies parviennent à avoir plus de dix pouces de profondeur.

Les plaies augmentent auffi en hauteur & en largeur., parce qu'on eft obligé de les rafraîchir toutes les fois qu'on ramaffe la poix, afin de détruire une nouvelle écorce qui fe formeroit tout autour de la plaie, & qui empêcheroit la réfine de couler ; ou plutôt pour emporter une portion de l'écorce qui devient calleufe à cet endroit, lorfqu'elle a rendu fa réfine.

Bien loin que ces entailles & cette déperdition de réfine faffe tort aux Epicias , on prétend que ceux qui font plantés dans les terreins gras périroient, fi l'on ne tiroit pas par des entailles une partie de leur réfine.

Tous les ans, les Epicias ordinaires dont les cônes font très-longs , & dont les feuilles font d'un verd plus clair que celles des Sapins, fourniffent de la poix pendant les deux feves ; c'eft-à-dire depuis le mois d'Avril jufqu'en Septembre ; mais les ré-coltes font plus abondantes quand les arbres font en pleine feve, & l'on en ramaffe plus ou moins fouvent, fuivant que le terrein eft plus ou moins fubftantieux ; enforte que dans les terreins gras , on en fait la récolte tous les quinze jours, en détachant la poix avec un inftrument qui eft taillé d'un côté comme le fer d'une hache , & de l'autre comme une gouge : ce fer fert encore à rafraîchir la plaie toutes les fois qu'on ramaffe la poix.

Il eft bon de faire remarquer que cette fubftance réfineufe

ne fort point du bois ; il en fuinte un peu , à la vérité , de l'é-
paiffeur de l'écorce, mais la plus grande quantité tranffude d'entre
le bois & l'écorce : elle fe fige auffi-tôt qu'elle eft fortie des
pores de l'arbre ; elle ne coule point à terre , mais elle refte
attachée à la plaie en groffes larmes ou flocons ; & c'eft ce qui
établit une fi grande différence entre la poix que fourniffent les
Epicias & la térébenthine que donnent les Sapins.

Les Epicias ne fe plaifent pas dans les pays chauds ; mais s'il
s'y en trouvoit , il pourroit arriver que la poix qu'ils fourniroient
feroit coulante prefque comme la raifine des Pins : on fait que
la chaleur amollit les réfines aulieu de les deffecher ; & ceux
qui ramaffent la poix des Epicias , remarquent bien qu'elle ne
tient point à leurs mains lorfque l'air eft frais , & qu'elle s'y
attache au contraire quand il fait chaud ; alors ils font obligés
de fe les frotter avec du beurre ou de la graiffe , afin d'empêcher cette poix qui eft gluante de coller leurs doigts les uns
contre les autres.

La poix des jeunes Epicias eft plus molle que celle des vieux ;
mais elle n'eft jamais coulante.

Dans les forêts d'Epicias qui font fur des rochers on apperçoit beaucoup de racines qui s'étendent fouvent hors de terre:
Si on les entaille elles fourniffent de la poix en abondance ;
mais cette poix eft épaiffe comme celle qui coule des entailles
faites aux troncs.

Enfin la poix des Epicias eft fuffifamment feche pour être
mife dans des facs. C'eft dans cet état que les payfans la tranfportent dans leurs maifons , pour lui donner la préparation dont
nous allons parler.

On met la poix avec de l'eau dans de grandes chaudieres ;
un feu modéré la fond ; enfuite on la verfe dans des facs de
toile forte & claire qu'on porte fous des preffes, qui appuyant
deffus peu à peu font couler la poix pure & exemte de toutes
immondices. Alors on la verfe dans des barrils ; & en cet état
on la vend fous le nom de poix graffe ou poix de Bourgogne :
on met rarement cette poix en pain , fur-tout quand on veut
la tranfporter au loin , parce que la moindre chaleur l'attendrit
& la fait applatir. On la renferme encore dans des cabas d'écorce
de Tilleul.

Ce que nous venons de dire regarde la poix blanche, ou pour mieux dire la poix jaune. On en vend aussi de noire, qui est préparée avec cette poix jaune dont on vient de parler & dans laquelle on met du noir de fumée. Pour bien incorporer ces deux substances, on fait fondre à petit feu & doucement de la poix jaune dans laquelle on mêle une certaine portion de noir de fumée : ce mélange s'appelle la poix noire , mais elle est peu estimée.

Dans les années chaudes & seches, la poix est de meilleure qualité , & la récolte en est plus abondante que dans celles qui sont fraîches & humides.

Si l'on met cette poix grasse dans des alambics avec de l'eau, il passe avec l'eau , par la distillation , une huile essentielle , & la poix qui reste dans la cucurbite est moins grasse qu'elle ne l'étoit auparavant ; elle ressemble alors à la colophone dont nous parlerons dans l'article des Pins : mais l'huile essentielle qui a monté avec l'eau , n'est pas de l'esprit de térébenthine ; c'est de l'esprit de poix qui est d'une qualité bien différente & fort infé-rieure : comme on a coutume de le vendre pour de l'esprit de térébenthine , on doit prendre bien des précautions pour n'être point trompé , sur-tout lorsqu'il est important d'avoir de véritable huile essentielle de térébenthine , soit pour des médica-mens , soit pour dissoudre certaines résines concretes.

On fait la véritable essence de térébenthine , en distillant avec beaucoup d'eau celle qu'on retire des vessies du Sapin : la térébenthine qui a été ramassée au mois d'Août fournit un quart d'essence ; c'est-à-dire , que de quatre livres de belle térébenthine , on en tire une livre d'essence.

Dans les forêts épaisses où le soleil ne peut pénétrer , on fait toutes les entailles du côté du midi ; mais dans celles où le soleil pénetre , ce qui est rare , on les fait indifféremment de tous les côtés , pourvu néanmoins que ce ne soit point du côté du vent de pluie. On fait quelquefois trois ou quatre entailles à un gros Epicia ; mais on a l'attention de n'en point faire , comme nous venons de le dire , du côté où la pluie vient en plus grande abondance.

Quand on ne fait qu'une plaie aux Epicias, ils fournissent de la poix pendant vingt-cinq à trente ans : il y a des arbres pourris

au-dedans qui donnent encore de la poix ; parce qu'à mefure
qu'une couche intérieure fe pourrit , il s'en forme de nouvelles
à l'extérieur.

Lorfque l'on fait plufieurs entailles , l'humidité , fur-tout dans
les temps de neige , pénetre la fubftance ligneufe & occafionne
une maladie qui annonce que le bois tombera bien-tôt en pourriture : le cœur de l'arbre , de blanc qu'il doit être , devient
rouge ; plus le bois rouge s'étend en hauteur , plus il approche
de la circonférence du tronc , & plus l'arbre approche de fa fin.

Les Epicias qui ont fourni beaucoup de réfine , pourvu toutefois que leur bois ne foit point rouge , font bons pour faire de
la charpente , de la menuiferie , du bardeau , des feaux , des
tonneaux à mettre du vin ou des marchandifes. Il paroît néanmoins que cette efpece de bois a fouffert quelque altération ; car
le charbon qu'on en fait eft plus leger & de moindre qualité
que celui des arbres qui n'ont point été entaillés.

Les Sapins rouges ne font bons qu'à brûler ; fouvent même
on les laiffe pourrir dans les forêts.

Un arbre vigoureux & planté en bon fond, peut au plus rendre
chaque année trente à quarante livres de poix.

M. le Clerc affure que l'on contrefait l'ambre jaune en mêlant,
par une chaleur modérée & augmentée peu à peu , de l'huile
d'afphalte rectifiée avec de la térébenthine, dans un vafe de cuivre jaune : quand cette matiere a pris deux ou trois bouillons ,
on en peut mouler de très-belles tabatieres.

On fait que la térébenthine entre dans les vernis communs ,
qu'elle fait la bafe de plufieurs emplâtres, de quelques onguens
& de quelques digeftifs ; on l'ordonne encore intérieurement
pour les maladies des reins & de la veffie ; & elle paffe pour
être antifcorbutique , déterfive , réfolutive , deffcative.

La bonne térébenthine doit être nette , claire , tranfparente,
de confiftance de firop , d'une odeur forte , & d'un goût un peu
amer.

L'huile effentielle de térébenthine fert aux peintres pour rendre leurs couleurs plus coulantes , aux verniffeurs pour diffoudre des réfines concretes , aux maréchaux pour deffecher les
plaies des chevaux & les guérir de la galle : les médecins l'ordonnent dans quelques potions pour faciliter l'expectoration.

La poix entre auffi dans la compofition de plufieurs onguens ; on la mêle avec du beurre , & l'on en fait une compofition qui fert à graiffer les voitures : on pourroit en la fondant avec du goudron faire du brai gras pour en enduire les vaiffeaux. Dans le Comté de Neuf-Châtel on fait un brai pour les vaiffeaux, & pour tous les bois qu'on emploie dans l'eau, avec de la poix du Picea, qui eft d'un blanc jaunâtre , & une certaine quantité de pierre d'afphalte réduite en poudre ; ce mêlange étant cuit fur le feu fait un bon enduit : on y ajoute encore d'autres drogues, & l'on en fait un très-bon ciment pour unir les pierres.

On nous apporte de Canada une térébenthine claire , blanchâtre , plus douce que celle que fourniffent nos Sapins , & qui reffemble beaucoup au beaume de la Mecque : cette térébenthine que l'on connoît fous le nom de beaume blanc de Canada , eft, je crois, peu différente de celle que les Anglois appellent beaume de Gilead. Ce beaume fe ramaffe , ainfi que notre térébenthine , fur les Sapins , N°. 3. qui ne different prefque pas du Sapin , N°. 1. La différence qu'on remarque dans cette térébenthine eft peut-être occafionnée par le grand froid qui regne en Canada.

Suivant Aétius , Médecin à Thuringe en Allemagne ; on a quelquefois emploié l'écorce de l'Epicia , en place de celle de chêne , pour tanner les cuirs : je crois qu'on l'emploie auffi à cet ufage en Canada ou dans l'Ifle Royale. Ce même Auteur ajoute, que pour retirer la poix des Epicias , les payfans enlevent des lanieres d'écorce de la largeur de quatre doigts (*A fig.* 1,) depuis l'endroit où ils peuvent atteindre , jufqu'à deux pieds près de terre , & qu'ayant enfuite répété cette opération de diftance en diftance autour des arbres, ils n'y retournent que deux ou trois ans après ; qu'ils trouvent alors les plaies remplies de quantité de réfine ; qu'ils la grattent avec un crochet (*B fig.* 1;) qu'ils la ramaffent dans des efpeces de feaux de figure conique, (*C fig.* 1 ;) & que ces feaux font faits d'écorce de Cormier. C'eft avec ces mêmes vaiffeaux (*D fig.* 1 ,) qu'ils tranfportent la réfine qu'ils ont recueillie, dans les atteliers où ils la travaillent, comme nous allons le décrire.

Ces ouvriers, pour conferver leurs habits, fe revêtiffent d'une efpece de foureau qui ne paffe pas la ceinture , (*E fig.* 1. *& 2.*)

Ils établiffent dans leurs atteliers, pour la préparation de la poix, des fourneaux (*F fig. 3*,) qui ont extérieurement la forme d'un parallélépipede ; ils y fcelent bien exactement des chaudieres de cuivre de forme conique (*G fig. 2 & 3.*) Ces chaudieres ont à leur fond un trou de la groffeur du doigt, lequel s'ajufte à un tuyau qui va, fuivant une pente convenable, depuis un bout du fourneau jufqu'à l'autre, fortir de ce même fourneau par fa partie poftérieure.

On voit à la partie antérieure du fourneau, (*H fig. 3*,) trois portes ou bouches par lefquelles on allume le feu ; & comme le fourneau eft par-tout exactement fermé, la fumée & l'air chaud ne peuvent en fortir que par trois ouvertures ou cheminées, qu'on voit à la partie poftérieure du fourneau *F fig. 2.*

On conçoit ainfi que toutes ces chaudieres que l'on a foin de tenir exactement fermées par des couvercles, (*I fig. 2 & 3*,) doivent recevoir une chaleur bien douce, & qu'elle fuffit pour faire fondre la réfine dont elles font remplies ; car la fumée qui s'échappe de la réfine fe réverbérant, contribue à faire fondre celle qui ne l'eft pas.

A mefure que la réfine fond, elle s'échappe par l'ouverture qui eft au fond des chaudieres, de là elle coule dans les tuyaux qui s'étendent dans toute la longueur de l'intérieur du fourneau, elle fort par leur extrêmité, & elle fe rend enfin dans les vaiffeaux, (*L fig. 3*,) qui font placés pour la recevoir.

Pendant que cette fubftance réfineufe eft encore coulante, on la verfe dans des baquets, ou dans des vaiffeaux d'écorce d'arbre, (*M fig. 2 & 3.*) On la vend en cet état fous le nom de poix graffe.

Lorfqu'il ne coule plus rien par le tuyau, l'on retire les immondices qui font reftées au fond des chaudieres ; on en remplit des caiffes, (*N fig. 3*,) & l'on conferve cette matiere pour faire du noir de fumée : nous en décrirons ci-après le procédé.

Si l'on veut faire de la poix feche, on cuit la poix graffe dans d'autres chaudieres, jufqu'à ce que toute l'humidité en foit évaporée : quelquefois on mêle du vinaigre dans cette feconde cuiffon ; la poix prend alors une couleur rouffe, & elle devient très-feche : c'eft-là proprement ce qu'on appelle, de la colophone, & vulgairement colophane.

Pour

Pour faire le noir de fumée, l'on bâtit un cabinet (*O fig.* 4,) exactement fermé de toute part, si ce n'est qu'au milieu de la partie supérieure; l'on y fait quelques ouvertures que l'on couvre cependant d'un cône ou espece de cornet de toile. A quelque distance de ce cabinet l'on construit un four, (*P fig.* 4,) dont la bouche est fort petite; l'intérieur de ce four communique avec le dedans du cabinet par un tuyau de cheminée rampant (*Q fig.* 4.) Un enfant allume une petite quantité des immondices qu'on a retirées des chaudieres, & il l'introduit dans le four : à mesure que cette résine se consume, ce même enfant y en ajoute un peu de nouvelle, & en continuant de mettre de moment en moment un peu de résine dans le four, le cabinet se remplit de fumée; cette fumée passe en bonne partie dans le cône de toile où elle se rassemble en forme de suie. Quand on juge que le cône ou cornet est bien chargé de fuliginosités, des enfans battent la toile avec des baguettes pour faire tomber le noir de fumée sur la partie supérieure du cabinet, & l'on ramasse ce noir pour en remplir des barrils, (*R fig.* 2. & 4.)

On trouvera dans l'article du Pin différentes manieres de cuire les substances résineuses, & différents procédés pour faire le noir de fumée : nous remettons à cet endroit à parler de ses usages.

En Canada l'on fait avec l'Epinette blanche, qui est une espece d'Epicia dont les feuilles & les cônes sont plus petits que ceux de celui qu'on cultive en France, une boisson très-saine, qui ne paroît point agréable la premiere fois qu'on en boit, mais qui le devient lorsque l'on en a usé pendant quelque temps.

Comme l'on peut faire cette liqueur avec notre Epicia, & qu'en tout temps elle peut être à fort grand marché, nous croyons devoir en donner ici la recette, afin que l'on puisse en faire usage dans les années où le vin est trop cher, & surtout lorsque la disette des grains fait également augmenter le prix de la biere ordinaire.

Pour faire une barrique d'Epinette il faut avoir une chaudiere qui tienne au moins un quart de plus.

On l'emplit d'eau, & dès que cette eau commence à être

chaude, l'on y jette un fagot de branches d'Epinette rompues par morceaux : ce fagot doit avoir environ 21 pouces de circonférence auprès du lien.

On entretient l'eau bouillante jufqu'à ce que la peau de l'Epicia fe détache facilement de toute la longueur des branches.

Pendant cette cuiffon on fait rôtir à plufieurs reprifes, dans une grande poële de fer, un boiffeau d'avoine ; on fait encore griller une quinzaine de galettes de bifcuit de mer, ou à leur défaut 12 ou 15 livres de pain coupé par tranches ; & quand toutes ces matieres font bien rôties, on les jette dans la chaudiere, & elles y reftent jufqu'à ce que l'Epinette foit bien cuite.

Alors on retire de la chaudiere toutes les branches d'Epinette, & l'on éteint le feu. L'avoine & le pain fe précipitent au fond ; il faut enfuite retirer avec une écumoire les feuilles d'Epicia qui flottent fur l'eau. Enfin l'on délaye dans cette liqueur fix pintes de mélaffe, ou gros firop de fucre, ou à fon défaut 12 à 15 livres de fucre brut.

On entonne fur le champ cette liqueur dans une barrique fraîche qui ait contenu du vin rouge ; & lorfque l'on veut qu'elle foit plus colorée, on y laiffe la lie & cinq à fix pintes de ce vin. Quand cette liqueur n'eft plus que tiede, on délaye dedans une chopine de levure de biere que l'on braffe bien fort, afin de l'incorporer avec la liqueur ; enfuite l'on acheve d'emplir la barrique jufqu'au bondon que l'on laiffe ouvert.

Cette liqueur fermente & jette dehors beaucoup de faletés : à mefure qu'elle fe vuide, l'on a foin de la remplir avec une partie de la même liqueur que l'on conferve à part dans quelque vaiffeau de bois.

Si l'on ferme le bondon au bout de 24 heures, l'Epinette refte piquante comme le cidre ; mais fi on veut la boire plus douce, il ne faut la bondonner que quand elle a paffé fa fermentation, & avoir foin de la remplir deux fois par jour.

Cette liqueur eft très-rafraîchiffante, fort faine ; & lorfqu'on y eft habitué, on la boit avec beaucoup de plaifir fur-tout pendant l'Eté. Je crois qu'on pourroit fubftituer le Genievre à l'Epinette de Canada.

Tome I. Planche 1.

Tome I. Pl. 2.

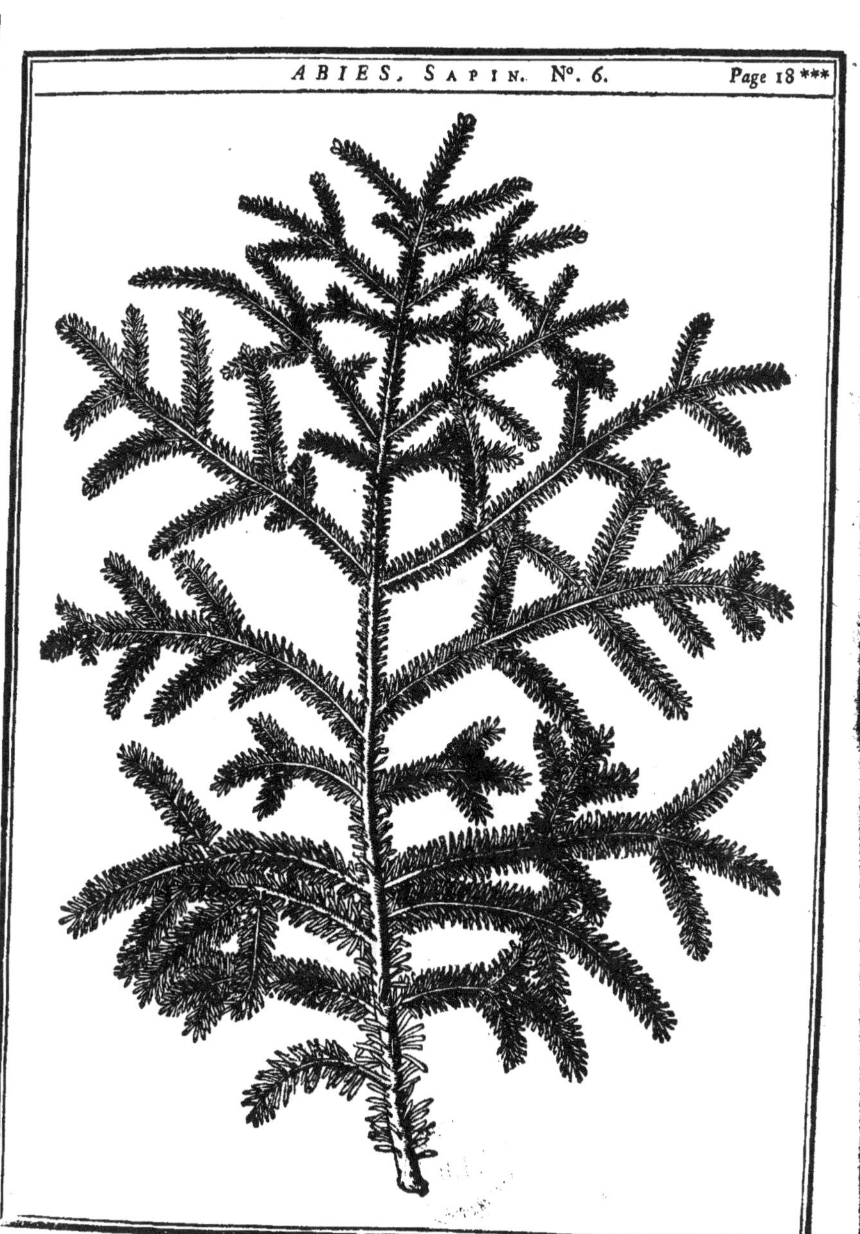

Fig. II.
Fig. III.
M
L
G
M
M
R
F
N
H
F
N
I
I
E
G
I
N
I
N
C
C
N
N
N
Q
R
O
R
C

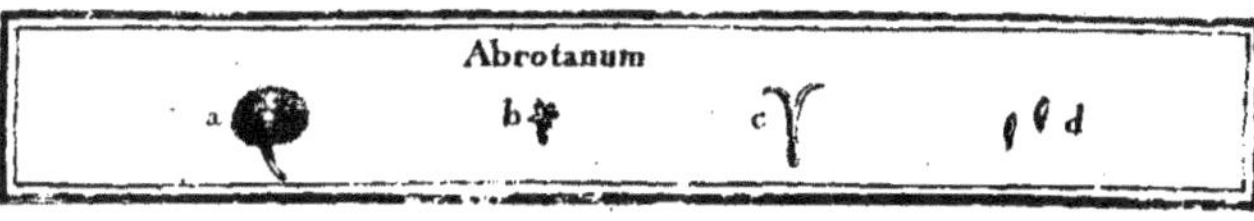

ABROTANUM, Tournef. *ARTEMISIA,* Linn. AURONE.

DESCRIPTION.

Nous croyons devoir mettre les Aurones au nombre des Arbuftes, parce qu'elles forment de petits buiffons qui font toujours verds.

Leurs fleurs (*a*) font du genre de celles qu'on nomme fleurs à fleurons, c'eft-à-dire, qu'elles font formées d'un grand nombre de petites fleurs, raffemblées en maniere de tête dans un calyce commun. Les fleurons du milieu font hermaphrodites, & le pétale eft figuré en entonnoir divifé en cinq parties; (*b*) on y voit cinq petites étamines. Les fleurons de la circonférence font femelles. Au milieu de chacun de ces fleurons des deux efpeces on trouve un piftil formé d'un ftyle fourchu (*c*) qui eft plus long dans les fleurons femelles que dans les hermaphrodites, & d'un embrion qui devient une femence (*d*) menue & longuette. Toutes les parties de la Vignette font deffinées plus grandes que le naturel afin de les rendre plus fenfibles.

L'Aurone fait un buiffon affez touffu, de deux à trois pieds de hauteur : fes feuilles font étroites, plufieurs efpeces les ont découpées; elles ont une odeur forte & aromatique; leur goût eft âcre & amer.

M. Linneus a réuni les Aurones, les Abfynthes & les Armoifes fous un même genre qu'il a nommé *Artemifia.* Nous ne parlerons point des Armoifes dans ce Traité, parce qu'elles perdent leurs tiges pendant l'hyver.

Comme plufieurs Auteurs ont diftingué les Aurones en mâle & femelle, il eft bon de faire obferver que le terme de *Mas*

C ij

en françois *mâle*, n'eſt pas ici bien employé, puiſque toutes
les Aurones ſont hermaphrodites; mais nous avons été obligés
de nous conformer à l'uſage. Les Aurones auſſi improprement
nommées femelles, ſont des Santolines : voyez *Santolina.*

E S P E C E S.

1. *ABROTANUM mas, anguſtifolium majus.* C. B. P.
    Grande Aurone à feuilles étroites, ou Citronnelle.

2. *ABROTANUM mas, anguſtifolium maximum.* C. B. P.
    Très-grande Aurone à feuilles étroites, ou grande Citronnelle.

3. *ABROTANUM mas, anguſtifolium incanum.* C. B. P.
    Aurone à feuilles étroites blanchâtres.

4. *ABROTANUM mas, anguſtifolium minus.* C. B. P.
    Petite Aurone à feuilles étroites.

5. *ABROTANUM campeſtre.* C. B. P.
    Aurone ſauvage.

6. *ABROTANUM humile, corymbis majoribus aureis* H. R. P.
    Aurone rampante à grandes fleurs couleur d'or.

7. *ABROTANUM mas, lini folio acriori & odorato.* Inſt.
    Aurone à feuilles de lin d'un goût piquant & d'une odeur agréa-
    ble, ou Eſtragon.

Quoique l'Eſtragon perde ſes tiges pendant l'hyver, nous le
comprenons cependant dans cette liſte, parce qu'il forme l'Eté
une eſpece d'Arbuſte, & qu'on le cultive volontiers à cauſe de
ſon odeur agréable.

Nous avons cru auſſi devoir faire mention de l'Arbuſte
marqué (n°. 6.) à cauſe de ſes fleurs qui ſont aſſez belles.

C U L T U R E.

Les Jardiniers élevent dans des pots les eſpeces 1 & 2; &
quand ils en ont formé de jolis buiſſons, ils les vendent ſous
le nom de Citronnelle.

Les Aurones prennent aiſément de marcottes; & une branche

qui porte à terre eſt bientôt garnie de racines; c'eſt pourquoi l'on n'eſt guere dans l'uſage de les élever de ſemence.

USAGES.

Comme ces petits Arbuſtes ne quittent point leurs feuilles, on les peut employer pour garnir les boſquets d'hyver: quelques eſpeces portent des fleurs aſſez jolies que l'on nomme Boutons d'or. •

Ces plantes s'employent en Médecine comme étant apéritives, déterſives, vermifuges, réſolutives, emmenagogues.

L'Eſtragon (n°. 7.) ſe mange dans les ſalades.

Tome I. Pl. 4.

ABSYNTHIUM, Tournef. *ARTEMISIA*, Linn. ABSYNTHE.

DESCRIPTION.

LA fleur de l'Abſynthe eſt dans le genre des fleurs à fleurons; c'eſt-à-dire, qu'un calyce écailleux renferme beaucoup de fleurons, les uns hermaphrodites, les autres femelles compoſées d'un pétale en tuyau, qui eſt diviſé par ſon extrêmité en cinq parties pointues & renverſées, qui repréſentent une étoile.

On trouve dans les fleurs hermaphrodites cinq étamines terminées par des ſommets arrondis.

Le piſtil eſt compoſé d'un petit embrion cylindrique ſur lequel repoſe le pétale, & un ſtyle fourchu à ſon extrêmité. Dans les fleurs femelles, l'embrion eſt plus petit. & le ſtyle plus long.

Les embrions deviennent des ſemences menues, oblongues, & garnies de poils : les feuilles de l'Abſynthe ſont découpées très-profondément.

Si l'on conſulte ce que nous avons dit de l'Aurone, on appercevra qu'il y a une grande reſſemblance entre les parties de la fructification de l'Aurone & celles de l'Abſynthe, auſſi M. de Tournefort dit-il qu'on ne peut les diſtinguer que par le port extérieur des plantes de ces deux genres; & M. Linneus les comprend dans le genre de l'Armoiſe (*Artemiſia.*) Cependant le calyce des fleurs de l'Abſynthe (*a*) eſt plus arrondi que celui des fleurs de l'Aurone (*b*); & les ſemences de l'Abſynthe ſont garnies de poils au lieu que celles de l'Aurone ſont nues.

ESPECES.

1. *ABSYNTHIUM arboreſcens.* Lob. Icon.
   ABSYNTHE en arbriſſeau.

2. *ABSYNTHIUM vulgare majus.* J. B.
   Grande ABSYNTHE ordinaire.

3. *ABSYNTHIUM inſipidum , Abſynthio vulgari ſimile.* C. B. P.
   ABSYNTHE ſans odeur, ſemblable à l'Abſynthe commun.

4. *ABSYNTHIUM tenuifolium incanum.* C. B.
   Petite ABSYNTHE qui a les feuilles blanchâtres.

5. *ABSYNTHIUM maritimum Lavandula folio.* C. B. P.
   ABSYNTHE maritime à feuilles de Lavande.

Il n'y a que l'eſpece d'Abſynthe (n°. 1.) qui puiſſe être regardée comme un arbriſſeau. Nous y avons cependant joint les eſpeces (n°. 2. 3. 4. 5.) qui conſervent leurs tiges pendant l'hyver ; mais nous avons ſupprimé toutes les autres qui les perdent dans cette ſaiſon.

CULTURE.

L'Abſynthe ſe multiplie aiſément par les drageons enracinés qui ſe trouvent auprès des gros pieds, & par les ſemences.

USAGES.

L'Abſynthe fait un buiſſon qui conſerve ſes feuilles pendant l'hyver , & qui s'éleve à 2 ou 3 pieds de hauteur. Ses feuilles qui ſont d'un verd argenté, font un aſſez bel effet. Ses fleurs ne ſont pas d'une couleur bien brillante:

Cette plante eſt regardée comme un excellent ſtomachique, comme antihyſtérique & comme très-réſolutive. On l'ordonne en général pour fortifier l'eſtomach , & en particulier aux perſonnes du ſexe qui ont les pâles couleurs.

On fait le vin d'Abſynthe, en mettant infuſer les feuilles de cette plante dans du vin doux, lequel en fermentant en tire la teinture. On ordonne ce vin dans les maladies que nous venons d'indiquer , & auſſi pour chaſſer les vers. On emploie pour les mêmes cauſes, la quinteſſence d'Abſynthe, qui n'eſt autre choſe qu'une teinture de cette plante tirée par l'eſprit de vin.

ACACIA,

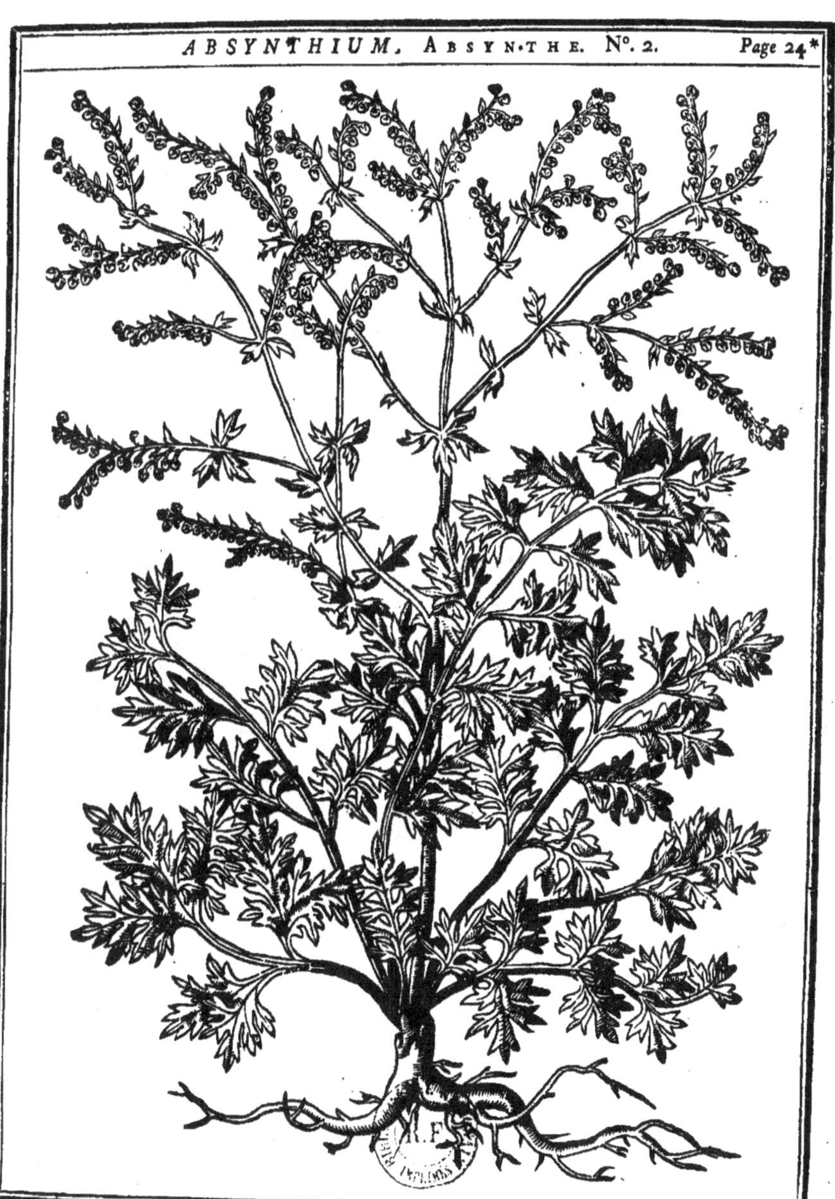

Tome I. Pl. 5.

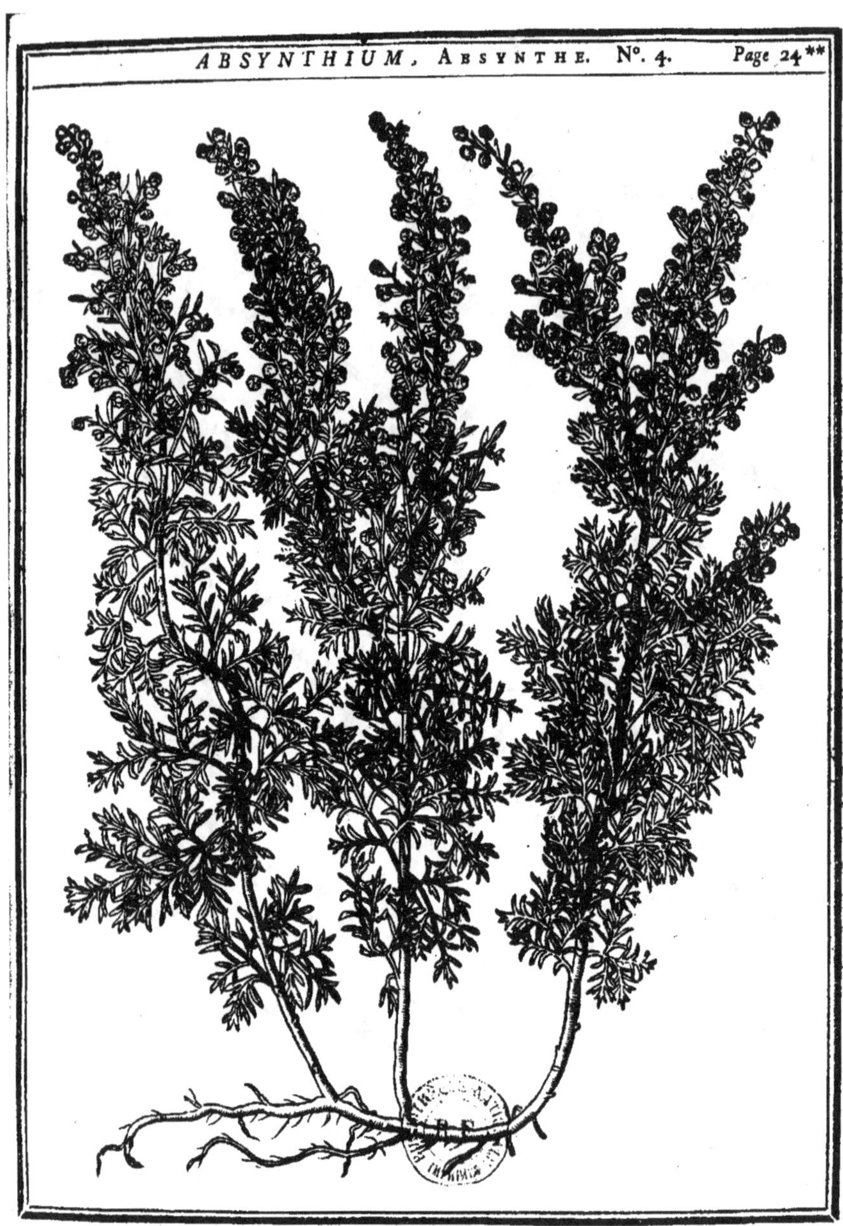

Tome I.   Pl. 6.

Tome I. Pl. 7.

ACACIA, Tournef. MIMOSA, Linn.
CASSIE des Jardiniers.

DESCRIPTION.

LEs fleurs de l'efpece dont nous parlons, forment de petites boules (*a*) très-jolies & très-odorantes. Chacune des petites fleurs, qui par leur affemblage compofent ces boules, font formées d'un petit godet divifé en cinq parties (*b*), du fond duquel fort une touffe de longues étamines (*c*), du milieu defquelles s'éleve un piftil court ; ce piftil devient enfuite une filique affez longue, renflée & prefque cylindrique, dans laquelle des femences oblongues font rangées prefque perpendiculairement à la longueur de la filique (*d*).

Cet arbriffeau eft fort joli : fon feuillage eft d'un beau verd.

Ses feuilles font conjuguées, c'eft-à-dire, formées de folioles qui font rangées par paires fur une tige commune qui eft terminée par une feuille unique : elles font pofées alternativement fur les branches.

ESPECES.

1. *ACACIA Indica Farnefiana*. Ald.
CASSIE du Levant.

CULTURE.

Cet arbriffeau craint le froid de notre climat. On a beaucoup de peine à le conferver en efpalier, quoiqu'on ait foin de le couvrir pendant l'hyver. On l'éleve plus aifément en caiffe dans les Orangeries. J'en ai cependant vu un gros pied paffer

Tome I.   D

plufieurs hyvers en efpalier; mais pendant cette faifon on avoit foin de le couvrir d'un gros tas de fumier.

Il fe multiplie par les femences qu'on envoie ici dans leurs filiques : elles viennent de Provence, du Levant & d'Amérique. Il faut les femer dans des terrines, les élever dans l'Orange- rie, & ne rifquer les pieds en efpaliers que lorfqu'ils feront devenus gros.

L'Acacia vera eft différent de celui dont il s'agit ici; mais nous n'en parlerons point, parce qu'on ne peut l'élever que dans des étuves.

Les Acacia d'Occident ne font point de ce genre. M. Linneus les a nommés *Gleditfia*; & c'eft fous ce nom que nous les plaçons : voyez *Gleditfia.*

Ce que les Jardiniers appellent ordinairement *Acacia,* n'en eft point un, puifqu'il porte des fleurs légumineufes : voyez *Pfeudo-Acacia.*

U S A G E S.

Les fleurs de cet arbriffeau & l'agrément de fes feuilles qui font d'un beau verd, contribuent à l'ornement de nos Jardins. On nous apporte d'Italie certaines pommades parfumées avec la fleur de ce même arbriffeau.

Tome I. Pl. 8.

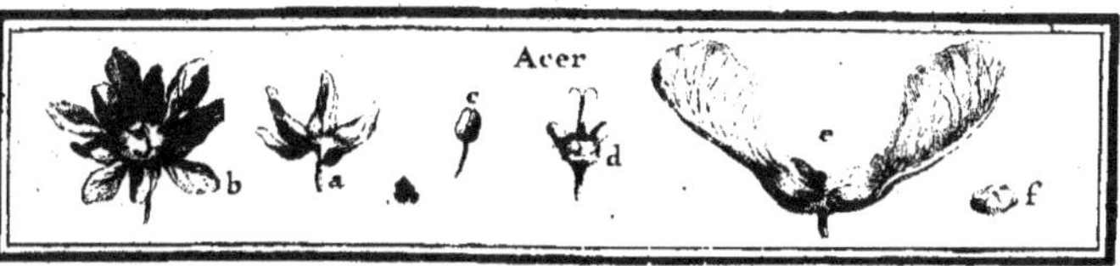

ACER, Tournef. & Linn. ERABLE.

DESCRIPTION.

LA fleur de l'Erable qui paroît à la fin d'Avril, n'eſt pas d'un grand éclat. Elle eſt formée d'un calyce découpé en cinq parties (*a*). On apperçoit au fond de ce calyce une maſſe charnue d'où partent cinq pétales aſſez petites, diſpoſées en forme de roſe (*b*); & huit étamines terminées par des ſommets figurés en olive, & diviſées par une rainure (*c*). La baſe du piſtil eſt enfermée dans cette maſſe, d'où l'on voit ſortir encore par une ouverture un ſtyle terminé par deux ſtigmates recourbés (*d*).

Le bas du piſtil, ou l'embryon, forme deux capſules (*e*) qui ſe terminent chacune par une aîle qui s'allonge à meſure que le fruit mûrit. On trouve dans chacune de ces capſules une ſemence ovale (*f*).

Les feuilles ſont la plûpart découpées plus ou moins profondément; & elles ſont plus ou moins grandes ſuivant les eſpeces, mais toutes ſont poſées deux à deux ſur les branches.

ESPECES.

1. *ACER montanum candidum.* C. B. P. *Acer foliis quinquelobis inæqualiter ſerratis, floribus racemoſis.* Spec. Plant. Linn.
ERABLE blanc de montagne, dit SYCOMORE.

2. *ACER majus foliis eleganter variegatis.* Hort. Edimb.
ERABLE, Sycomore panaché.

3. *ACER platanoides.* Munt. Hiſt. *Acer foliis quinquelobis acuminatis acuté dentatis glabris floribus corymboſis.* Flo. Suec.
ERABLE à feuilles de Platane, ou PLANE.

4. *ACER platanoides foliis eleganter variegatis.* M. C.
Erable à feuilles de Platane panachées.

5. *ACER Virginianum folio majore, subtùs argenteo, suprà viridi splendente,*
(*mas & fœmina.*) Pluk. Phyt. *Acer foliis quinquelobis subdentatis,*
subtùs glaucis pedunculis simplicissimis aggregatis. Spec. Plant. Linn.
Erable de Virginie dont la feuille est pardessous d'un blanc
argenté, & pardessus d'un verd lustré; ou Erable, Plane de
Canada.

6. *ACER floribus rubris, folio majori supernè viridi, subtùs argenteo splen-*
dente. Clayt. Flora. Virg.
Erable de Canada, à fleurs rouges, & à grandes feuilles vertes
pardessus, & pardessous d'un blanc un peu argenté; (hermaphrodite.)

7. *ACER campestre & minus.* C. B. P. *Acer foliis lobatis obtusis margi-*
natis. Spec. Pl. Linn.
Petit Erable des bois.

8. *ACER trifolia.* C. B. P. *Acer foliis trilobis integerrimis.* Roy. Lugd. B.
Erable à trois feuilles, ou Erable de Montpellier dont les
feuilles sont découpées en trois.

9. *ACER Cretica.* Prosper. Alpin. *Acer Orientalis hederæ folio.* Cor.
Inst.
Erable de Candie qui conserve sa feüille presque tout l'hyver.

10. *ACER maximum foliis trifidis vel quinquefidis Virginianum.* Pluk. Phyt.
Acer foliis compositis, floribus racemosis. Hort. Cliff.
Erable de Virginie, dont les feuilles sont divisées en trois ou
en cinq, ou à feuilles de Frêne.

11. *ACER foliis trilobis acuminatis serratis, floribus racemosis.* Spec. Plant.
Linn.
Erable de Canada, dont les feuilles dentelées sont terminées
par trois grandes pointes, & les fleurs disposées en grappe.

Nous avons encore plusieurs especes d'Erable qui nous sont
venues de Canada, & que nous ne comprenons point dans ce
Catalogue, parce que ces arbres sont encore trop jeunes pour
pouvoir être exactement décrits: nous nous contenterons seulement de les indiquer. L'un qui ressemble à l'espece du n°. 11,
a ses feuilles rondes du côté de la queue, & elles se terminent à l'extrêmité opposée en deux grandes découpures.

Un autre Erable affez femblable à l'efpece n°. 1 , nous a été envoyé , comme fourniffant une liqueur fucrée : il a les pédicules des feuilles rouges ; fes feuilles font épaiffes & nerveufes par-deffous. Il fleurit, & il fructifie en longues grappes , quoiqu'il n'ait encore que trois à quatre pieds de hauteur : cela nous fait foupçonner qu'il n'eft qu'un arbriffeau , & qu'il ne donne point de fucre.

Il nous eft encore venu de Canada des Erables qui ont la feuille affez femblable à l'*Opulus.* Enfin nous avons reçu des Erables femblables au n°. 7 , mais qui ont la feuille plus grande.

Nous n'oferions décider entre ces différents Erables , quel eft celui que l'on nomme en Canada, bois d'orignane , parce que cet animal en eft finguliérement friand ; mais nous favons qu'il ne parvient jamais qu'à la hauteur d'un grand arbriffeau.

C U L T U R E

On éleve aifément les Erables de femences ; & plufieurs efpe-ces, particuliérement le n°. 10 , fe multiplient par marcottes & même par boutures.

On peut femer en pleine terre les graines de cet arbre, avec leurs capfules , dès l'automne , fi-tôt qu'elles font parvenues à leur maturité. Mais comme les mulots, qui en font friands, en détruifent beaucoup, il eft mieux de les ftratifier avec de la terre qui ne foit point trop humide , ou avec du fable, pour ne les femer qu'au printemps pêle-mêle avec ce fable : elles leveront alors très-promptement , furtout fi on ne les a pas mifes trop avant dans la terre.

Toutes les efpeces d'Erable peuvent s'élever en pépiniere, & elles reprennent très-facilement quand on les tranfplante; il eft même inutile de leur laiffer des mottes.

L'efpece (n°. 10.) eft finguliere par fes feuilles , qui reffem-blent à celles du frêne : elle fe plaît dans les terres humides.

USAGES.

L'Erable (n°. 1.) qui porte ſes fleurs en grappes & qui a de grandes feuilles, a été fort à la mode pour faire des avenues & des ſalles dans les Parcs ; mais on l'a preſque abandonné, parce qu'il ſe dépouille de très-bonne heure, & que ſes feuilles ſont preſque toujours dévorées par les inſectes. Ceux (n°. 2 & 4.) ont les mêmes défauts ; & tout leur mérite conſiſte dans la couleur de leurs feuilles.

Le n°. 3 ſe diſtingue du n°. 1. parce que ſes feuilles ſont plus minces, & qu'elles ne ſont point blanches en-deſſous : cet arbre a preſque les mêmes défauts que le n°. 1. Ses fleurs viennent par bouquets.

Tous ces arbres ont l'avantage de pouſſer leurs feuilles dès le commencement du printemps. Les n°. 7 & 8 ont les feuilles plus petites, & des fleurs raſſemblées en petits bouquets : (les fleurs hermaphrodites ſont au ſommet du bouquet.) Ces arbres forment d'aſſez belles paliſſades qui réuſſiſſent dans les endroits où le Charme ne fait que languir.

Le. n°. 9 porte ſes fleurs en petits bouquets, qui ſont compoſés de fleurs mâles & de fleurs hermaphrodites : les dernieres ſe trouvent ordinairement au milieu du bouquet : il conſerve preſque tout l'hyver ſes feuilles qui ſont petites & épaiſſes ; néanmoins il convient mieux dans les boſquets d'automne que dans ceux d'hyver.

Le n°. 5 , qui nous eſt venu de Canada & que l'on appelle *Plaine*, porte ſes fleurs en petits bouquets autour des branches : c'eſt un très-bel arbre ; ſes grandes feuilles deviennent en automne d'un rouge fort éclatant : le bois de cet arbre eſt quelquefois ondé. On nous a envoyé de l'Iſle Royale des ſemences d'un Erable qu'on aſſure avoir plus particuliérement cette derniere propriété.

Nous avons encore un arbre qui n'eſt qu'une variété de l'eſpece précédente (n°. 5,) mais dont les feuilles deviennent moins
rouges en automne. C'eſt peut-être l'individu femelle ; car quelques Canadiens Botaniſtes aſſurent que dans cette eſpece il y a
des arbres mâles & d'autres femelles. Nous en avons qui donnent
des fleurs mâles (*a*). Au milieu des pétales qui forment la fleur,
l'on apperçoit pluſieurs fleurons (*c d*) qui ne renferment que
des étamines (*e*), & qui ſont par conſéquent ſtériles : peut-
être les fleurs des autres ſont-elles hermaphrodites ; c'eſt ce que
nous n'avons pu encore vérifier.

Le n°. 6, qu'on nomme en Canada, Erable rouge, & qui eſt
à Trianon, differe peu du n°. 5, ſuivant la deſcription que nous
a envoyé M. Gaultier, & les obſervations que nous avons faites
ſur l'arbre de Trianon ; les échancrures du calyce, au nombre
de cinq (*g*), ainſi que les pétales ſont d'un verd jaune, liſéré de
rouge vif ; dans le diſque on apperçoit cinq ou ſix étamines aſſez
longues (*k*), qui prennent naiſſance de la baſe du piſtil (*i*). On
voit ſortir de chaque bouton cinq ou ſix fleurs portées ſur
d'aſſez longs pédicules (*f*).

Le n°. 10 eſt un arbre très-ſingulier par ſes feuilles qui reſſemblent à celles du frêne ; mais il ne fait que languir dans les
terreins ſecs. Ses fleurs viennent en forme de grandes grappes.

Suivant les Mémoires que M. Gaultier m'a envoyé de Canada, toutes les eſpeces d'Erable n'y donnent point la liqueur
dont on fait un ſucre ; & par les deſcriptions qu'il m'a envoyées
des deux eſpeces qui fourniſſent abondamment cette liqueur,
il paroît que l'Erable blanc reſſemble beaucoup à l'eſpece n°. 1 :
néanmoins M. Gaultier ajoute que le bois de cet arbre eſt
ſouvent très-veiné, au lieu que le nôtre eſt preſque toujours blanc.
L'autre eſpece d'Erable, qui donne une liqueur ſucrée, eſt le
n°. 6, qu'on nomme Plaine en Canada : ſon bois eſt ordinairement très-veiné.

Le n°. 11 nous eſt venu de Canada : c'eſt un très-bel arbre,
ſes feuilles ſont d'un beau verd ; elles ſont découpées en trois
très-profondément. Ses fleurs viennent au ſommet des tiges, &
elles ſont diſpoſées en grappes.

Nous avons encore pluſieurs variétés de cette eſpece, dont
les feuilles ſont plus grandes, & dont les trois découpures ſont

accompagnées de quelques autres plus petites ; mais l'on en diftingue toujours trois principales.

Notre efpece (n°. 5 ,) qui nous eft venue auffi de Canada, reffemble beaucoup à la defcription que M. Gaultier donne de l'Erable-Plaine de Canada (n°. 6.) Ces arbres font encore trop jeunes ici pour avoir pu nous affurer fi leur bois eft ondé comme celui des Erables-Plaines dont parle M. Gaultier.

Quoi qu'il en foit, on diftingue en Canada la liqueur fucrée qui découle de ces deux arbres. Celle de l'Erable blanc , s'appelle *Sucre d'Erable* , & celle de l'Erable rouge ou Plaine, s'appelle *Sucre de Plaine.*

La liqueur de ces deux Erables eft, au fortir de l'arbre ; claire & limpide comme l'eau la mieux filtrée ; elle eft très-fraîche , & elle laiffe dans la bouche un petit goût fucré fort agréable. L'eau d'Erable eft plus fucrée que celle du Plaine, mais le fucre de Plaine eft plus agréable que celui d'Erable, L'une & l'autre efpece d'eau eft fort faine ; & on ne remarque point qu'elle ait jamais incommodé ceux qui en ont bu, même après des exercices violents & étant tout en fueur : elle paffe très-promptement par les urines. Cette eau étant concentrée par l'évaporation donne un fucre gras & rouffâtre, qui eft d'une faveur affez agréable.

On tire la liqueur d'Erable en faifant des incifions aux deux efpeces d'Erable dont on vient de parler ; ces incifions fe font ordinairement ovales (*l*), & l'on fait enforte , non-feulement que le grand diametre foit à-peu-près perpendiculaire à la direction du tronc, mais auffi qu'une des extrêmités de l'ovale foit plus baffe que l'autre, afin que la feve puiffe s'y raffembler. On fiche au-deffous de la plaie une lame de couteau, ou une mince regle de bois, qui reçoit la feve & la conduit dans un vafe que l'on place au pied de l'arbre.

Si l'on n'emportoit que l'écorce fans entamer le bois, on n'obtiendroit pas une feule goutte de liqueur, il faut donc que la plaie pénetre dans le bois à la profondeur d'un , de deux ou de trois pouces ; parce que ce font les fibres ligneufes, & non pas les fibres corticales, qui fourniffent la liqueur fucrée. M. Gaultier remarque expreffément que dans le temps que la liqueur coule, le liber eft alors très-fec & fort adhérent au bois,

&

& que cette liqueur cesse de couler lorsque les arbres entrent
en seve, lorsque leurs écorces se détachent du bois, & enfin
quand l'arbre commence à ouvrir ses boutons.

On peut faire les entailles dont on vient de parler, depuis
le mois de Novembre, temps où les Erables sont dépouillés
de leurs feuilles, jusqu'à la mi-Mai, qui est la saison où les
boutons commencent à s'ouvrir; mais les plaies ne fourniront
de seve que dans le temps des dégels : s'il a gelé même assez
fort pendant la nuit, la seve pourra couler le lendemain ; mais
on n'obtiendra rien si l'ardeur du soleil n'est pas supérieure à
la force de la gelée. De ce principe il suit :

1°. Qu'une plaie faite du côté du Midi donnera de l'eau,
pendant que celle qu'on aura faite au même arbre du côté du
Nord n'en donnera pas.

2°. Qu'un arbre qui est à l'abri du vent froid & à l'exposition
du soleil donnera de la liqueur, pendant que celui qui sera à
couvert du soleil, ou exposé au vent, n'en donnera pas.

3°. Que par un petit dégel, il n'y a que les couches ligneuses les plus extérieures qui donnent de la liqueur; & que toutes
en donnent lorsque le dégel est plus général.

4°. Que les grands dégels arrivant rarement dans les mois de
Décembre, de Janvier & de Février, on ne peut espérer de
retirer beaucoup de liqueur, que depuis la mi-Mars jusqu'à la
mi-Mai. Mais dans les circonstances favorables la liqueur coule
si abondamment, qu'elle forme un filet gros comme un tuyau
de plume, & qu'elle remplit une pinte mesure de Paris, dans
l'espace d'un quart-d'heure.

5°. On voit dans les Mémoires de l'Académie Royale des
Sciences, année 1730, que M. Sarrazin, l'un de ses Correspondants, pensoit qu'il étoit important que la neige fondît au
pied des Erables pour obtenir beaucoup de liqueur : selon les
Observations de M. Gaultier, il paroît qu'effectivement la récolte est abondante lorsque la neige fond; mais il ajoute que ce
n'est que parce qu'alors l'air est assez doux pour occasionner un
grand dégel.

6°. Les entailles faites en automne fournissent de la liqueur
pendant l'hyver, toutes les fois qu'il arrive des dégels; mais
cependant plus ou moins, suivant les circonstances que nous

venons de rapporter : ces fources tariffent entierement lorfque les boutons font épanouis ; & comme dans l'année fuivante ces plaies ne donnent plus rien, il en faut faire d'autres.

7°. M. Gaultier a remarqué que fi l'on fait deux plaies à un arbre : fçavoir, une au haut de la tige & l'autre au bas, celle-ci donne plus de feve que l'autre. Il affure encore qu'on ne s'apperçoit point qu'un arbre foit épuifé par l'eau qu'il fournit, fi l'on fe contente de ne faire qu'une feule entaille à chaque arbre ; mais fi l'on en fait quatre ou cinq dans la vue d'avoir une grande quantité de liqueur, alors les arbres dépériffent, & les années fuivantes ils donnent beaucoup moins de liqueur.

8°. Les vieux Erables donnent moins de liqueur que les jeunes, mais elle eft plus fucrée.

9°. M. Gaultier prouve par de fort bonnes expériences, que la liqueur coule toujours par le haut de la plaie, & jamais par le bas de l'entaille.

10°. Afin de ménager les arbres, on a coutume de ne faire les entailles que depuis la fin du mois de Mars jufqu'au commencement de Mai ; parce que c'eft dans cette faifon que les circonftances font plus favorables pour que la liqueur coule abondamment ; mais il eft bon d'être averti que la liqueur qui coule en Mai, a fouvent un goût d'herbe qui eft défagréable : les Canadiens difent alors qu'elle a un goût de feve.

Après avoir ramaffé une quantité de fucre d'Erable, par exemple, 200 pintes, on le met dans des chaudieres de cuivre ou de fer, pour en évaporer l'humidité par l'action du feu ; on enleve l'écume quand il s'en forme ; & lorfque la liqueur commence à s'épaiffir, on a foin de la remuer continuellement avec une fpatule de bois pour empêcher qu'elle ne brûle, & pour accélérer l'évaporation. Auffi-tôt que cette liqueur a acquis la confiftance d'un firop épais, on la verfe dans des moules de terre ou d'écorce de bouleau : alors en fe refroidiffant le firop fe durcit, & ainfi l'on a des pains ou des tablettes d'un fucre roux & prefque tranfparent qui eft affez agréable, fi l'on a fu attraper le degré de cuiffon convenable ; car le fucre d'Erable trop cuit a un goût de mélaffe ou de gros firop de fucre, qui eft peu gracieux.

Deux cens pintes de cette liqueur fucrée produifent ordinairement dix livres de fucre.

Quelques-uns rafinent le firop avec des blancs d'œufs ; cela rend le fucre plus beau & plus agréable.

Il y a des habitants qui gâtent leur firop, en y ajoutant deux ou trois livres de farine de froment, fur dix livres de firop cuit. Il eft vrai que ce fucre eft alors plus blanc, & qu'il eft même quelquefois préféré par ceux qui ne connoiffent pas cette fupercherie : mais cela diminue beaucoup l'odeur agréable & la faveur douce que doit avoir le fucre d'Erable lorfqu'il n'eft point fophiftiqué.

La liqueur fucrée qu'on retire au printemps, dans le temps que les boutons des Erables commencent à s'ouvrir, a, comme nous l'avons dit, un goût d'herbe qui eft défagréable : de plus cette liqueur fe deffeche alors difficilement, & elle tombe en deliquium dès que l'air devient humide. Ce défaut oblige les habitants à en faire du firop de capillaire.

On eftime qu'on fait tous les ans en Canada 12 à 15 milliers pefant de ce fucre.

Le fucre d'Erable, pour être bon, doit être dur, d'une couleur rouffe ; il doit encore être un peu tranfparent, d'une odeur fuave, & fort doux fur la langue. ·

On l'employe en Canada aux mêmes ufages que le fucre de Cannes : on en fait auffi d'affez belles confitures.

Le fucre d'Erable paffe pour pectoral & adouciffant ; on l'employe utilement pour calmer les toux violentes.

Je ne fache pas qu'on ait retiré en France aucune liqueur fucrée de l'Erable. Il eft cependant vrai que les Erables des n°. 1 & 7 fe trouvent quelquefois couverts d'une humidité vifqueufe & très-fucrée ; mais on ne doit attribuer cela qu'à un fuc extravafé de ces arbres, qui fe condenfe fur les feuilles par l'évaporation de l'humidité.

On ne fait point de fucre d'Erable à la Louyfiane ; on en retire feulement une liqueur fucrée qu'on affure être un bon ftomachique.

Le principal avantage de toutes les efpeces d'Erables, eft de s'accommoder affez bien de toutes fortes de terres ; c'eft pour cela que l'on en forme des paliffades, des avenues, & même des maffifs de bois.

Le bois d'Erable eft affez bon pour les ouvrages du tour, &

pour les Arquebuſiers. Nous avons des fuſils montés avec le
Plaine ondé ou tacheté du Canada & de l'Iſle Royale : on ne
peut rien voir de plus beau que ce bois.

10
3

Tome I.   Pl. 12.

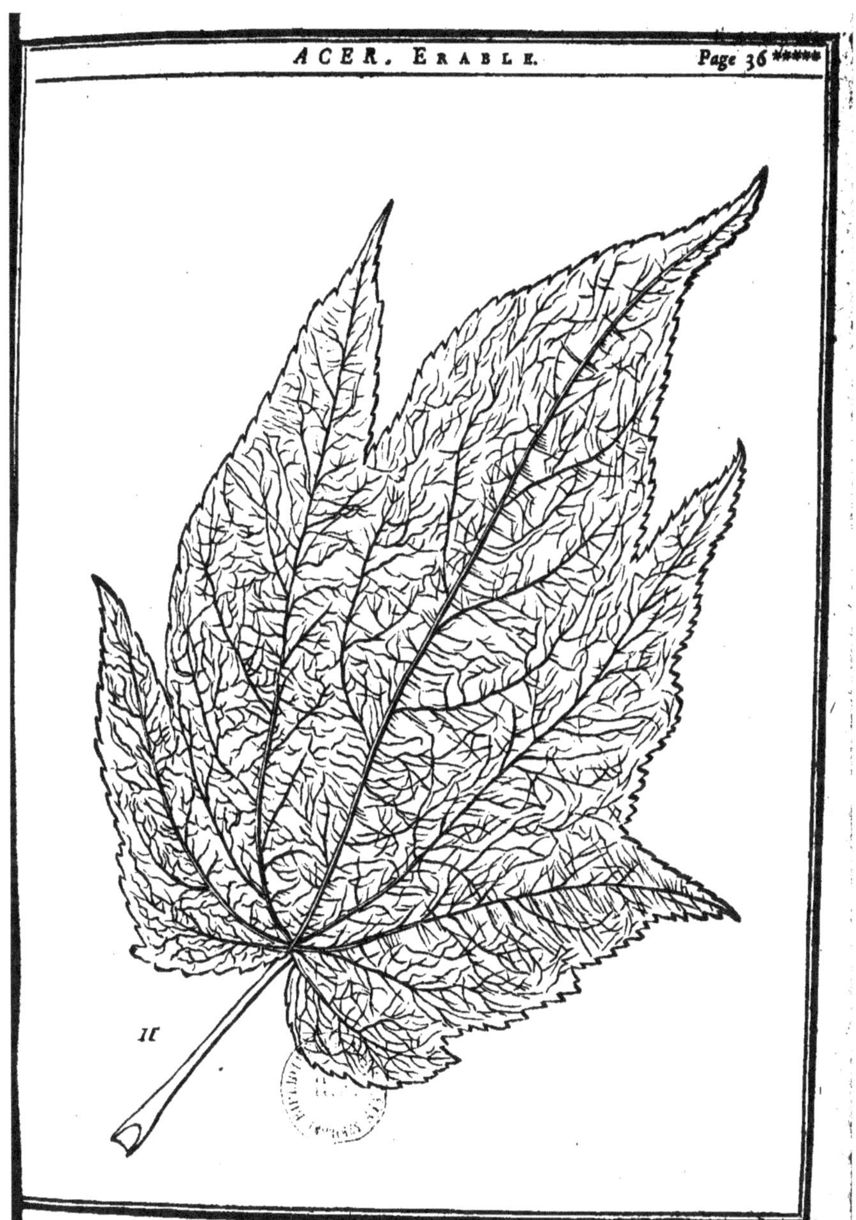

Tome I.　Planche 13.

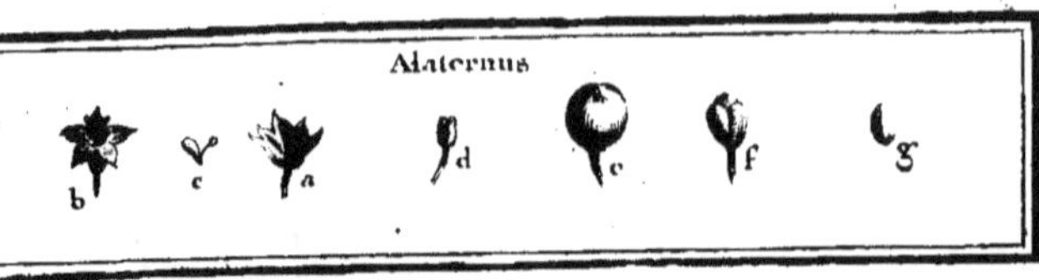

ALATERNUS, Tournef. *RHAMNUS*, Linn. ALATERNE.

DESCRIPTION.

L'ALATERNE porte fur différents pieds, des fleurs mâles & des fleurs femelles. On rencontre cependant quelques fleurs hermaphrodites fur chacun de ces individus.

Les fleurs mâles font compofées d'un calyce en entonnoir (*b*) découpé en cinq ou fix par les bords : aux échancrures de ce calyce, font attachées cinq ou fix petits pétales (*c*) qu'on ne peut découvrir aifément qu'avec le fecours de la loupe; fouvent même on n'en apperçoit qu'un ou deux. Du pédicule de chacun de ces pétales part une étamine; enforte qu'il y a au calyce autant d'étamines que d'échancrures : elles font terminées par des fommets arrondis. (*d*)

Les fleurs femelles reffemblent beaucoup aux fleurs mâles, excepté qu'au lieu d'étamines, on y trouve un piftil (*a*) qui s'éleve du fond du calyce. Ce piftil eft compofé d'un embryon & de trois ftyles furmontés par des ftigmates arrondis. L'embryon devient enfuite une baye molle (*e*), qui contient trois femences (*f*) arrondies, & bombées feulement fur un de leurs côtés. (*g*)

Les petits pétales qu'on apperçoit aux échancrures du calyce, ont engagé M. Linneus à joindre l'Alaterne au Nerprun, *Rhamnus*; avec lequel il a beaucoup de rapport par les parties de la fructification.

Comme il arrive fouvent qu'on ne peut découvrir qu'un ou

deux de ces pétales, M. de Tournefort a cru que cette fleur en étoit entiérement dépourvue.

L'Alaterne fait un très-joli buisson. Le verd brillant de ses feuilles qu'il conserve pendant l'hyver, le rend fort agréable.

Dans les saisons où cet arbrisseau n'a ni fleurs ni fruits, on le distingue aisément des Filaria, en latin *Phillyrea*, parce que ses feuilles sont posées alternativement sur les branches; au lieu que le Filaria les a opposées. Les feuilles de l'un & de l'autre sont fermes, roides & ovales, ou allongées, suivant les différentes especes; mais l'Alaterne a des stipules, & le Filaria n'en a point.

Les stipules de l'Alaterne sont très-petites & très-pointues: comme elles tombent après un certain temps, on n'en apperçoit que sur les jeunes branches; c'est pour cela qu'on ne les a pas exprimées dans la Figure.

Les fleurs de l'Alaterne sont rassemblées en forme de petites grappes.

ESPECES.

1. *ALATERNUS.* 1. Clus.
   ALATERNE à grandes feuilles.

2. *ALATERNUS minore folio.* Inst.
   ALATERNE à petites feuilles.

3. *ALATERNUS aurea, seu foliis ex luteo variegatis.* H. R. P.
   ALATERNE doré, ou à grandes feuilles panachées de jaune.

4. *ALATERNUS argentea, seu foliis ex albo variis.* H. R. Pav.
   ALATERNE argenté, ou à feuilles panachées de blanc.

5. *ALATERNUS minima, buxi minoris foliis.* H. R. Pav.
   Petit ALATERNE, à feuilles de petit Buis.

6. *ALATERNUS Hispanica, lati folia.* Inst.
   ALATERNE d'Espagne, à feuilles larges.

7. *ALATERNUS, seu PHYLICA, foliis angustioribus & profundiùs serratis.* H. L.
   ALATERNE à feuilles étroites & profondément dentelées.

8. *ALATERNUS foliis angustioribus & profundiùs serratis, limbis aureis.* M. C.
   ALATERNE à feuilles étroites, profondément dentelées, dont les bords sont dorés.

CULTURE.

Cet arbriffeau craint les fortes gelées. Pour le conferver en pleine terre, nous couvrons fes racines avec de la litiere; parce qu'étant ainfi protégées, fi les branches meurent, la fouche repouffe, & fait en très-peu de temps, un nouvel arbre.

On peut le multiplier par les marcottes, & l'élever de fa femence que l'on tire des pays plus méridionaux; favoir de Provence, d'Italie, d'Efpagne, &c. On en feme la graine dans des terrines que l'on enterre dans des couches chaudes. Il arrive quelquefois qu'elle ne paroît que dans la feconde année.

On peut auffi greffer les Alaternes par approche, les uns fur les autres.

En plufieurs endroits on le nomme très-improprement *Filaria.* Ce nom convient à la vérité à une autre efpece de plante qui lui reffemble affez par fon port; mais elle eft très-différente de l'Alaterne, par les parties de la fruétification, & par fes feuilles oppofées.

USAGES.

Comme l'Alaterne conferve fes feuilles pendant l'hyver, on le doit placer dans les bofquets de cette faifon.

Son bois reffemble affez à celui du chêne verd.

On m'a affuré qu'on faifoit avec ce bois de fort jolis ouvrages d'ébénifterie.

On le regarde en Médecine comme aftringent; & on l'employe en gargarifme pour les maux de gorge.

Tome I. Pl. 14.

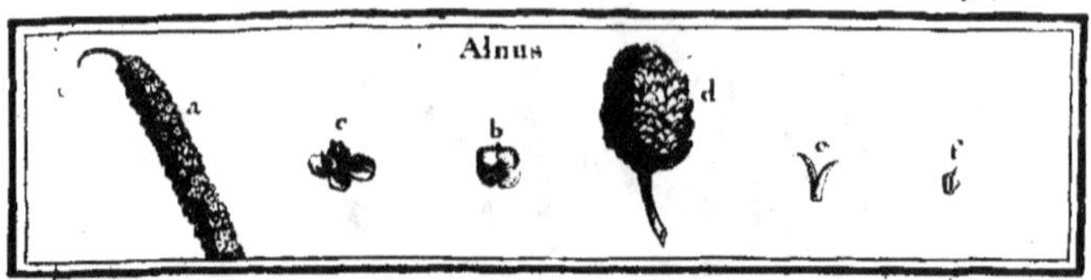

ALNUS, TOURNEF. & LINN. *Gen.* BETULA, LINN. *Spec. plant.* AUNE, & dans quelques Provinces VERGNE.

DESCRIPTION.

L'AUNE porte des fleurs mâles & des fleurs femelles fur les mêmes pieds. Les fleurs mâles qui font grouppées fur un filet commun, forment un chaton écailleux, cylindrique & affez long (*a*). Chaque fleur eft formée d'un pétale (*b*) découpé en quatre prefque jufqu'à fa bafe, de l'intérieur duquel partent quatre étamines fort courtes (*c*).

Les fruits naiffent en d'autres endroits du même arbre : ils paroiffent fous la forme d'un petit cône écailleux (*d*). On apperçoit fous les écailles des piftils formés d'embryons qui font furmontés de ftyles fourchus (*e*).

Ces cônes écailleux deviennent des fruits également écailleux, & femblables à de petites pommes de Pin. Les écailles en s'ouvrant, laiffent tomber les femences qui font plattes (*f*).

Les feuilles, qui dans la plûpart des efpeces font affez larges & dentelées par les bords, font pofées alternativement fur les branches, & relevées pardeffous de nervures affez faillantes.

M. Linneus qui avoit fait dans fes *Gen. Plant.* deux genres de l'*Alnus* & du *Betula*, n'en a fait qu'un dans fes *Spec. Plant.* Je conviens que les Aunes reffemblent beaucoup aux Bouleaux par les parties de la fructification : la feule différence qu'y ait remarquée M. Tournefort, eft que les femences du Bouleau font aîlées, au lieu que celles de l'Aune font anguleufes. Mais fuivant M. Linneus, cette petite différence n'eft pas conftante.

ESPECES.

1. *ALNUS rotundifolia, glutinofa, viridis.* C. B. Pin.
Aune à feuilles rondes, gluantes, & d'un verd foncé; en Provençal, Averno.

2. *ALNUS folio oblongo viridi.* C. B. Pin.
Aune à feuilles oblongues, & d'un verd foncé.

3. *ALNUS folio incano.* C. B. Pin.
Aune à feuilles blanchâtres.

4. *ALNUS foliis eleganter incifis.* D. Breman.
Aune à feuilles découpées.

5. *ALNUS montana, pallido, glabro, finuato, ulmi folio.* Bocc. Muf.
Aune de montagne, à feuilles d'orme, pâles, liffes, pliées en goutiere.

6. *ALNUS montana, crifpo, glutinofo & denticulato folio.* Bocc. Muf.
Aune de montagne, à feuilles frifées, finement dentelées, & gluantes.

7. *ALNUS montana, lato, crifpo, glutinofo, folio ferrato.* Bocc. Muf.
Aune de montagne, à feuilles larges, frifées, gluantes & dentelées.

CULTURE.

La plûpart des Aunes font des arbres aquatiques qui fe plaifent fur les berges des foffés remplis d'eau, & dans les lieux marécageux.

Les Aunes de montagne n'exigent pas un terrein fi humide.

Lorfque l'on veut planter des Aunes dans un terrein qui ne deffeche pas dans l'été, il faut y faire des tranchées, & planter les arbres fur les ados qu'on aura formé des terres du déblai des foffes; car les aunes, qui ne craignent point les inondations paffageres, viennent mal dans les endroits où l'eau féjourne pendant l'été.

Une groffe fouche d'Aune, éclatée avec la coignée en cinq ou fix morceaux, fournit autant de pieds qui réuffiffent très-bien; de plus cet arbre se multiplie aisément de marcottes: une souche couverte de terre, fournit au bout de deux ou trois ans beaucoup de plan enraciné.

Nous avons planté avec succès des aunes enracinés de cette façon, qui avoient sept, huit & dix pieds de hauteur, sans les étêter; mais dans les lieux exposés au vent, on est obligé de les couper à six ou huit pouces de terre, sans quoi ils seroient renversés.

Dans les endroits où l'eau étoit tout près de la superficie, nous nous contentions d'enlever avec la pioche un peu de gazon; nous remplissions ce petit trou avec de la terre qu'on y portoit à la hotte; nous posions les racines sur cette terre, & nous en faisions rapporter quelques hottées pour les couvrir: avec ces précautions nos Aunes ont pris très-bien, & nous ont donné toute la satisfaction que nous pouvions desirer.

Nous n'avons point semé de graines d'Aune; mais ayant fait remuer ou rapporter de la terre sous de gros Aunes, il nous en a levé beaucoup, & ces Aunes de graine nous ont fourni d'excellent plan pour garnir les endroits où nous nous proposions de faire une Aunée.

Les Aunes que nous avons tenus pendant trois ou quatre ans en pépiniere, ont encore mieux réussi que tous les autres.

On assure que l'Aune est commun à la Louysiane.

Il s'engendre quelquefois des vers rouges sous leur écorce: ces insectes percent le bois, & font périr les arbres.

USAGES.

L'Aune peut être employé utilement pour former des points de vue dans les lieux marécageux. On en peut former des arbres de tige, ou des palissades, ou des massifs.

On fait à Paris une grande consommation des perches d'Aune pour des échelles légeres, pour les perches des Blanchisseuses & des Teinturiers, &c.

En Guienne on employe toutes les branches de cet arbre pour faire des échalats dans les vignes.

Le bois d'Aune est recherché par les Tourneurs & par les Sabotiers; les Ebénistes en employent beaucoup, parce qu'il prend bien le noir, & qu'alors il semble de l'ébenne.

On enfume les fabots d'Aune pour les fécher, pour les durcir, pour empêcher qu'ils ne fendent, & pour les préfervex de la piquure des vers.

Les Boulangers, les Pâtiffiers, & les Verriers, préferent l'aune à tout autre bois pour chauffer leurs fours. On en fait des pilotis qui durent autant que ceux de chêne, pourvu qu'ils foient toujours dans l'eau, ou dans la glaife bien humide. Les différents emplois de ce bois font qu'une futaie d'Aunes fe vend très-cher.

Son écorce fert à teindre les cuirs en noir.

Les Teinturiers, & particulierement les Chapeliers, font un affez beau noir avec l'écorce de l'Aune, qui leur tient lieu de la noix de galle, pour faire prendre la couleur noire aux particules du fer.

Ses feuilles paffent pour réfolutives. On en employe la décoction en gargarifme pour les maux de gorge.

L'Aune (n°. 3) dont les feuilles font blanches & velues pardeffous, fe trouve aux environs de Lyon ; & celui (n°. 4) à feuilles découpées, fe rencontre auprès de Caen.

Tome I. Pl. 15.

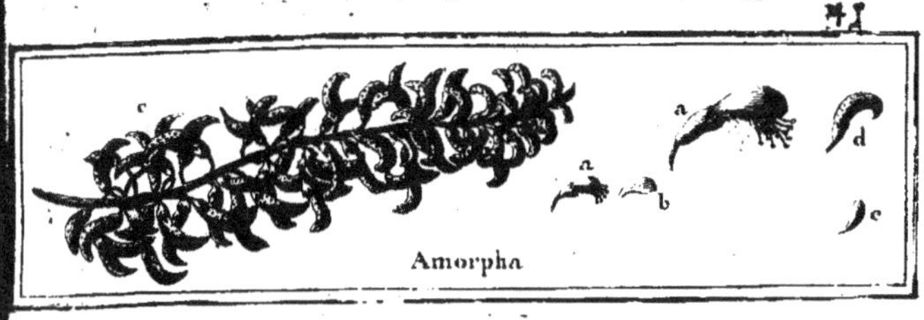

Amorpha

AMORPHA, Linn. ou *BARBAJOVIS.* Rand. INDIGO bâtard.

DESCRIPTION.

LA fleur de l'Amorpha féparée de fon épi, eft moins belle que finguliere. Son calyce eft une efpece de tuyau cylindrique découpé en cinq parties; & pour fe former une idée de la fleur (*a*), il faut fe repréfenter une fleur légumineufe qui n'auroit que le pétale fupérieur que l'on nomme pavillon, (*Vexillum*), qui eft même fort petit (*b*), & qui eft attaché entre les deux grandes découpures fupérieures du calyce. Cette fleur a dix étamines (*a*), & un piftil qui eft compofé d'un embryon oblong, d'un ftyle de la longueur des étamines, & d'un ftigmate obtus : l'embryon devient une filique recourbée (*d*) qui contient une femence oblongue (*e*) de la même forme que la filique. Les fleurs forment toutes enfemble de beaux épis purpurins qui terminent les branches : les calyces, le pétale & les étamines font violettes; & il n'y a que les fommets qui font d'un jaune très-vif. Les feuilles font empanées, c'eft-à-dire, compofées de folioles rangées deux à deux fur une tige commune qui eft terminée par une feule.

Ces feuilles font pofées alternativement fur les branches.
On voit en (*c*) un épi garni de fes filiques.

E S P E C E S.

1. *AMORPHA.* Linn. Hort. Cliff. *Barba jovis Americana, Pseudo-Acacia foliis, flosculis purpureis minimis.* Rand. Mill. Cat.

AMORPHA d'Amérique, à feuilles de faux Acacia, dont les fleurs font petites & purpurines, ou INDIGO bâtard.

C U L T U R E.

Cet arbrisseau perd beaucoup de branches pendant l'hyver; néanmoins comme il pousse avec vigueur, il ne laisse pas de faire pendant l'été un buisson assez agréable. Il se multiplie facilement par des rejets qui poussent des racines. Pour le conserver, on pourra dans les grands hyvers, mettre un peu de litiere sur les racines. Il a fort bien supporté les hyvers de 1753 & de 1754.

U S A G E S.

On peut mettre cet Amorpha dans les bosquets d'été ou dans ceux d'automne; car ses feuilles subsistent jusqu'aux gelées.

Cet arbrisseau est en fleur au mois de Juin; & il forme de longs épis d'un violet foncé, parsemé de points jaunes qui semblent des paillettes d'or. La singularité de cette fleur peut encore engager à en placer quelques pieds dans les bosquets de la fin du printemps.

Dans les jardins qui ne font pas fort exposés à la gelée, on en peut faire de jolies palissades; mais comme il pousse de part & d'autre de longues branches, il faut avoir soin de les retenir sur un treillage avec des osiers.

Tome I. Pl. 16.

AMYGDALUS, Tournef. & Linn.
AMANDIER.

DESCRIPTION.

LA fleur de l'Amandier eſt hermaphrodite : elle eſt compoſée d'un calyce en forme de godet, découpé en cinq parties (*a*) : dans les angles ſont attachés cinq grands pétales diſpoſés en roſe (*b*), entre leſquels on apperçoit trente étamines (*a*) terminées par des ſommets figurés en olive, & diviſés en deux ſuivant leur longueur (*c*) : elles ſont attachées aux parois intérieurs du calyce. Au milieu de la fleur s'éleve un piſtil formé d'un embryon, & d'un ſtyle qui eſt terminé par un petit ſtigmate arrondi (*d*) : cet embryon devient un fruit plus ou moins charnu, dans lequel eſt un noyau (*e*), dont l'amande ſe diviſe en deux lobes.

Le calyce ſe détache pendant que le fruit groſſit.

Les feuilles de l'Amandier ſont ordinairement longues, étroites, dentelées très-finement par les bords, pointues & rangées alternativement ſur les jeunes branches : elles ſont d'un goût amer, & d'un verd blanchâtre.

A l'endroit de l'inſertion des feuilles ſur les branches, on apperçoit fréquemment de petites ſtipules qui s'épanouiſſent quelquefois, & qui forment de petites feuilles; mais elles tombent le plus ſouvent, & en automne l'on n'en apperçoit plus qu'au bout des branches.

Les feuilles ſont pliées en deux dans leurs boutons.

E S P E C E S.

1. *AMYGDALUS fativa fructu majori.* C. B. Pin.
   AMANDIER à gros fruit.

2. *AMYGDALUS dulcis, putamine molliore.* C. B. Pin.
   AMANDIER à coque tendre.

3. *AMYGDALUS amara.* C. B. Pin.
   AMANDIER à fruit amer.

4. *AMYGDALUS Orientalis, foliis argenteis splendentibus.*
   AMANDIER du Levant, à feuilles satinées & comme argentées.

5. *AMYGDALUS Indica, nana.* H. R. Par.
   AMANDIER nain des Indes.

Comme les Amandiers se multiplient de semences, on trouve trop de variétés dans ces especes, pour entreprendre d'en faire l'énumération.

M. Linneus place les pêchers au nombre des Amandiers; Voyez PERSICA.

C U L T U R E.

L'Amandier réussit mieux dans les terreins chauds & légers, que dans ceux qui sont gras & humides. Il périt dans les massifs des bois. Nos Provinces sont trop froides pour prétendre que les amandes y mûrissent parfaitement : les bonnes amandes viennent de Barbarie, de Provence, de Languedoc de Touraine & d'Avignon.

On multiplie aisément les Amandiers en semant les amandes; & l'on greffe les especes rares, sur celles qui sont plus communes. L'Amandier nain (n°. 5,) trace & fournit beaucoup de rejets qui partent des racines : il donne beaucoup de fleurs dès les premieres années, & étant encore très-jeune.

En automne, sitôt que les amandes sont parvenues à leur maturité, on les met lit par lit avec du sable. Elles germent pendant l'hyver; il faut les garantir des mulots qui en sont très-friands. On les met en terre au printemps, après en avoir rompu le germe; cette précaution fait, qu'au lieu qu'elles ne

produisent

produifent ordinairement qu'un pivot, alors elles forment un empatement de racines qui fait que les arbres reprennent plus aifément lorfqu'on les tranfplante.

USAGES.

Nous pourrions étendre la lifte des Amandiers jufqu'à huit ou dix efpeces dont les Amandes font bonnes à manger; mais cet Ouvrage étant deftiné principalement à décrire les arbres dont on peut former des bofquets, des avenues ou des maffifs de bois, nous éviterons par cette raifon de faire une longue & inutile énumération des arbres fruitiers.

L'Amandier nain décore les jardins par fes fleurs qui s'épanouiffent au commencement d'Avril. Cet arbriffeau n'acquiert jamais plus de deux ou trois pieds de hauteur : il porte de petites Amandes très-améres : fes fleurs font d'une belle couleur femblable à celle de la rofe.

Nous parlerons de l'Amandier à fleurs doubles dans l'article, *Perfica*. L'Amandier à feuilles argentées (n°. 4,) qui nous a été envoyé du Levant, eft un arbre très-fingulier par la couleur de fes feuilles. Ses amandes font petites & ameres : elles fe terminent en pointe très-fine. Les fruits de cette efpece qui ont été envoyés du Levant ayant très-bien levé chez M. le Duc d'Ayen, il nous en a fait part; & nous tenterons de greffer cet arbre fur l'Amandier commun pour en avoir plutôt du fruit : il eft un peu fenfible à la gelée.

Les Provençaux font un affez grand cas d'une efpece d'Amandier dont ils appellent le fruit Amande piftache, parce qu'il égale affez en groffeur les piftaches, & leur reffemble beaucoup par fa forme : l'amande en eft très-douce, & d'un goût fort agréable : il y a auffi une efpece un peu plus groffe, qu'ils nomment Amande fultane : elle differe peu du n° 2.

On éleve dans les pépinieres quantité d'Amandiers pour greffer deffus toutes les efpeces de Pêchers.

Comme dans nos climats les amandes parviennent rarement à une parfaite maturité, elles ne font pas ordinairement bonnes à conferver feches; mais elles font excellentes à manger vertes, & elles font préférables à celles de Provence pour femer dans

Tome I.   G

les pépinieres , & en former des sujets.

On tire, par expression, des amandes douces une huile qui est très-adoucissante : on la prescrit pour calmer la toux & les douleurs de colique. Les amandes douces font la base des émulsions; & l'on y joint alors quelques amandes ameres pour les rendre plus agréables.

Pour parvenir à tirer l'huile des amandes, on les monde de leur peau, qui se détache aisément quand on les a mis dans de l'eau bouillante; on les pile ensuite dans des mortiers, ou bien on les broye avec de grands moulins à bras semblables à ceux qui servent pour le caffé; enfin on les pose sous la presse pour en faire couler l'huile. Cette huile se rancit promptement; & en cet état, elle n'est bonne qu'à brûler.

L'huile d'amandes ameres passe pour être résolutive. Ces amandes font un violent poison pour la plûpart des oiseaux : mais l'huile d'amandes douces les guérit sur le champ.

On fait avec les amandes douces & les amandes ameres différentes préparations dans les Offices; sçavoir des macarons, des massepains, des gâteaux, &c. On confit aussi les amandes vertes avant que leur bois soit formé, & l'on en fait des compotes. Les Provençaux font griller au four les amandes seches; c'est ce qu'ils nomment amandes torrades : elles font assez appétissantes.

Le bois de l'Amandier est fort dur, & a quelquefois de belles couleurs.

Les fruits font représentés encore jeunes dans la planche,

Tome I.   Pl. 17.

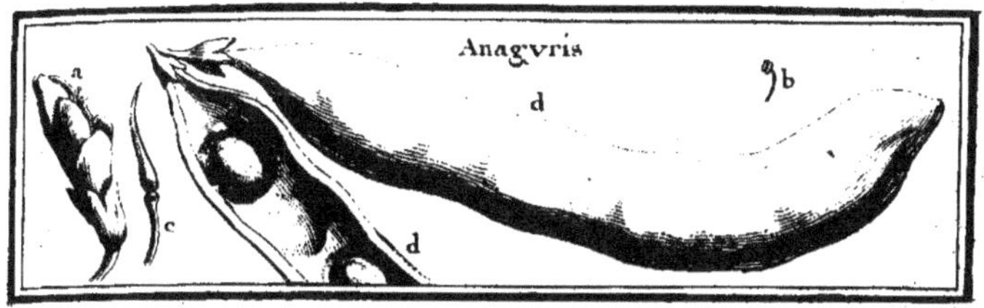

ANAGYRIS, Tournef. *& Linn.*

DESCRIPTION.

LA fleur de l'Anagyris eft légumineufe : elle eft, ainfi que le dit M. de Tournefort, d'un profil fingulier ; le pétale fupérieur (*Vexillum*) eft beaucoup plus court que les aîles, (*Alæ*) & le pétale inférieur (*Carena*) eft fort long : fon calyce eft découpé en cinq parties. (*a*)

On trouve dans l'intérieur de la fleur dix étamines (*b*) & un piftil fort long, un peu courbé (*c*), qui fe change en une filique dans laquelle fe trouvent les femences (*d*) qui ont la figure d'un rein. Les fleurs font raffemblées par bouquet.

Les feuilles qui font placées alternativement fur les branches, font compofées de trois folioles qui font pofées au bout d'une queue : elles font d'un verd blanchâtre.

ESPECES.

1. *ANAGYRIS fœtida.* C. B. P.
Anagyris puant, ou bois puant.

CULTURE.

Comme cet arbriffeau craint nos forts hyvers, on eft contraint de le mettre en efpalier, & de le couvrir avec des paillaffons.

On le multiplie par des femences qu'on tire de Languedoc, de Malthe, &c. On le multiplie encore avec les marcottes,

USAGES.

Cet arbriffeau eft fort joli. Ses fleurs réunies en forme de bouquet, font un effet affez agréable; néanmoins leur couleur n'eft pas trop brillante.

Les feuilles de l'Anagyris paffent pour être réfolutives, & les femences pour vomitives.

Cet arbriffeau, que l'on nomme auffi, *Bois puant*, répand une mauvaife odeur quand on le touche un peu fortement.

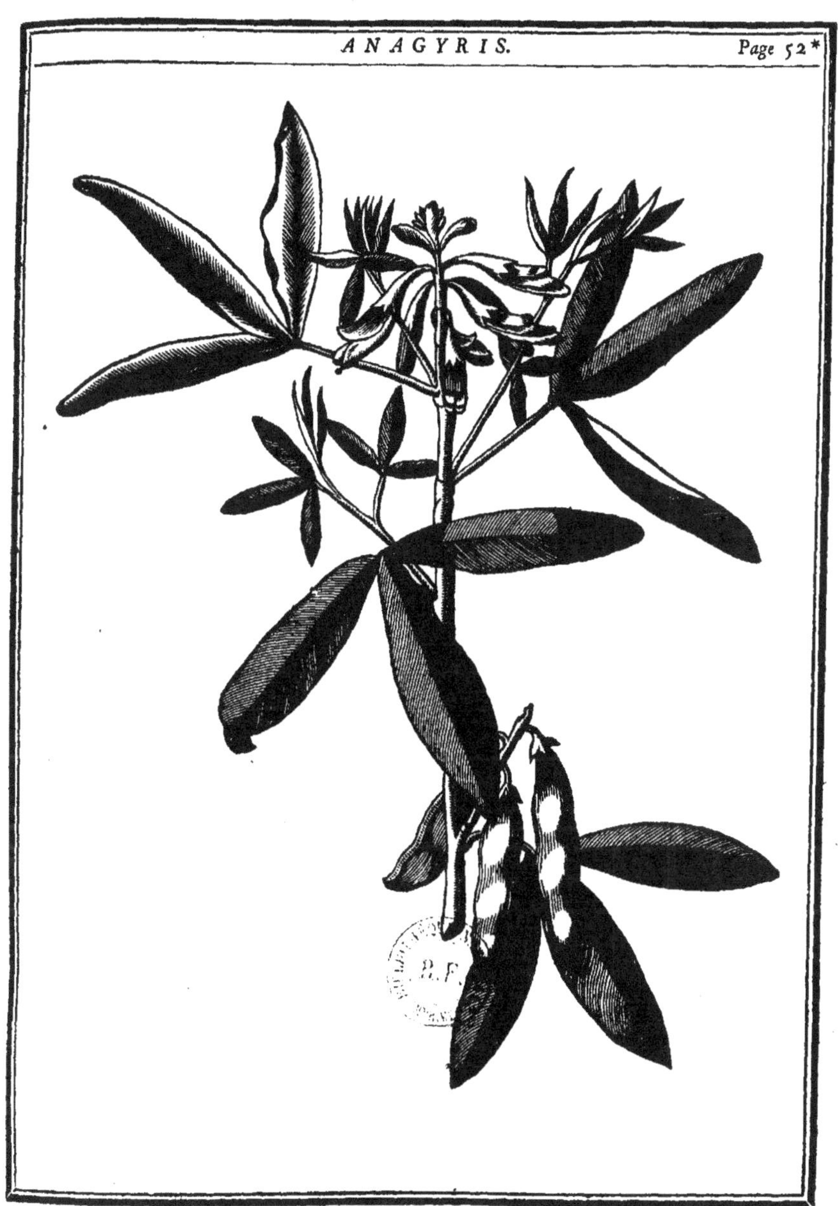

ANONA, Linn. *GUANABANUS*, Plum.
ASSIMINIER.

DESCRIPTION.

LE calyce de la fleur de l'Affiminier eft formé par trois petites feuilles (*a*) figurées en cœur, creufées en cuilleron, & qui fe terminent en pointe.

Le difque de la fleur eft compofé de fix pétales (*b*) figurés auffi en cœur & difpofés en forme de rofe; les trois pétales intérieurs font plus petits que les trois extérieurs.

Les étamines font en grand nombre, elles font attachées par de très-courts filaments autour de l'embryon, où elles forment une efpece de tête : leurs fommets font quadrangulaires.

Le piftil eft compofé de plufieurs embryons arrondis & d'autant de ftyles terminés par des ftigmates obtus.

Chaque embryon devient un gros fruit charnu, quelquefois ovale, d'autres fois prefque rond : il reffemble à un concombre de moyenne groffeur, mais fouvent un peu plus court. On trouve dans l'intérieur de ce fruit plufieurs femences (*c*) dures, longues, applaties & raffemblées les unes près des autres. L'efpece dont nous ferons mention dans le Catalogue, contient douze graines divifées en deux rangées : chacune eft renfermée dans une loge particuliere.

L'Affiminier forme un arbriffeau de dix à douze pieds de haut, dont le tronc eft gros comme la jambe. Les feuilles font grandes, ovales, terminées en pointe, & pofées alternativement fur les branches.

Toutes les parties de cet arbrisseau ont une odeur forte &
désagréable, à laquelle on a peine à s'accoutumer.

E S P E C E S.

1. *A N O N A fructu lutescente lævi , scrotum Arietis referente.* Catesb. Hist.
ou *G u a n a b a n u s.* Plum.
A s s i m i n i e r.

Il y a plusieurs especes de ce genre, mais qui ne peuvent s'élever
en pleine terre.

C U L T U R E.

Cet arbrisseau nous est envoyé du Canada, du haut du
Mississipi vers les Iroquois : il se plaît à l'ombre dans les terres
grasses & humides.

Il leve assez bien des semences qu'on nous envoie des pays
que nous venons de nommer. On ne le trouve point dans la
partie méridionale de la Louysiane : il subsiste depuis long-temps
en pleine terre au Château de la Galissoniere près de Nantes.

U S A G E S.

Comme cet arbrisseau pousse ses feuilles , & presqu'en même
temps ses fleurs, il est assez beau dans le mois d'Avril ; ainsi il
peut servir à la décoration des bosquets du premier printemps.

L'odeur déplaifante de son fruit fait qu'il n'y a que les Sauvages qui puissent en manger. Néanmoins on s'y accoutume peu
à peu. J'ai lu dans une relation de la Louysiane, que sa chair est
agréable & faine ; mais que la peau , qui s'enleve facilement,
laisse aux doigts l'impression d'un acide si vif, que si l'on n'a pas
l'attention de les laver sur le champ , & qu'on les porte par
inadvertance aux yeux , il y cause une inflammation accom-
pagnée d'une demangeaison insuportable. Ce mal ne dure cependant que vingt-quatre heures, & n'a pas de suites fâcheuses.

Le bois de cet arbrisseau est souple, ployant & fort dur.

Tout ce que nous rapportons de cet arbre, nous le tenons
de quelques Voyageurs , & en particulier de M. Sarasin,
Médecin du Roi en Canada ; & de M. de Fontenet, Médecin
du Roi à la Louysiane. Nous n'avons pas connoissance qu'il
ait encore fructifié en France.

ANONIS,

Tome I. Pl. 19.

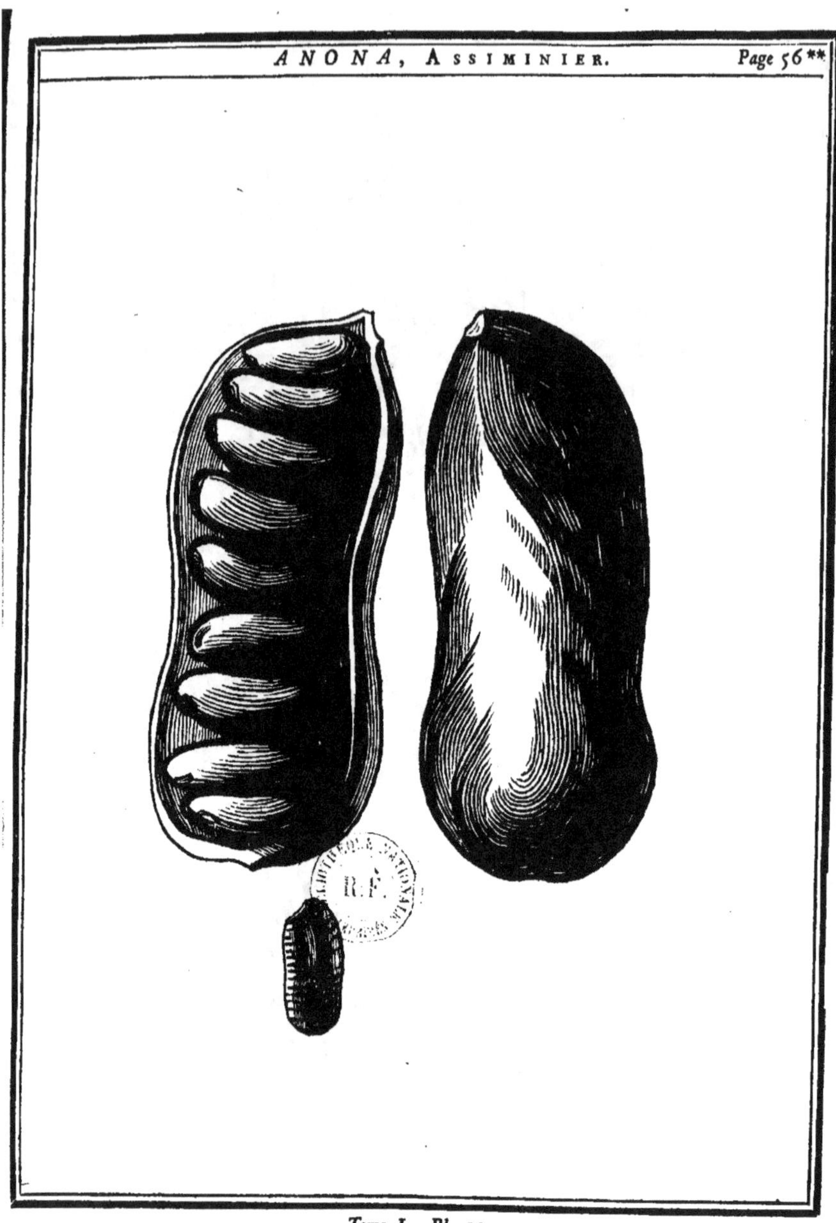

Tome I. Pl. 20.

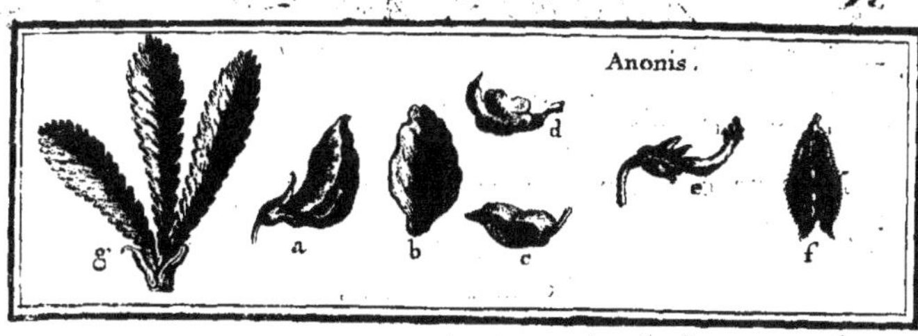

ANONIS, TOURNEF. ONONIS, LINN.
ARRETE-BŒUF.

DESCRIPTION.

LA fleur (*a*) de l'Arrête-bœuf eſt légumineuſe ; ſon pavillon (*Vexillum*) (*b*) eſt ſi grand, qu'il recouvre preſque
entiérement les aîles (*Ala*) (*c*), & en grande partie la nacelle
(*Carina*) (*d*) qui eſt d'une ſeule piece.

Son calyce eſt un cornet un peu recourbé dont les bords
ſont découpés en cinq lanieres étroites. On trouve dans l'intérieur de la fleur une gaîne qui enveloppe le piſtil : les bords de
cette gaîne ſont découpés en dix filets qui forment autant
d'étamines (*e*). Le piſtil eſt formé d'un ſtyle qui eſt terminé par
un ſtigmate pointu, & d'un embryon ovale qui devient une ſilique (*f*) aſſez groſſe, plus ou moins longue, dans laquelle il
y a quelques ſemences en forme de rein.

Les feuilles (*g*) ſont preſque toujours compoſées de trois
foliolles attachées à une queue, laquelle eſt garnie, à ſon inſertion ſur la branche, de deux ſtipules, ou petits appendices
pointus ; elles ſont poſées alternativement ſur les branches.

ESPECES.

1. *ANONIS montana pracox purpurea, frutefcens.* Mor. H. R. Bleſ.
ARRETE-BŒUF de montagne précoce, à fleur purpurine, & en
arbriſſeau, ou ANONIS d'Eſpagne.

2. *ANONIS Hispanica frutescens, folio tridentato carnoso.* Inst.
A n o n i s d'Espagne en arbuste, qui a les feuilles épaisses, terminées
par trois pointes.

Nous ne comprenons point dans cette liste les *Anonis* qui
ne font que des herbes, & qui perdent leurs tiges l'hyver.

CULTURE.

On peut multiplier les Arrête-bœufs par les femences, ou en
faifant des marcottes : ce petit arbuste n'exige aucune culture
particuliere.

L'efpece n°. 2, craint un peu les fortes gelées.

USAGES.

L'Anonis ou Arrête-bœuf (n°. 1 ,) qui fleurit au commencement de Juin, & qui a fouvent encore des fleurs au commencement d'Octobre, mérite d'être cultivé dans les plate-bandes
d'un bofquet printanier ; car lorfqu'il eft en pleine fleur, il
forme un très-joli bouquet.

Sa racine paffe pour être apéritive.

Le nom d'Arrête-bœuf a été donné à cette plante, parce
que plufieurs efpeces de ce même genre qui ne font cependant
que des herbes, tracent beaucoup, & jettent de fortes racines en
terre, qui incommodent beaucoup les Laboureurs.

Tome I. Pl. 21.

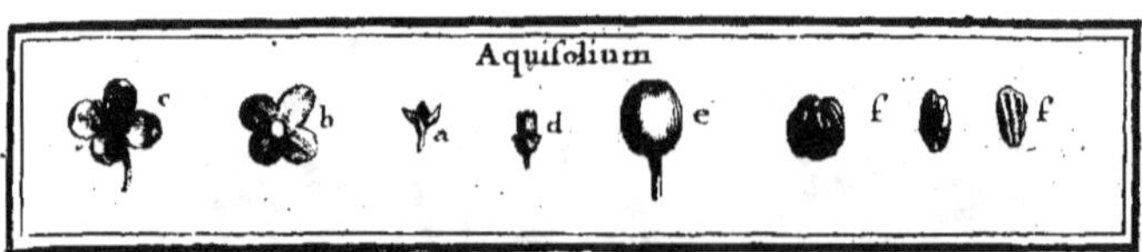

AQUIFOLIUM, Tournef. *Ilex*, Linn. HOUX.

DESCRIPTION.

L A fleur du Houx qui a peu d'apparence est formée d'un fort petit calyce (*a*) divisé en quatre parties ; d'un seul pétale en forme de rosette (*b*), découpé aussi en quatre parties arrondies. Ce pétale est percé dans son milieu d'un trou par lequel passe le pistil (*d*) & qui est formé d'un embryon arrondi, de trois ou quatre stigmates sans style. Cette fleur n'a que quatre ou cinq étamines (*c*).

L'embryon devient une baie charnue (*e*) qui contient quatre noyaux oblongs & de figure irréguliere (*f*).

Les feuilles de la plûpart des Houx sont plus dures que celles du Laurier : elles sont piquantes par les bords & placées alternativement sur les branches.

ESPECES.

1. *AQUIFOLIUM baccis rubris.* H. L.
Houx à fruit rouge.

2. *AQUIFOLIUM baccis luteis.* H. L.
Houx à fruit jaune.

3. *AQUIFOLIUM baccis albis.* M. C.
Houx à fruit blanc.

4. *AQUIFOLIUM foliis ex albo variegatis.* H. L.
Houx à feuilles panachées de blanc.

H ij

5. *AQUIFOLIUM foliis ex luteo variegatis.* H. R. P.
Houx à feuilles panachées de jaune.

6. *AQUIFOLIUM foliis longioribus, limbis & spinis ex unico tantùm latere per totum argenteo pictis.* Pluk. Alm.
Houx à feuilles longues, dont les bords & les épines sont argentés seulement d'un côté.

7. *AQUIFOLIUM foliis subrotundis, limbis & spinis utrinque argentatis.* Pluk. Alm.
Houx à feuilles arrondies, dont les bords & les épines sont argentés des deux côtés.

8. *AQUIFOLIUM foliis oblongis lucidis; spinis & limbis argenteis.* M. C.
Houx à feuilles oblongues brillantes, dont les bords & les épines sont argentés.

9. *AQUIFOLIUM foliis oblongis, limbis argenteis.* M. C.
Houx à feuilles oblongues, dont les bords sont argentés.

10. *AQUIFOLIUM foliis subrotundis, limbis argenteis, spinis & marginibus foliorum purpurascentibus.* M. C.
Houx à feuilles arrondies, dont les bords sont argentés, liserés de pourpre, & les épines de même couleur.

11. *AQUIFOLIUM foliis oblongis, spinis & limbis flavescentibus.* M. C.
Houx à feuilles oblongues, dont les bords & les épines sont d'un jaune pâle.

12. *AQUIFOLIUM foliis oblongis, lucidis; spinis & limbis aureis.* M. C.
Houx à feuilles longues & brillantes, dont les bords & les épines sont dorés.

13. *AQUIFOLIUM foliis oblongis, spinis & limbis luteis.* M. C.
Houx à feuilles oblongues, dont les bords & les épines sont jaunes.

14. *AQUIFOLIUM foliis subrotundis, spinis minoribus, foliis ex luteo elegantissimè variegatis.* M. C.
Houx à feuilles arrondies & à petites épines, dont les feuilles sont ornées de belles panaches jaunes.

15. *AQUIFOLIUM foliis oblongis atrovirentibus, spinis & limbis aureis.* M. C.
Houx à feuilles oblongues d'un verd foncé, dont les épines & les bords sont dorés.

16. *AQUIFOLIUM foliis latioribus, spinis & limbis flavescentibus.* M. C.
Houx à feuilles fort larges, dont les épines & les bords sont d'un jaune pâle.

17. *AQUIFOLIUM foliis oblongis, spinis majoribus, foliis ex aureo variegatis.* M. C.
Houx à feuilles oblongues, & à grandes épines, dont les feuilles sont panachées de veines dorées.

18. *AQUIFOLIUM foliis subrotundis, spinis & limbis aureis.* M. C.
Houx à feuilles arrondies, dont les épines & les bords sont dorés.

19. *AQUIFOLIUM foliis longioribus, spinis & limbis argenteis.* M. **C.**
Houx à feuilles fort longues, dont les bords & les épines sont argentés.

20. *AQUIFOLIUM foliis & spinis majoribus, limbis flavescentibus.* M. **C.**
Houx à grandes feuilles & longues épines, dont les bords sont d'un jaune pâle.

21. *AQUIFOLIUM foliis minoribus, spinis & limbis argenteis.* M. **C.**
Houx à très-petites feuilles, dont les bords & les épines sont argentés.

22. *AQUIFOLIUM foliis angustioribus, spinis & limbis flavescentibus.*
M. C.
Houx à feuilles fort étroites, dont les bords & les épines sont jaunes.

23. *AQUIFOLIUM foliis oblongis ex luteo & aureo elegantissimè variegatis.* M. C.
Houx à feuilles oblongues, dont les feuilles sont richement panachées de jaune & de veines d'or.

24. *AQUIFOLIUM foliis oblongis viridibus, maculis argenteis notatis.*
M. C.
Houx à feuilles oblongues, d'un verd foncé, mouchetées de taches argentées.

25. *AQUIFOLIUM foliis oblongis, limbis luteis, spinis & foliorum marginibus purpurascentibus.* M. C.
Houx à feuilles oblongues, dont les bords sont jaunes, liférés de pourpre, & les épines pourpres, appellé en Angleterre PENTELADA.

26. *AQUIFOLIUM foliis oblongis, limbis & spinis ochroluteis.* M. C.
Houx à feuilles oblongues, dont les bords & les épines font
de couleur d'ocre jaune.

27. *AQUIFOLIUM foliis parvis, interdum vix spinosis.* M. C.
Houx à petites feuilles, qui n'ont presque pas d'épines.

28. *AQUIFOLIUM foliis parvis, interdum vix spinosis, limbis foliorum
argentatis.* M. C.
Houx à petites feuilles, qui n'ont presque pas d'épines, dont
les bords font argentés.

29. *AQUIFOLIUM baccis luteis, foliis ex luteo variegatis.* M. C.
Houx à fruit jaune, dont les feuilles font panachées de la
même couleur.

30. *AQUIFOLIUM Echinata folii superficie.* Corn.
Houx dont le deffus des feuilles est hériffé d'épines, ou bien
Houx-Herisson.

31. *AQUIFOLIUM Echinata folii superficie, foliis ex luteo variegatis.* M. C.
Houx dont le deffus des feuilles est hériffé d'épines, & les feuilles
panachées de jaune, ou bien Houx-Herisson doré.

32. *AQUIFOLIUM Echinata folii superficie, limbis aureis.* M. C.
Houx dont le deffus des feuilles est hériffé d'épines, & le bord
doré, ou Houx-Herisson bordé d'or.

33. *AQUIFOLIUM Echinata folii superficie, limbis argenteis.* M. C.
Houx dont le deffus des feuilles est hériffé d'épines, & le bord
argenté, ou Houx-Herisson bordé d'argent.

34. *AQUIFOLIUM Carolinianum angustifolium, spinis raris breviffimis.*
M. C.
Houx de Caroline à feuilles étroites, qui n'ont que peu d'épi-
nes & fort courtes.

35. *AQUIFOLIUM foliis deciduis. Alcanna major latifolia dentata.* Munting.
Houx qui quitte fes feuilles.

36. *AQUIFOLIUM, five Agrifolium Caroliniense, foliis dentatis,
baccis rubris.* Catefb.
Grand Houx de Caroline à feuilles dentelées, non épineufes,
dont les baies font rouges & raffemblées en gros bouquets fur
les branches.

37. *AQUIFOLIUM Caroliniense foliis dentatis , baceis rubris.* Catefb.
*Cassine vera Floridanorum , arbufcula baccifera , Alaterni fermè
facie , foliis alternatim fitis.* Tetrapyrene. Pluk.
Houx de Caroline à feuilles dentelées , dont le fruit eft d'un
beau rouge ; la vraie Caffine de la Floride , & peut-être l'herbe
ou le thé du Paraguay.

CULTURE.

La lifte précédente offre une grande variété de Houx panachés. On en eft redevable au goût que les Anglois ont eu
pour cet arbriffeau ; c'eft ce qui a déterminé leurs Jardiniers à en conferver toutes les variétés. On pourroit encore
les multiplier , en obfervant fur quantité de Houx celles qui
arriveront à quelques branches particulieres ; car en greffant
ces bizarreries accidentelles fur des Houx communs , on le
rendroit plus conftantes.

Nous avons trouvé dans les forêts , fur des Houx fauvages,
quelques branches très - joliment panachées. Si on les avoit
coupées pour les greffer fur des Houx communs , on auroit
confervé ces variétés.

Il n'eft pas douteux qu'on fe procureroit encore des variétés,
en femant des graines de Houx panaché ; fur-tout fi on les
avoit receuillies dans un endroit où beaucoup d'efpeces de Houx
fe trouveroient confondues.

Pour avoir des Houx communs , on les arrache encore jeunes , & lorfqu'ils font levés de graine fous les vieux pieds
qui croiffent naturellement dans les forêts ; alors on les cultive
en pépiniere , pour greffer fur ces fujets toutes les autres efpeces
de Houx , qui réuffiffent très-bien en écuffon & en fente.

Les Houx rifquent beaucoup de périr fi on les tranfplante
fans motte : néanmoins ils réuffiront mieux tranfplantés le printemps , que l'automne.

Les Houx ordinaires fe plaifent à l'ombre fous les grands
arbres ; mais les panachés dégénerent moins , quand ils font
expofés au foleil.

Il faut avoir foin de couper toutes les branches qui perdent
leur panache , fans quoi ces branches , plus vigoureufes que
les autres , feroient périr celles qui font panachées.

M. le Chevalier de Genſein m'a aſſuré qu'il avoit eu long-
temps en pleine terre le Houx ou Caſſine n°. 37; néanmoins
on fera bien d'y apporter beaucoup de précautions, & de ne
le riſquer que quand il ſera fort.

U S A G E S.

Les Houx de toutes les eſpeces font un effet admirable dans
les boſquets d'hyver, non-ſeulement à cauſe de leurs feuilles
luiſantes, mais encore par leurs fruits, qui reſtent ſur l'arbre
une partie de l'hyver.

On fera bien d'en mettre encore dans les Remiſes; non-
ſeulement parce qu'ils forment des buiſſons touffus qui protégent le gibier, mais encore parçe que beaucoup d'oiſeaux vivent
de leur fruit.

Le bois de Houx eſt blanc; néanmoins celui du centre des
gros arbres eſt brun : il eſt fort dur; ſes baguettes ſont pliantes.
On ſait que c'eſt avec l'écorce de cet arbre que l'on ſait la
meilleure glu pour prendre les oiſeaux. Il faut pour cela gratter
l'écorce extérieure qu'on rejette, & conſerver l'intérieure qui
eſt ſucculente. On la pile bien pour en former une pâte que
l'on met enſuite pourir à la cave, dans un pot que l'on y
enterre. Lorſque cette pâte a ſuffiſamment fermenté, on la
lave dans l'eau, on en retire les filaments ligneux, après quoi
la glu ſe raſſemble en une maſſe.

On ordonne la décoction des racines pour calmer la toux;
elle eſt fort émolliente.

Les Houx-Hériſſons (n°. 30, 31, &c.) ont, outre leurs
épines du bord des feuilles, une quantité d'autres épines ſur
la ſuperficie des mêmes feuilles. Il y a auſſi des Houx qui
n'ont preſque point d'épines au bord de leurs feuilles. On
croit que cela n'arrive qu'aux vieux pieds.

L'Alcanna (n°. 35,) ayant les parties de la fructification ſemblables à celles du Houx, nous avons cru devoir comprendre
cet arbriſſeau dans la même claſſe. Cet Alcanna fleurit en Juin;
ſa fleur n'eſt pas à la vérité d'un grand éclat, néanmoins il
fait un joli arbriſſeau : on nous l'a envoyé de Canada. Ses
feuilles ne ſont point piquantes comme celles du Houx ordinaire,

Il eſt bon d'avertir, que la figure de cet arbuſte ayant été deſſinée ſur un jeune pied qui étoit très-vigoureux, les feuilles en ſont trop grandes, elles ſont dentelées trop profondément, elles ſont trop allongées, & elles ſe terminent trop en pointe. Ce ſont-là les remarques que nous avons faites en comparant cette figure avec de gros pieds qui nous ſont venus récemment de Canada.

Nous avons auſſi reçu de la Louyſiane, des pieds & des fruits de la vraie Caſſine. Les pieds ont mal réuſſi, & ne nous ont point donné de fleurs; mais les fruits qui contenoient quatre ſemences, & les calyces diviſés en quatre, nous ont déterminés à les ranger dans le caractere des Houx, n°. 37. Le Graveur a fait les feuilles trop profondément dentelées. Les feuilles de cet arbriſſeau, qui, ſelon toutes les apparences, eſt l'herbe ou le thé du Paraguay, fourniſſent une infuſion aſſez agréable.

Les Houx ayant leurs fleurs monopétales, en roſe, hermaphrodites, réunies autour des branches, & non en chatons comme les *Ilex*, nous eſtimons qu'ils feront toujours un genre particulier; & comme nous avons conſervé le nom d'*Ilex* aux chênes verds, nous avons cru qu'il convenoit de ſupprimer cette dénomination que M. Linneus avoit donnée aux Houx, & les appeller, comme on l'a toujours fait, *Aquifolium.*

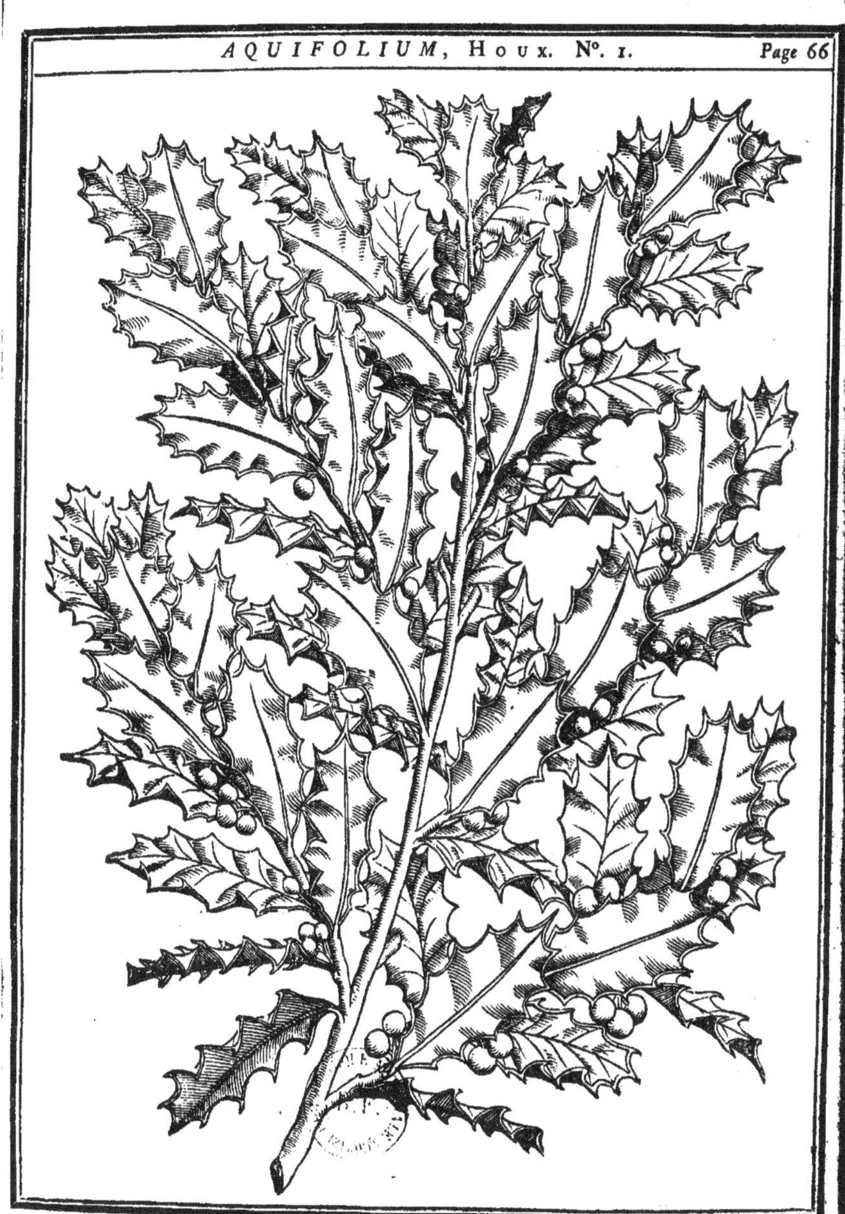

Tome I. Pl. 22.

A R A L I A, Tournef. Vaill. Linn.

D E S C R I P T I O N.

LE calyce propre à chaque fleur, est épais, charnu, & divisé par les bords en cinq dentelures peu sensibles (*c*); la pointe de chaque dentelure est souvent marquée d'un petit point rouge: les pétales (*d*), au nombre de cinq, sont disposés en rose (*e*); ils sont attachés au calyce entre les petites pointes rouges dont nous venons de parler, & l'on voit au milieu de chaque pétale une espece de nervure blanche qui s'étend presque jusqu'à la pointe. On apperçoit dans le disque de la fleur (*e*) cinq étamines blanches, qui sont chargées de gros sommets ovales, divisés par une gontiere dans la direction de leur longueur (*f*): ces étamines sont soutenues par des pédicules assez longs, qui s'attachent au calyce vis-à-vis les points rouges, ou entre les pétales.

Le pistil (*g*) est formé d'un embryon arrondi, surmonté de quatre styles obtus, qui en se tenant rapprochés les uns des autres, forment une espece de cône tronqué & cannelé: l'embryon qui fait partie du calyce, se transforme en une baie succulente (*h*) qui contient cinq noyaux ou semences dures, & de forme oblongue.

Les fleurs de l'Aralia sont rassemblées en gros bouquets (*a*), qui sont formés par cent ou cent cinquante petites ombelles (*b*).

Pour se former une idée de ces bouquets, il faut se représenter une premiere branche assez grosse, d'où partent, selon différentes directions, de fecondes branches qui ont quatre à cinq pouces de longueur ; & cinq ou fix de ces fecondes branches partent de l'extrêmité de la premiere. Ces fecondes branches, qui font quelquefois au nombre de vingt, donnent naiffance à huit, dix, douze branches d'un troifieme ordre, longues d'un pouce, & pofées alternativement dans toute la longueur des fecondes branches : ces troifiemes branches font terminées par une petite ombelle (*b*), qui eft formée par vingt, vingt-cinq ou trente fleurs, qui font portées par des queues de quatre à cinq lignes de longueur ; toutes ces queues prennent leur origine de l'extrêmité des branches du troifieme ordre ; elles fortent d'un calyce qui forme une rofette compofée d'une douzaine de fort petites feuilles très-pointues , & qui font d'un beau rouge.

Le long des troifiemes branches, & à leur infertion fur les fecondes, on apperçoit encore de petites feuilles rouges & pointues , qui font comme collées fur les branches.

Les feuilles reffemblent beaucoup à celles de l'Angélique.

La figure (*a*) repréfente une grappe de fleurs très-diminuée de fa grandeur ordinaire. Les figures (*b*) & (*h*), font de grandeur naturelle ; le refte eft groffi à la louppe, pour en rendre les parties plus fenfibles.

E S P E C E.

A R A L I A fpinofa arborefcens. Vaillant, Difcours fur la ftructure des fleurs.

A R A L I A en arbre épineux, ou A N G E L I Q U E épineufe.

Nous fupprimons les efpeces d'Aralia qui ne forment point des arbriffeaux.

C U L T U R E.

Il arrive quelquefois que dans le tems que les fleurs de cet arbriffeau paroiffent, prefque toutes les feuilles fe deffechent : on croiroit alors que l'arbre va périr ; mais peu de temps enfuite, il en pouffe de nouvelles.

Le grand foleil ne lui convient pas : il fe plaît dans les terreins humides. Je l'ai élevé de femences, qui avoient été envoyées de Canada. Je crois qu'il produit aussi quelquefois des drageons enracinés.

U S A G E S.

Quoique l'Aralia ait un assez beau feuillage, & que ses grands bouquets de fleurs fassent un bel effet, il est néanmoins plus estimable par sa forme singuliere que par sa beauté.

Comme les feuilles de cette plante sont fort grandes, aussi-bien que les épis des fleurs, on n'a pu représenter dans la figure qu'une branche sans fleurs & sans fruit ; mais on peut voir dans la vignette une grappe de fleurs en petit.

L'Aralia nous a quelquefois fleuri en été, & d'autres fois il n'a fleuri qu'en automne vers le mois d'Octobre.

Tome I. Planche 25.

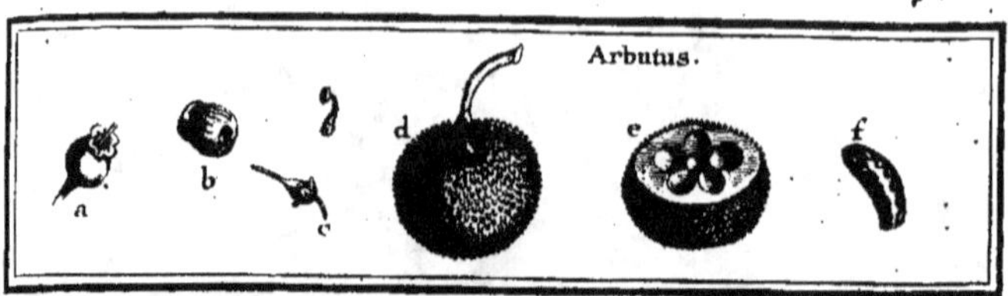

ARBUTUS, Tournef. & Linn. ARBOUSIER.

D E S C R I P T I O N.

LA fleur de l'Arboufier (*a*) a peu d'éclat. Elle eft formée par un feul pétale (*b*), qui a la figure d'un grelot, & qui porte intérieurement dix étamines. Il eft découpé par les bords en cinq parties. Le calyce eft fort petit, & il eft auffi découpé en cinq (*c*); il porte à fon centre un piftil formé par un ftyle & un embryon, qui devient une baie ronde & fucculente (*d*). Cette baie eft intérieurement divifée en cinq loges (*e*), remplies de femences (*f*) affez fines & dures.

Les feuilles de l'Arboufier approchent de celles du laurier; elles font affez profondément dentelées fur les bords ; & elles font placées alternativement fur les branches : elles ne tombent point en hyver.

E S P E C E S.

1. *ARBUTUS folio ferrato.* C. B. Pin.
Arbousier à feuilles dentelées.

2. *ARBUTUS fructu turbinato, folio ferrato.* Inft.
Arbousier à feuilles dentelées, & dont le fruit eft en poire.

3. *ARBUTUS folio ferrato, flore oblongo, fructu ovato.* D. Micheli. Hort. Pif.
Arbousier à feuilles dentelées, dont la fleur eft allongée, & le fruit ovale, ou Arbousier d'Italie.

4. *ARBUTUS folio ferrato, flore duplici.* M. C.
Arbousier à feuilles dentelées, & à fleur double.

5. *ARBUTUS folio non ferrato.* C. B. P. *vel* A D R A C H N E. Tournef.
Voyage du Levant.
A R B O U S I E R à feuilles non dentelées.

Comme M. Linnæus nomme *Arbutus*, les *Uva-Urfi* de
M. Tournefort, nous renvoyons à l'article *Uva-Urfi.*

CULTURE.

Pour élever cet arbriffeau en pleine terre, il faut en couvrir
le pied avec de la litiere ; parce que s'il arrive que les branches
gelent, la fouche en repouffe de nouvelles. Au refte, il s'accommode affez bien de toutes fortes de terres. Nous l'avons
élevé de femences & de marcottes ; & il a fubfifté au Jardin
du Roi en pleine terre pendant dix ou douze ans.

Les Provençaux multiplient cet arbriffeau en éclatant une
branche de deffus une vieille fouche, & ils affurent que, pour
peu qu'il refte de la fouche, ces arbriffeaux reprennent fûre-
ment : ils nous ont fouvent envoyé de pareilles croffes qui
n'ont jamais réuffi dans nos jardins.

USAGES.

Comme cet arbriffeau conferve fes feuilles pendant l'hyver,
& que fon fruit doux, mais fade, plaît beaucoup aux oifeaux,
on pourroit le mettre dans les bofquets d'hyver & dans les
remifes, s'il ne craignoit pas les fortes gelées.

On attribue une vertu aftringente à fes feuilles & à fon
écorce. Son fruit qui n'eft guere mangé que par les enfans,
paffe pour être indigefte.

Le n°. 5 eft très-rare. Je ne fache point que cet arbre foit
dans aucun de nos jardins. M. Tournefort dit que l'on en
mange le fruit.

ARMENIACA.

Tome I. Pl. 26.

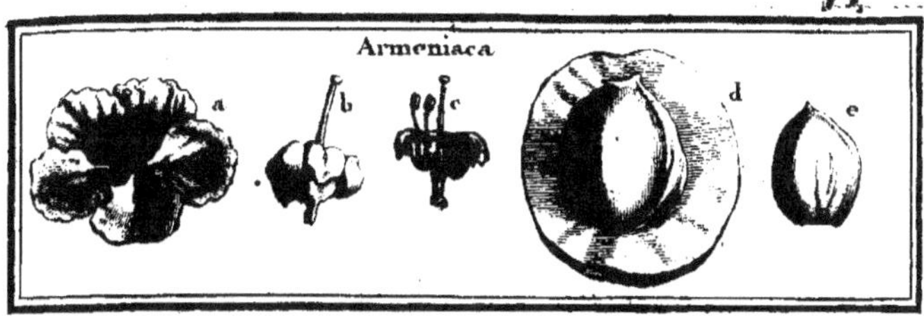

ARMENIACA, Tournef. *PRUNUS*, Linn.
ABRICOTIER.

DESCRIPTION.

LES Abricotiers portent de grandes fleurs (*a*) blanches, formées de cinq pétales difposés en rofes, foutenus par un calyce (*b*) découpé en cinq, duquel partent environ vingt-cinq étamines (*c*), au milieu defquelles eft placé un piftil formé d'un ftyle & d'un embryon, qui devient un fruit charnu (*d*), divifé fuivant fa longueur par une goutiere. Dans ce fruit eft un affez gros noyau qui contient une amande (*e*).

Les feuilles de cet arbre font grandes, arrondies comme celles du peuplier, foutenues de même par de longues queues, & pofées alternativement fur les branches. Le bord des feuilles eft garni de dents arrondies en forme de gaudrons : elles ne font pas fort fujettes à être mangées par les infectes, & elles confervent leur verdure jufqu'au temps des gelées.

Souvent dans les aiffelles des feuilles, on apperçoit trois boutons à côté les uns des autres; celui du milieu qui eft le plus gros, contient une fleur; il fort des deux autres des feuilles & des branches.

Les feuilles font pliées en deux dans les boutons, & quand elles font nouvellement épanouies, elles font accompagnées de ftipules frangées & fouvent colorées, qui fe deffechent en peu de temps; de forte qu'on n'en apperçoit point fur les bran-ches qui font formées.

Tome I.   K

ESPECES.

1. *ARMENIACA fructu majori, nucleo amaro.* Inft.
ABRICOTIER ordinaire à gros fruit, dont l'amande eft amere.

2. *ARMENIACA fructu majori, foliis ex luteo variegatis.* M. C.
ABRICOTIER à gros fruit, & à feuilles panachées de jaune.

3. *ARMENIACA fructu majori, nucleo dulci.* Inft.
ABRICOTIER à gros fruit, dont l'amande eft douce.

4. *ARMENIACA mala minora.* J. B.
ABRICOTIER à petit fruit, que les Provençaux nomment ABRICOT ALEXANDRIN, AUBERGE ou AUBERGEON.

5. *ARMENIACA betula folio & facie, fructu exfucco.* Amm. Ruth.
ABRICOTIER à feuille de bouleau.

Nous fupprimons plufieurs autres efpeces que nous cultivons dans nos vergers.

CULTURE.

On peut élever des Abricotiers en femant les noyaux du fruit; mais pour multiplier les bonnes efpeces, on les greffe fur des Abricotiers de noyau, ou fur les Pruniers de Saint-Julien, de damas noir, & de cerifette.

Dans les petits jardins, on éleve les Abricotiers en plein vent ou en buiffon; le fruit en eft meilleur. Mais dans les grands jardins découverts, on eft obligé de les élever en efpa-lier, fans quoi on n'auroit jamais de fruit.

M. Linneus dans fon dernier ouvrage, intitulé : *Species Plantarum*, comprend fous le genre des Pruniers (*Prunus*) les Cerifiers, les *Padus*, & par conféquent les *Lauro-Cerafus*, & les Abricotiers. Mais la forme de ces différents fruits étant fuffifante, pour éviter la confufion, nous avons cru devoir conferver les différents noms que tous les Botaniftes ont donné à ces fruits.

USAGES.

Le fruit de l'Abricotier eſt aſſez bon à manger crud ; mais il eſt ſurprenant que ce fruit qui a peu de parfum par lui-même, en acquiert beaucoup étant confit avec le ſucre : c'eſt pour cela que l'on en fait de très-bonnes confitures & des compotes. On employe même à cet uſage des abricots verds, & avant que le bois du noyau ſoit formé ; mais alors ils n'ont qu'un goût de verd, qui n'eſt pas fort agréable. On fait auſſi avec les abricots mûrs des ratafiats qui ſont aſſez bons.

Les amandes des abricots s'employent ainſi que les aman-des ordinaires.

Comme la fleur de l'Abricotier eſt grande & belle, il ſeroit à deſirer qu'on pût avoir celui à fleurs doubles ; mais je ne l'ai jamais vu.

Les fleurs de cet arbre s'épanouiſſent depuis la mi-Mars juſqu'au commencement d'Avril.

Il découle des Abricotiers une gomme qui pourroit être employée comme adouciſſante & incraſſante, au lieu de la gomme arabique.

L'extravaſation de cette gomme eſt une maladie pour les Abricotiers qui fait périr pluſieurs branches.

Tome I. Pl. 27.

Tome I. Pl. 28.

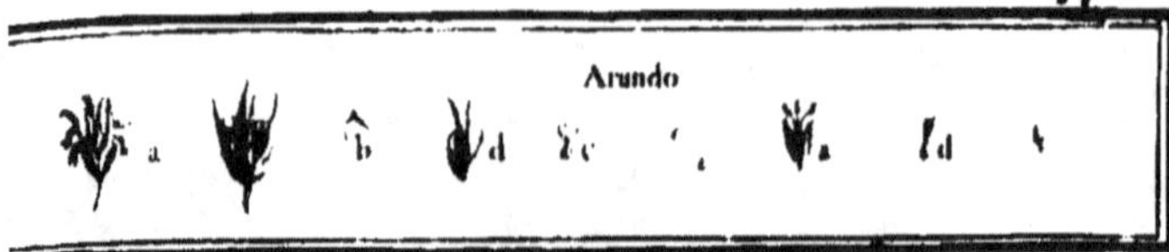

ARUNDO, Tournef. & Linn. ROSEAU.

DESCRIPTION.

LES fleurs du Roseau sont disposées en forme d'épi; elles n'ont point de pétales, à moins qu'on ne prenne pour des pétales, les feuilles intérieures du calyce; car en ce cas on peut dire qu'elles en ont deux, qui sont accompagnées de poils assez longs.

Le calyce est formé de plusieurs écailles, d'entre lesquelles sortent trois étamines (*a*), chargées de sommets oblongs, qui se terminent par une bifurcation (*b*).

Le pistil est formé de deux styles velus (*c*), recourbés & terminés par des stigmates à la base desquels est un embryon oblong, qui se change en une ou en deux semences oblongues, terminées en pointe par les deux bouts (*d*).

Les feuilles du Roseau sont fort longues, & terminées en pointe; elles prennent leur origine des nœuds qui sont en grande quantité le long des tiges, sur lesquelles elles sont placées alternativement.

M. de Tournefort dit qu'il a été tenté de joindre les Roseaux aux Chiendents; & M. Linneus a joint les Chiendents aux Roseaux.

ESPECES.

1. *ARUNDO vulgaris, PHRAGMITES Dioscoridis.* C. B. P.
   Roseau ordinaire des marais.

2. *ARUNDO sativa, qua DONAX Dioscoridis.* C. B. P.
   Roseau cultivé, ou Canne.

3. *ARUNDO sativa, foliis variegatis.*
   Roseau cultivé, à feuilles panachées.

CULTURE.

Le Roseau ordinaire, n°. 1, vient naturellement dans les marais, où il trace plus qu'on ne veut.

Le Roseau, n°. 2, est une plante de Provence, de Languedoc, d'Italie, d'Espagne, &c. Elle fleurit rarement dans ce pays-ci; mais comme elle pousse quantité de drageons enracinés, on la multiplie aisément. Il est à propos de planter ce Roseau dans un terrein un peu frais: cependant il subsiste dans des endroits fort secs; mais les cannes n'y viennent ni aussi hautes, ni aussi grosses. Il est important dans nos provinces de les placer aux expositions les plus chaudes, afin que les cannes acquierent plus de maturité.

USAGES.

Les Roseaux, n°. 1, sont d'un grand usage dans plusieurs provinces. On en fait des couvertures de maisons, qui durent trente & quarante ans. On s'en sert encore pour faire des paillassons & des enceintes de melonnieres : il y a des pays marécageux où le bois est rare, & dans lesquels on est bien heureux d'avoir ces Roseaux pour chauffer le four.

Il y a une autre espece de Roseau peu différente de celle dont nous venons de parler; mais nous ne la comprenons point dans cet ouvrage, parce que les tiges meurent toutes les années. On en seme dans les Capitaineries pour faire des remises, qui sont excellentes : les Perdrix & les Faisans s'y plaisent beaucoup, pour y faire leurs nids; & il a l'avantage de subsister très-bien dans des lieux assez secs.

On cueille les fleurs du Roseau, n°. 1, pour faire des balais, que l'on nomme de silence, & qui sont d'un grand usage pour nettoyer les foyers, pour ôter les araignées des appartemens, &c.

Les Roseaux, n°. 2, sont infiniment utiles, sur-tout dans les provinces où ils parviennent à une parfaite maturité.

Leurs tiges servent d'échalats pour faire des enceintes autour des champs : on en fait aussi des treillages d'espallier, qui durent très-long-temps.

C'est encore avec les Roseaux ou Cannes, que l'on forme

les pêcheries, qui font en grand nombre fur les bords de la Méditerranée : on les nomme *Bourdiques.*

Enfin perfonne n'ignore que l'on en fait des bâtons à la main très-légers pour la promenade, & auffi de fort jolies quenouilles.

Afin que les cannes fe maintiennent bien droites, on les attache avec des liens fur un morceau de bois, dans le temps qu'elles font encore vertes, & on ne les en fépare que lorfqu'elles font entierement feches.

On enjolive ces cannes d'une efpece de peinture, qui fe fait en y appliquant des feuilles de perfil, ou des papiers découpés de différentes façons ; enfuite on les expofe à la fumée : les parties qui n'ont pas été couvertes de feuilles de perfil ou de papier, prennent une couleur de maron, & les endroits où étoient collés les papiers ou les feuilles de perfil, reftent blancs, ce qui fait un affez joli effet.

On peut encore former les deffeins fur ces cannes avec un enduit de cire, & frotter le tout avec une eau forte affoiblie, dans laquelle on a fait diffoudre du fer : les parties découvertes, qui font expofées à cet acide, bruniffent, & les autres, qui étoient enduites de cire, reftent blanches.

On fait encore avec ces Rofeaux des étuits à cure-dents ; & de petits inftruments de mufique champêtre, que l'on nomme chalumeaux ; des anches de hautbois & de mufette, &c.

Les Rofeaux à feuilles panachées, n°. 3, font un effet très-agréable, & peuvent fervir à la décoration des bofquets d'été & d'automne.

ASCYRUM,

Tome I. Pl. 29.

Tome I. Pl. 30.

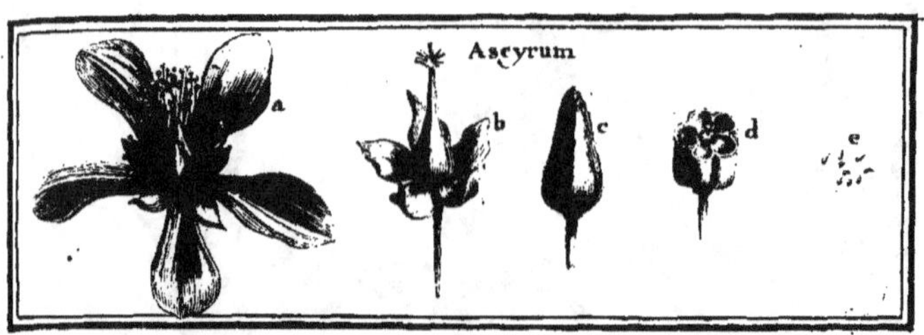

ASCYRUM, Tournef. *HYPERICUM*, Linn.

NOus avons déja dit, en parlant de l'*Androsæmum*, que nous le joignions, auſſi-bien que l'*Aſcyrum*, à l'*Hypericum*; ainſi après avoir prévenu le lecteur qu'il faut .conſulter ce que nous dirons au mot *Hypericum*, nous nous contenterons d'avertir :

1°. Que les pétales de l'*Aſcyrum* (*a*) ſont beaucoup plus grands que les échancrures du calyce; ce qui ne ſe remarque pas dans l'*Androſæmum*.

2°. Que le piſtil (*b*) de l'*Aſcyrum* eſt terminé par cinq ſtigmates : l'*Hypericum* & l'*Androſæmum* n'en ont que trois.

3°. Que le fruit de l'*Aſcyrum* (*c*) ſe termine en pointe comme celui de l'*Hypericum*, & qu'il n'eſt pas arrondi comme celui de l'*Androſæmum*.

4°. Que le fruit de l'*Aſcyrum* eſt intérieurement diviſé en cinq (*d*); celui de l'*Androſæmum* & de l'*Hypericum* ne l'eſt qu'en trois.

5°. Que les ſemences de l'*Aſcyrum* (*e*) & de l'*Hypericum*, ſont plus longues que celles de l'*Androſæmum*.

Voyez *HYPERICUM*.

ASPARAGUS, Tournef. & Linn.
ASPERGE.

DESCRIPTION.

LES fleurs (*a*) de l'Afperge n'ont point de calyce, mais fix petits pétales jaunes difpofés en rofe; un pareil nombre d'étamines, & un piftil (*b*) qui devient une baie (*c*), dans laquelle fe trouvent deux femences fort dures (*d*). Cette baie eft prefque ronde, liffe & terminée par un petit bouton : on apperçoit à l'extrêmité de la queue les pétales defféchés.

Suivant les différentes efpeces d'Afperges, les fleurs ont différentes figures; quelquefois elles paroiffent monopétales ou d'une feule piece.

Les feuilles de l'efpece dont nous parlons font pointues & roides ; elles forment de petites houppes,

ESPECE.

ASPARAGUS foliis acutis. C. B. P.
ASPERGE toujours verte, & à feuilles piquantes.

Nous ne comprenons dans cette lifte qu'une efpece d'Afperge; c'eft la feule qui conferve fes tiges l'hyver, & qui forme un petit arbufte.

CULTURE.

Cette forte d'Afperge ne craint point le froid; on peut l'élever de femences & de plant enraciné qui vient auprès des gros pieds; néanmoins elle reprend difficilement.

L ij

USAGES.

Comme cet arbuste conserve ses petites feuilles pointues tout l'hyver, il ressemble alors à un petit genevrier, & peut trouver sa place dans les bosquets de cette saison. Quand il est en fleur, il forme un petit buisson tout jaune.

Les racines d'Asperge passent en Médecine pour fort apéritives. On sait que les Asperges sont un légume assez recherché; & l'on peut manger les jeunes pousses de l'espece dont nous venons de parler.

Tome I. Pl. 31.

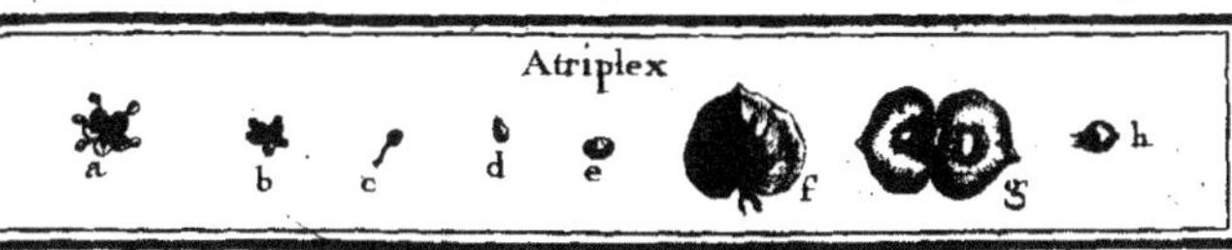

ATRIPLEX, Tournef. & Linn.
POURPIER de Mer.

DESCRIPTION.

CET arbuste a deux sortes de fleurs; les unes hermaphrodites (*a*), ont un calyce divisé en cinq, un pareil nombre d'étamines (*c*), & au milieu un court pistil (*d*), qui devient un fruit ordinairement applati, point de pétales. Les autres fleurs, qui sont femelles (*b*), n'ont ni pétales ni étamines, mais un calyce (*e*) découpé en dix; & le pistil (*d*) devient un fruit (*f*) composé de deux membranes (*g*), dans la duplicature desquelles est une semence (*h*).

ESPECES.

1. *ATRIPLEX latifolia, sive HALIMUS fructuosus.* Mor. Hist. ARROCHE en arbrisseau, ou POURPIER de Mer.

2. *ATRIPLEX maritima Hispanica frutescens & procumbens.* Inst. ARROCHE maritime d'Espagne, qui fait un arbrisseau. *ATRIPLEX Orientalis, frutex aculeatus, &c.* Cor. Inst. Voyez *POLYGONUM.*

Il y a plusieurs autres especes d'Atriplex; mais nous ne devons pas les comprendre dans cette liste, parce qu'elles ne forment point des arbustes.

CULTURE

Cet arbuste se multiplie aisément de bouture, & il s'accommode assez de toutes sortes de terreins.

USAGES.

Il porte des feuilles argentées qui reftent fur l'arbre prefque tout l'hyver, ce qui pourroit le faire mettre dans les bofquets de cette faifon ; il feroit très-bien auffi dans ceux de l'automne : mais les limaces & les oifeaux en dévorent les feuilles, qui font tout fon mérite.

Tome I. Pl. 32.

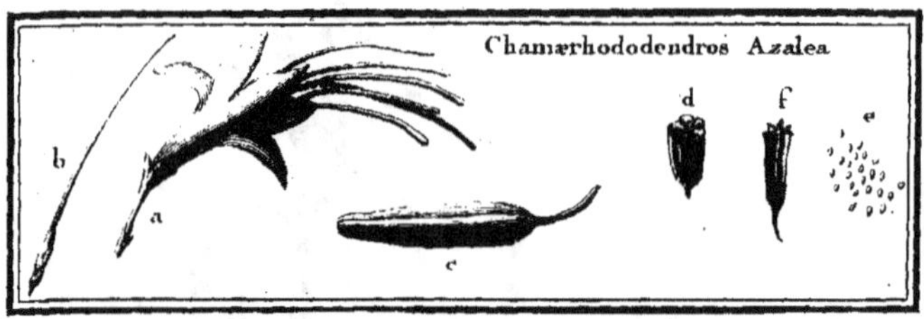

A Z A L E A, Linn.

D E S C R I P T I O N.

LE calyce (*a*) de l'Azalea eft d'une feule piece, coloré; divifé en cinq parties qui fe terminent en pointe; il fub-fifte jufqu'à la maturité du fruit.

Le pétale eft en forme d'un tuyau, découpé en cinq jufqu'à la moitié de fa longueur : il a quelques découpures qui fe renverfent en dehors; & fuivant les efpeces, il a la forme d'un entonnoir ou d'une cloche.

Il fort de la fleur cinq grandes étamines qui prennent naif-fance du calyce.

Le piftil (*b*) eft compofé d'un embryon arrondi, & d'un ftyle qui a la longueur des étamines; il eft terminé par un ftigmate obtus.

L'embryon devient une capfule cylindrique (*c*), qui eft di-vifée intérieurement en cinq loges (*d*), dont chacune eft par-tagée par une cloifon attachée à un filet commun (*f*) qui traverfe la capfule; chaque loge renferme un nombre de fe-mences arrondies (*e*).

On voit que l'Azalea de M. Linneus ne differe du Cha-mærhododendros que par le nombre des étamines. Comme cette circonftance ne nous paroît pas fuffifante pour faire un nouveau genre, voyez *CHAMÆRHODODENDROS.*

AZEDARACH.

AZEDARACH, TOURNEF. MELIA, LINN.
Quelques-uns le nomment LILAC des Indes.

DESCRIPTION.

LES fleurs de l'Azedarach viennent par bouquets comme le Lilac; elles paroiffent en Juin, & font alors un très-bel effet. Chacune d'elles eft formée d'un très-petit calyce (a) d'une feule piece divifée en cinq, de cinq pétales oblongs (b), d'un cornet (*nectarium*) divifé par les bords en dix, de dix petites étamines (c), qui font renfermées dans le cornet, & d'un piftil (d) dont la bafe eft un embryon qui devient un fruit charnu (e): dans ce fruit eft un noyau (f) dont la fuperficie a cinq cannelures, & le dedans eft divifé en cinq loges (g), qui contiennent autant de femences oblongues (h).

Le ftyle qui eft au deffus de l'embryon eft un cylindre de la longueur du cornet, & terminé par un ftigmate obtus.

Ses feuilles font plus découpées que celles du frêne, & d'un verd gai qui eft fort agréable; elles font pofées alternativement fur les branches. On y remarque une nervure principale d'où partent ordinairement deux paires de nervures qui font chargées de cinq folioles découpées plus ou moins profondément, & la nervure principale eft terminée par cinq folioles pareilles. Le nombre des folioles varie, auffi-bien que leur forme.

ESPECE.

AZEDARACH. Dod. pempt.

CULTURE.

Cet arbriffeau s'éleve de femences, qu'on tire de Provence, d'Italie ou d'autres pays chauds,

C'eſt un très-bel arbre ; mais il craint le froid de nos hyvers. On l'éleve aiſément dans les orangeries ; on a bien de la peine à le conſerver en eſpalier.

USAGES.

Comme il eſt délicat, on ne peut gueres l'employer pour décorer les parcs.

On dit que la décoſtion de ſes feuilles eſt apéritive, & qu'il eſt dangereux de manger ſon fruit.

Les noyaux qui ſe trouvent dans ſon fruit, ſervent à faire des chapelets.

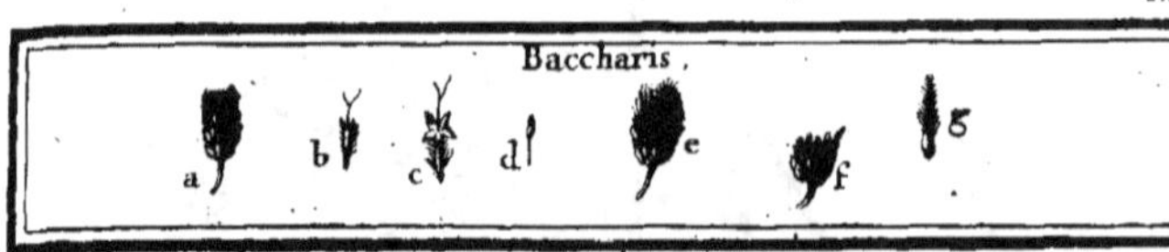

BACCHARIS, Linn. *SENECIO*, Tournef.
BACCHANTE.

DESCRIPTION.

LA fleur (*a*, *e*) de la Bacchante eft dans le genre des fleurs à fleurons ; néanmoins elle eft compofée de fleurons femelles, & de fleurons hermaphrodites.

Le calyce commun (*f*) eft compofé d'écailles fort étroites, qui fe terminent en pointe.

Les fleurons hermaphrodites (*c*) font formés par un pétale unique figuré en entonnoir, & divifé par les bords en cinq parties.

Les fleurons femelles (*b*) n'ont prefque point de pétales.

On trouve dans les fleurons hermaphrodites cinq étamines (*d*) qui femblent des filets terminés par des fommets cylindriques.

Le piftil dans l'un & l'autre fleuron, eft compofé d'un embryon ovale & d'un ftyle.

L'embryon devient une petite femence (*g*) oblongue & aigrettée : on les voit toutes raffemblées dans le calyce (*e*).

Cet arbriffeau s'éleve quelquefois jufqu'à cinq ou fix pieds de hauteur. Ses feuilles, qui font d'un verd blanchâtre, font pofées alternativement fur les branches. Les figures *b*, *c*, *d* & *g* de la vignette font plus grandes que le naturel.

Il eft bon de faire remarquer que la Bacchante de M. Vaillant n'eft point du genre dont il eft ici queftion.

ESPECE.

BACCHARIS foliis obverfè ovatis, fupernè emarginato ferratis. Hort. Cliff. *SENECIO Virginianus arborefcens, Atriplicis folio.* Par. Bat. BACCHANTE de Virginie à feuilles d'Arroche, & qui forme un arbriffeau.

M ij

CULTURE.

Cet arbriffeau fe plaît dans une terre un peu fubftantielle & fraîche. Il fupporte bien les terreins médiocres. Il n'eft endommagé que par les très-fortes gelées, qui font périr quelques-unes de fes branches.

On le multiplie par les femences, & encore par des marcottes.

USAGES.

Quand cet arbriffeau eft dans un terrein où il fe plaît, il peut fervir à la décoration des bofquets d'été : il fleurit en Août, & alors fes feuilles auffi-bien que fes fleurs font un affez bel effet.

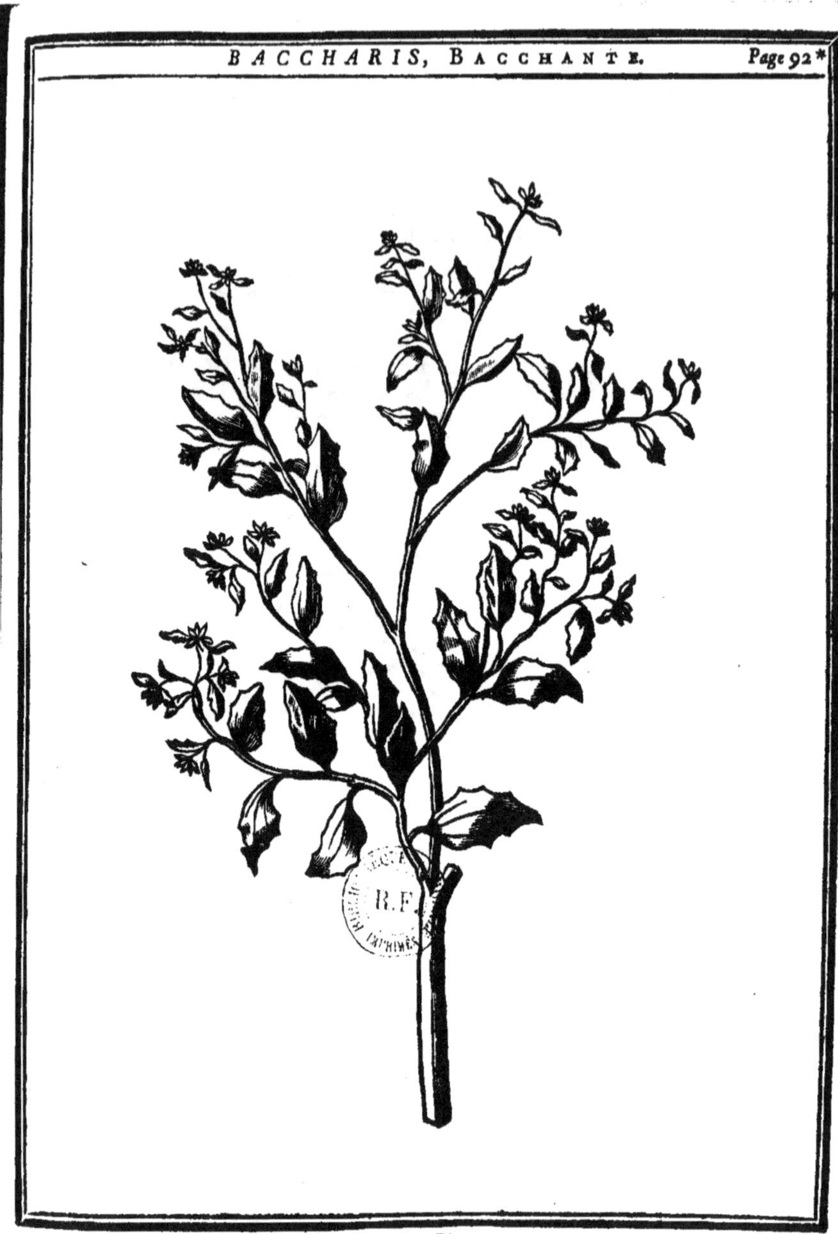

BARBA-JOVIS, Tournef. ANTHYLLIS, Linn.

DESCRIPTION.

LES fleurs (*a*) de cet arbriffeau font légumineufes comme celles du Genêt, mais plus petites : le calyce (*b*) eft divifé en cinq parties.

Le pétale fupérieur (*vexillum*) eft affez grand & relevé ; on trouve au dedans dix étamines réunies par une gaîne qui entoure le piftil recourbé (*c*) ; ce piftil devient une filique (*d*) ronde ou ovale (*e*, *f*), dans laquelle on trouve une, & quelquefois deux femences (*g*). Les fleurs font raffemblées en épi.

Les feuilles font conjuguées ou formées de folioles, raffemblées deux à deux fur une tige, qui eft terminée par une feule ; elles font d'une couleur argentée très-agréable, & elles font pofées alternativement fur les branches.

ESPECES.

1. *BARBA-JOVIS pulchrè lucens.* J. B.
    EBENE de Crete fort brillante.

2. *BARBA-JOVIS ; lago-poides, Cretica, frutefcens, incana, flore fpicato purpureo, amplo.* Breyn. prod.
    EBENE DE CRETE qui forme un arbriffeau blanchâtre à grandes fleurs purpurines, difpofées en épis.

M. Linneus a fait du n°. 2 un genre particulier, qu'il a nommé *EBENUS.*

Le *Barba-Jovis Americana, pfeudo-Acaciæ foliis,* RAND. n'eft point de ce genre : Voyez *AMORPHA.*

C U L T U R E·

L'Ebene de Crete craint le froid : il paſſe très-aiſément l'hyver dans les orangeries ; mais il faut des précautions pour le conſerver en eſpalier.

Cet arbriſſeau ſe multiplie de ſemençes qu'on peut tirer de Cette en Languedoc.

U S A G E S.

Dans les pays maritimes où cet arbriſſeau peut paſſer l'hyver, on doit l'employer pour la décoration des jardins ; car ſes feuilles argentées & brillantes, jointes à ſes épis de fleurs, font un effet bien agréable. Son bois eſt très-dur ; mais ſon tronc eſt toujours fort menu.

La décoction de cet arbriſſeau paſſe en Médecine pour être apéritive,

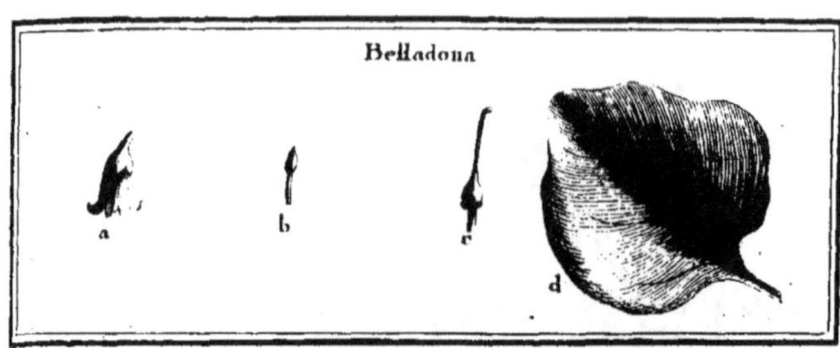

BELLADONA, Tournef. *ATROPA*, Linn.

DESCRIPTION.

LE calyce de la fleur de la *Belladona* subsiste jusqu'à la maturité du fruit : il est d'une seule piece & divisé en cinq parties ovales qui se terminent en pointe (*a*).

Le pétale est aussi d'une seule piece, & divisé en cinq parties égales.

On trouve dans l'intérieur cinq étamines qui prennent naissance de la base du pétale; elles sont terminées par des sommets assez gros (*b*).

Le pistil (*c*) est formé d'un embryon qui semble un œuf coupé par la moitié, & d'un style qui est terminé par un stigmate en forme de tête ovale, dont le grand diametre est perpendiculaire au style.

L'embryon devient une baie succulente presque ronde, divisée en deux loges, dans lesquelles on voit plusieurs semences qui sont attachées à un placenta placé au milieu du fruit.

La *Belladona* dont il s'agit dans cet article forme un arbuste, qui s'éleve à trois ou quatre pieds de hauteur; ses feuilles (*d*) sont assez grandes, presque rondes, épaisses, succulentes, d'un verd tirant un peu sur le bleu, & posées alternativement sur les branches.

ESPECE.

BELLADONA frutefcens , rotundifolia , Hifpanica. Inft. *Atropa caule fruticofo.* Lin. Spec.

BELLADONA d'Efpagne qui forme un arbufte, & dont les feuilles font arrondies.

CULTURE.

Ce petit arbriffeau craint les grandes gelées ; néanmoins il a fubfifté en pleine terre au Jardin du Roi pendant les hyvers de 1753 & de 1754, fans avoir été couvert. On le multiplie aifément par des marcottes.

USAGES.

Les fleurs de cet arbufte font très-petites, verdâtres & fans aucun éclat ; ainfi tout fon mérite confifte dans fes feuilles, qui font d'un affez beau verd clair.

BERBERIS,

Tome I. Planche 37.

Berberis.

BERBERIS, Tournef. & Linn.
EPINE-VINETTE.

DESCRIPTION.

L'Epine-vinette forme un arbriſſeau épineux & aſſez touffu. Ses fleurs (*b*) raſſemblées par grappes, ſont formées d'un calyce à ſix feuilles (*a*), & de ſix pétales preſque auſſi petits que les feuilles du calyce. On apperçoit dans l'intérieur de la fleur ſix étamines (*c*), & un corps cylindrique qui eſt le piſtil (*d*) : ce piſtil devient une baie ovale, ſucculente, terminée par un petit bouton (*e*), dans laquelle il y a ordinairement deux pepins allongés & aſſez durs (*f*) : ſon bois eſt fort jaune.

La fleur de l'Epine-vinette a une ſingularité remarquable ; lorſque l'on touche avec un ſtilet le pédicule de ſes étamines, elles ſe replient, & viennent gagner le piſtil ; ſouvent même elles entraînent avec elles les pétales, & la fleur ſe referme.

Les feuilles de cet arbriſſeau ſont ovales, dentelées finement par les bords, unies ; elles n'ont au-deſſous qu'une nervure peu ſaillante : les boutons ſont poſés alternativement ſur les branches. Il ſort ordinairement deux grandes feuilles & deux petites d'un même bouton, & de diſtance en diſtance une grappe de fruit. Au-deſſous de chaque bouton, on voit encore tantôt une épine, tantôt trois.

ESPECE

1. *BERBERIS dumetorum.* C. B. Pin.
   EPINE-VINETTE des haies.

Tome I.

N

2. *BERBERIS fine nucleo.* C. B. Pin.
Epine-vinette fans pépin.

3. *BERBERIS dumetorum, fructu candido.* M. C.
Epine-vinette des haies, à fruit blanc.

4. *BERBERIS Orientalis procerior, fructu nigro suavissimo.* Cor. Inst.
Grande Epine-vinette du Levant, à fruit noir & doux.

5. *BERBERIS latissimo folio Canadensis.* H. R. Par.
Epine-vinette de Canada à feuilles très-larges.

6. *BERBERIS Cretica, Buxi folio.* Cor. Inst.
Epine-vinette de Crete, à feuilles de Buis.

CULTURE.

L'Epine-vinette se multiplie aisément par des rejets, qui poussent des racines, & par les semences.

Cet arbuste épineux s'accommode aisément de toutes sortes de terreins; mais son fruit est plus beau quand cet arbrisseau est en bonne terre, que lorsqu'il est dans une terre maigre & seche.

USAGES.

Comme cet arbrisseau n'est point délicat, & que plusieurs especes viennent dans les haies, on peut le mettre dans les remises, où son fruit attirera les oiseaux. On peut aussi le mettre dans les bosquets d'été, & même dans ceux du printemps; car ses fleurs jaunes font un effet assez agréable dans le mois de Mai.

On confit son fruit au sucre, & cette confiture réveille l'appétit. Les Médecins l'ordonnent comme un très-bon astringent.

L'espece à fruit noir, n°. 4, que M. de Tournefort a trouvée au bord de l'Euphrate, est moins acide, & d'un goût plus agréable que les especes communes n°. 1 & 2.

L'espece, n°. 2, est sujette à varier : les vieux pieds n'ont point de pepins; mais il arrive souvent que les jeunes qu'on leve auprès d'eux, en ont, sur-tout quand ils se trouvent plantés dans un bon terrein.

On prétend assez généralement que la fleur de l'Epine-vinette fait couler celle du froment; je n'ai point vérifié ce fait, qui ne me paroît guere vrai-semblable.

Tome I. Pl. 38.

BETULA, Tournef. & Linn. BOULEAU.

DESCRIPTION.

LES Bouleaux portent des fleurs mâles (*ab*) & des fleurs femelles (*d*), féparées & attachées à différentes parties du même arbre.

Les fleurs mâles (*ab*) font difpofées en forme de chaton fur un filet commun (*a*). Le calyce forme des écailles (*c*), qui fe recouvrent en partie les unes fur les autres. Chaque fleuron n'a qu'un pétale très-ouvert, divifé en quatre parties, dont deux font plus grandes que les autres. On apperçoit avec une louppe quatre ou cinq petites étamines; mais on ne voit point de piftil, ni par conféquent point de fruit.

Les fleurs femelles (*d*) font également raffemblées plufieurs à la fois, & attachées par un court pédicule à un filet commun : elles fe font voir fous la forme d'un cylindre ou cône écailleux (*e*) formé par les échancrures du calyce (*f*) qui font figurées en trefle. Le piftil eft ovale à fa bafe, & il fe divife en deux par fon extrêmité.

On trouve fous les écailles, des fémences (*g*) qui font bordées de deux aîles membraneufes.

Ces fleurs, tant mâles que femelles, n'ont aucun éclat ; mais les jeunes branches, qui font flexibles, pendantes & chargées de feuilles blanchâtres, rangées alternativement fur les branches, font un affez bel arbre.

L'écorce des jeunes Bouleaux eft ordinairement unie, blanche & fatinée : elle eft au contraire très-raboteufe fur les vieux troncs.

Les feuilles de l'efpece n°. 1, ne font pas fort grandes; elles font prefque triangulaires, légerement échancrées comme par ondes, & dentelées par les bords; elles fe terminent en pointe, & font un peu plus blanchâtres par-deffous que par-deffus.

Les boutons des Bouleaux font longs, menus, pointus: affez fouvent un bouton eft accompagné de deux feuilles.

Il y a tant de conformité entre les parties de la fruétification de l'Aune & celles du Bouleau, que M. Linneus n'en a fait qu'un même genre.

E S P E C E S.

1. *BETULA.* Dod. Pempt. J. B.
B o u l e a u.

2. *BETULA julifera, fruétu conoïde, viminibus lentis.* Gron. Fl. Virg.
B o u l e a u de Canada qui porte des chatons, dont le fruit eft en forme de cône, & dont les branches font fouples & pliantes; ou plûtôt B o u l e a u de Canada, à feuilles larges.

3. *BETULA foliis ovatis, oblongis, acuminatis, ferratis.* Gron. Fl. Virg.
B o u l e a u de Virginie à feuilles ovales, oblongues, pointues & dentelées. On le nomme en Canada M e r i s i e r.

C U L T U R E.

Quoique le Bouleau fe plaife particulierement dans les bonnes terres & dans les lieux humides, il ne laiffe pas de fubfifter dans les fables & dans les terreins arides. Nous en avons planté qui viennent affez bien dans des terreins où les autres arbres périffoient.

Le Bouleau fe feme de lui-même. Sous les gros arbres on trouve du plan en abondance. Pour en ramaffer la graine, il faut la cueillir en automne, fur les arbres mêmes; car fi on la laiffe tomber d'elle-même, elle eft fi fine qu'on ne la peut plus retrouver: ainfi dès que l'on s'apperçoit que les écailles des cônes commencent à fe détacher, il faut couper les menues branches, qui en font chargées, en faire des faifceaux, & les étendre fur un drap. Quelques jours après on frappe ces branches avec un morceau de bois, alors les graines se détachent & tombent sur le drap. Cette graine étant très-fine, ne doit pas être semée trop avant en terre.

Nous avons élevé les Bouleaux de Canada, des graines qui nous avoient été envoyées du pays.

USAGES.

Le Bouleau de Canada, n°. 3, qu'on nomme Merisier dans ce pays-là, a la feuille plus grande & plus belle que celui de France. Les Canadiens assurent que cet arbre est beau, & que son bois est fort utile : nous n'en pouvons parler que sur le rapport que l'on nous en a fait ; car nous n'en avons encore ici que de très-jeunes.

Lorsque le Bouleau de France est à la hauteur des taillis, on en fait des cerceaux pour des futailles ; quand il a acquis la grosseur de petites ridelles, on en fait des cercles pour les cuves ; les gros Bouleaux sont recherchés par les Sabotiers ; enfin l'on fait des balais d'un bon usage avec les jeunes branches de cet arbre.

Ces différens emplois rendent les bois de Bouleau presque aussi chers que ceux d'Aune.

On peut se servir des Bouleaux pour orner les parties aquatiques des parcs, où ils font un bel effet : on peut aussi en garnir les côteaux exposés au nord, & même les rochers dont ils cachent la difformité. Ils réussissent plantés en avenues, & en massifs de bois.

L'écorce du Bouleau, n°. 1 & 2, est presque incorruptible. On en fait en Canada de grands Canots qui durent long-temps ; & dans le nord de la Suede on en couvre les maisons. Il arrive souvent que tout le bois d'un Bouleau est pourri, & que son écorce reste bien saine.

L'écorce du Bouleau passe pour être apéritive. On dit qu'on retire du Bouleau, ainsi que des Erables, une eau qui a cette même vertu.

L'espece du Bouleau, n°. 2, nous est venue du Canada : ses feuilles sont beaucoup plus grandes & plus étoffées que celles de notre Bouleau ordinaire ; mais elles ont, à peu de chofe près, la même forme. C'eft avec ce Bouleau que l'on fait les canots d'écorce.

Le bois des Bouleaux qui fe trouvent dans les forêts du nord de la Suede, eft beaucoup plus dur que celui de France: les Charrons de ces pays en font des gentes de roues qui font très-folides.

Tome I. Pl. 39.

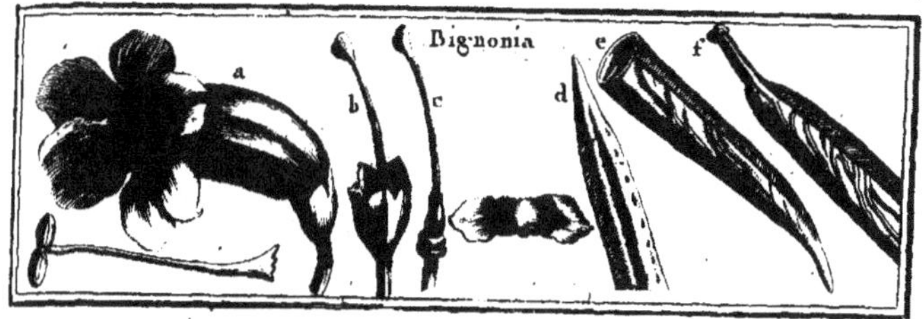

BIGNONIA, Tournef. & Linn.

DESCRIPTION.

LES fleurs du Bignonia font formées d'un calyce (*b*) d'une feule piece divifée en cinq parties. Le pétale (*a*), qui eft unique, repréfente une efpece de tuyau recourbé, dont les bords font divifés en quatre ou cinq échancrures inégales. Ce pétale porte intérieurement quatre étamines, dont deux font plus grandes que les autres. Au milieu du calyce eft implanté le piftil (*c*), dont la bafe eft un embryon qui devient une filique (*f*) divifée en deux (*e*) par une cloifon membraneufe (*d*). Dans l'intérieur on trouve des femences (*g*) affez fines, garnies d'une ou de deux aîles membraneufes qui font pofées les unes fur les autres comme les écailles des poiffons.

La figure marquée (*g*) dans la vignette eft repréfentée plus grande que le naturel.

La forme des feuilles de cet arbriffeau varie beaucoup dans les différentes efpeces : elles font pofées alternativement fur les branches.

ESPECES.

1. *BIGNONIA Americana, fraxini folio, flore amplo Phæniceo.* Inft.
   BIGNONIA d'Amérique à feuilles de frène; ou JASMIN de Virginie.

2. *BIGNONIA Americana fcandens minor, Fraxini folio.*
   BIGNONIA d'Amérique à feuilles de Frêne, (qui eft moins grande que l'efpece (n°. 1.)

3. *BIGNONIA Americana, capreolis donata, filiqua breviori.* Inft.
Bignonia d'Amérique, qui a des mains, & dont les filiques font
courtes.

4. *BIGNONIA Americana, arbor fyringa, cerulea folio, flore purpureo,*
M. C.
Bignonia d'Amérique, arbre dont les feuilles reffemblent au
Lilac, & qui a fes fleurs purpurines; ou Catalpa d'Amérique.

CULTURE.

Toutes les efpeces du Bignonia fe multiplient de marcottes
& de femences.

L'efpece du n°. 1, n'eft point du tout délicate. J'ai lieu de
croire que celle du n°. 3 ne réfifte point aux trop fortes gelées
de l'hyver : elle a cependant fubfifté très-long-temps au Jardin
du Roi en pleine terre.

L'efpece n°. 4, doit être placée dans l'angle de deux murailles à l'expofition du Levant. Cependant les *Catalpa* que
nous élevons à toutes expofitions, ont réfifté au froid de l'hyver
de 1754, d'où nous croyons pouvoir conclure que cet arbufte
n'eft pas fort fenfible à la gelée.

L'efpece du n°. 2 differe de celle n°. 1, 1°. En ce qu'elle
s'éleve moins haut; 2°. Ses feuilles font d'un verd plus foncé;
3°. Ses folioles font plus petites; les nervures du deffous font
hériffées de petites pointes rudes: le pédicule de la feuille du
n°. 1 eft garni de rugofités peu éminentes; celle du n°. 2 eft
garnie fimplement de poils.

USAGES.

Les Bignonia, n°. 1, 2 & 3, font des plantes farmenteufes
& grimpantes, propres à couvrir des murailles & à former
des tonnelles.

L'efpece, n°. 1, s'éleve très-haut, & produit une très-grande
fleur, qui commence à paroître à la fin de Juillet, & qui dure
jufqu'au temps des gelées : le défaut de cette plante eft de fe
dégarnir du bas; le haut eft toujours très-touffu.

L'efpece, n°. 3, garnit plus régulierement une muraille;
elle

elle ne s'éleve pas tant que l'autre ; elle fleurit dans le même temps.

L'efpece n°. 4. que l'on nomme communément *Catalpa* , fait un arbre affez femblable à un gros Lilac.

Ses fleurs font compofées d'un calyce formé de déux feuilles creufées en cuilleron , & d'un pétale mince qui forme un tuyau court qui s'évafe à fon extrêmité , & qui imite en quelque façon une fleur labiée, dont le milieu eft très-ouvert, & la levre inférieure divifée en trois.

On apperçoit dans l'intérieur un piftil recourbé, accompagné de deux étamines terminées par de gros fommets : au fond de la fleur on découvre trois étamines avortées.

Cette fleur eft blanche, tiquetée de violet, & marquée de deux rayes qui font d'un fort beau jaune : elles paroiffent à la fin de Juillet ; elles font réunies en gros bouquets qui répandent une odeur fort agréable.

Les feuilles font de la forme de celles de Lilac , grandes ; non dentelées , oppofées fur les branches : le bois contient beaucoup de moelle ; il fe fend facilement, quoiqu'il foit affez dur.

Cet arbre qui ne devient pas fort grand, doit faire la plus belle décoration des bofquets d'été.

On nous envoye des graines du Catalpa, de la Caroline & de la Louyfiane ; & fuivant M. Kæmpfer cette plante croît auffi au Japon, ce qui n'eft pas furprenant puifque la plûpart des plantes dont cet Auteur parle, fe trouvent à la Louyfiane comme au Japon.

Tome I. Pl. 40.

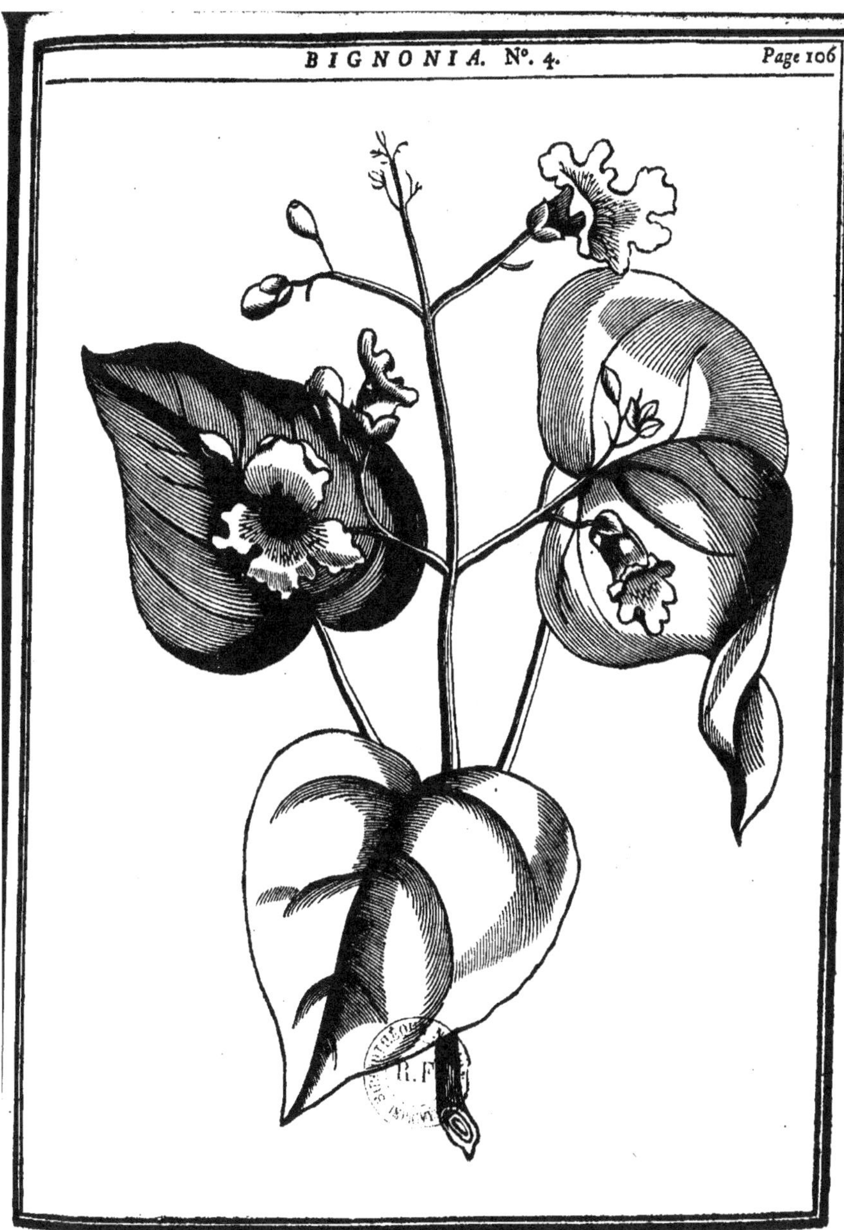

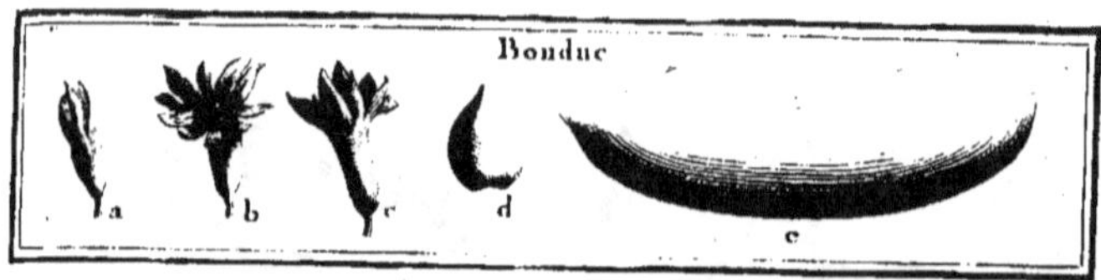

BONDUC, Plum. *GUILANDINA*, Linn.

DESCRIPTION.

IL y a des Bonducs mâles qui ne portent que des fleurs fécondantes ; & d'autres individus femelles qui donnent du fruit.

Le calyce (*a*) des fleurs mâles, est d'une seule piece divisée en cinq parties (*c*) : les pétales (*b*) qui ne font gueres plus grands que les échancrures du calyce, font aussi au nombre de cinq ; & l'on apperçoit dans l'intérieur dix étamines.

Le pistil des fleurs femelles devient une silique (*e*), dans laquelle il y a plusieurs semences très-dures (*d*).

Cet arbre est singulier par l'énorme grandeur de ses feuilles : elles font composées d'une tige, qui a quelquefois plus de deux pieds de longueur, d'où il en part de latérales chargées de folioles ovales, qui se terminent en pointe par les deux extrêmités ; elles ne font point dentelées par les bords. La tige ou la nervure principale est d'abord garnie de deux folioles, ensuite d'environ douze tiges latérales ; elles font toujours par paires. Ces tiges latérales font chargées d'environ quatorze folioles posées alternativement. Quand l'arbre se dépouille, les folioles tombent les premieres, ensuite les tiges latérales, & enfin les grandes.

La grande étendue de ses feuilles rend la tête de cet arbre fort grosse pendant l'été ; mais lorsqu'elles font tombées, il ne reste plus que quelques branches qui semblent mortes, ce qui fait que les Canadiens nomment cet arbre Chicot.

Il est bon d'avertir que ce que nous venons de dire du caractere du Bonduc du Canada, qui est le seul qui puisse

O ij

venir en pleine terre, eft fujet à quelques incertitudes : car quoique les Bonducs de Canada que nous élevons ici, foient déja affez grands, ils n'ont point encore fruĉlifié; & peut-être que lorfque nous ferons en état de les obferver mieux, on fera obligé d'en faire un genre différent des Bonducs de l'Amérique méridionale.

ESPECES.

1. *BONDUC Canadenfe polyphyllum, non fpinofum, mas & fœmina.*
   BONDUC à plufieurs feuilles fans épines; en Canada CHICOT.

CULTURE.

Nous avons élevé cet arbre des femences qui étoient venues du Canada. Comme elles font prefque auffi dures que de la corne, il faut les arrofer beaucoup, & enterrer les pots dans une couche chaude.

Lorfque l'on a arraché un de ces arbres, il ne faut pas combler le trou; car les racines un peu groffes que l'on a coupées, repouffent de nouveaux jets, & produifent des arbres que l'on peut mettre en pépiniere. Quelquefois cet arbre pouffe de fes racines des rejets ou drageons.

Les Bonducs n'ont pas réuffi dans des terreins humides où j'en avois planté pour en faire l'expérience.

USAGES.

Les Bonducs peuvent tenir leur place dans les bofquets d'été : le grand étalage de leurs feuilles fait un fort bel effet. Ils viennent bien dans une terre affez feche.

BUPLEVRUM, Tournef. & Linn.

DESCRIPTION.

LE Buplevrum porte fes fleurs en ombelles, de la bafe defquelles fortent ordinairement fix petites feuilles. Les fleurs (*a*) font compofées d'un calyce qui porte cinq pétales (*b*) difpofés en rofe, pareil nombre d'étamines, un piftil compofé de deux embryons, & de deux ftyles (*c*) recourbés : ces embryons (*de*) fe changent en deux femences (*f*) plates du côté où elles fe touchent ; elles font ftriées & arrondies de l'autre.

Cet arbriffeau forme un gros buiffon chargé de feuilles affez grandes, fermes comme celles du laurier, pofées alternativement fur les branches, d'une couleur bleuâtre en deffous, & d'un verd foncé en deffus ; elles ont une odeur d'anis très-gracieufe. Ces feuilles font longues, ovales, arrondies par le bout, convexes en deffus, concaves en deffous, où l'on voit qu'elles font relevées d'une feule nervure qui s'étend dans toute la longueur de la feuille.

L'écorce des jeunes branches eft verte d'un côté, & violette de l'autre.

ESPECES.

1. *BUPLEVRUM arborefcens, falicis folio.* Inft.
   BUPLEVRUM en arbriffeau, à feuilles de Saule.

2. *BUPLEVRUM Hifpanicum arborefcens, gramineo folio.* Inft.
   BUPLEVRUM d'Efpagne en arbre, dont les feuilles reffemblent à celles du chiendent.

3. *BUPLEVRUM frutefcens, foliis ex uno punƈto plurimis, junceis, tetragonis.* Burman. African.
   BUPLEVRUM dont les feuilles triangulaires, & femblables à celles du Pin, fortent en nombre d'un même bouton.

CULTURE.

Cet arbriſſeau ſe plaît dans les terreins humides, quoique d'ailleurs il s'accommode aſſez bien de toutes ſortes de terres. On peut le multiplier par les ſemences, ou par des marcottes.

USAGES.

Les eſpeces, n°. 1 & n°. 2, ne perdent point leurs feuilles pendant l'hyver; ainſi on peut les placer dans les boſquets de cette ſaiſon.

Ils feront encore aſſez bien dans les remiſes, non-ſeulement parce qu'ils forment des buiſſons touffus, mais encore parce que leurs graines attirent les oiſeaux.

On recommande l'uſage des ſemences du n°. 1, comme un antidote éprouvé contre la morſure des bêtes venimeuſes.

L'eſpece, n°. 3, fait un joli arbriſſeau; & quoiqu'il craigne un peu le froid, il ſe conſerve néanmoins en pleine terre dans les jardins de Hollande.

Tome I. Pl. 43.

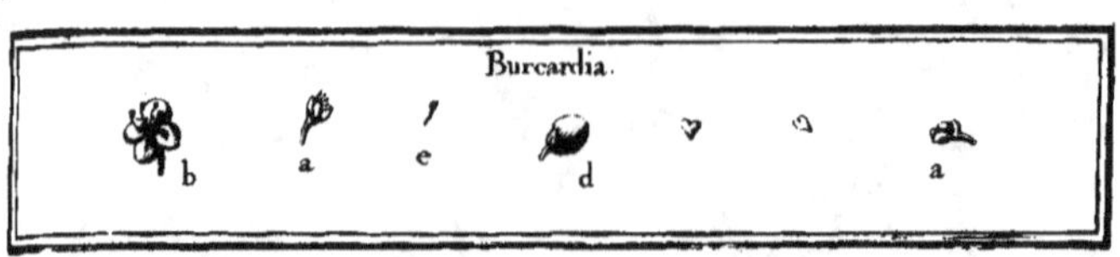

BURCARDIA, HEIST. *Epiſt.*
CALLICARPA, LINN.

DESCRIPTION.

LE Burcardia porte ſes fleurs raſſemblées en bouquets autour de ſes branches. Ces fleurs ſont compoſées d'un
calyce (*a*) d'une ſeule piece, découpé en quatre parties, &
d'un pétale (*b*) pareillement diviſé en quatre aſſez profondément, & qui ſurpaſſe de peu les découpures du calyce. On
trouve dans l'intérieur de ce pétale quatre étamines, & un embryon arrondi, ſurmonté d'un ſtyle (*c*) de la même longueur
que les étamines : il eſt terminé par deux ſtigmates.

L'embryon devient une baie ou capſule (*d*) arrondie, qui
renferme quatre ſemences.

Les feuilles de cet arbriſſeau ſont ovales, terminées en
pointe, & dentelées très-finement ſur les bords : elles ſont
peu épaiſſes, d'un verd clair, couvertes d'un duvet très-fin,
& oppoſées ſur les branches.

ESPECE.

BURCARDIA. Heiſteri, Epiſt.
CALLICARPA. Linn. Act. Upſ:
FRUTEX baccifer verticillatus, foliis ſcabris, latis, dentatis & conjugatis.
Cateſ. Carol.
BURCARDIA de Caroline à fleurs verticillées, dont les feuilles
ſont dentelées & oppoſées ſur les branches.

CULTURE.

Cet arbriffeau ne s'éleve guere qu'à la hauteur de trois ou quatre pieds. Il vient très-bien de graines ; & nous croyons que, quoiqu'il nous foit apporté de Miffiffipi, de la Caroline & de la Virginie, comme il fe trouve auffi dans les pays froids, il pourra s'accommoder de notre climat, quand on l'aura affez multiplié pour faire fur lui des tentatives, & lui choifir le terrein qui lui eft convenable.

USAGES.

Le Burcardia peut fervir à la décoration des bofquets d'hyver & du printemps, dont il fera l'ornement par le beau verd clair de fes feuilles. Ses fleurs qui font réunies plufieurs enfemble fur un même pédicule, font petites, & elles ont peu d'éclat : elles paroiffent vers le mois de Mai. Cet arbriffeau étant défleuri fe charge enfuite de baies, qui, en mûriffant, deviennent de couleur gris-de-lin, marquetées de rouge : elles ont prefque la forme de groffes perles, & elles ornent joliment cet arbriffeau. Nous ne lui connoiffons pas encore de propriétés pour les Arts ni pour la Médecine.

BUTNERIA.

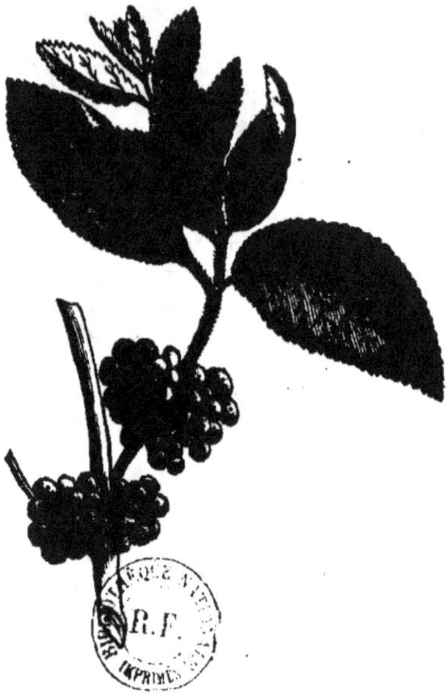

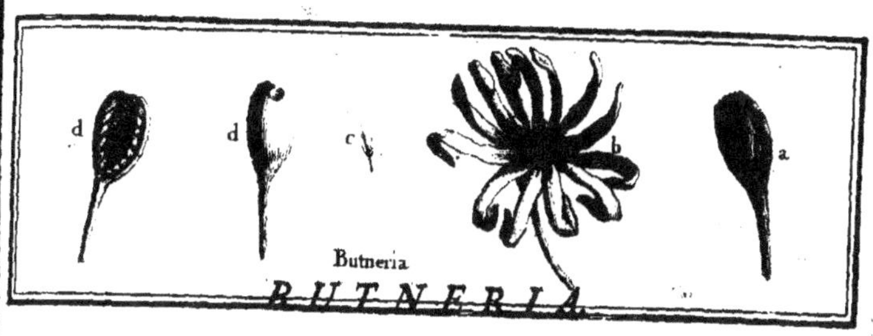

DESCRIPTION.

LA fleur (*a*) de cet arbriffeau n'a point de calyce, mais feulement une maffe charnue, d'où partent environ quinze pétales placés fur deux rangées. Les pétales extérieurs (*b*) paroiffent
être une continuation de la maffe charnue, & pourroient être regardés comme les découpures du calyce : ces pétales extérieurs
font, ainfi que les intérieurs, d'un violet affez foncé, & qui
paroît terne à caufe qu'ils font couverts d'un duvet très-fin, de
couleur fauve.

Les pétales font allongés & terminés en pointe : la plûpart
font recourbés vers le dedans de la fleur, ce qui lui donne
à-peu-près le port du Clematite à fleur double.

On apperçoit dans l'intérieur de la fleur une vingtaine ou
environ d'étamines (*c*), raffemblées en forme de tête, & terminées par des fommets oblongs.

Les piftils paroiffent formés de petits fommets implantés fur
les embryons (*d*), qui font renfermés dans le calyce, à-peu-
près comme les femences des Rofiers ; mais nous ne pouvons
parler qu'avec réferve de ces parties, parce que les fruits que
nous avons eus étoient mal conditionnés.

Les feuilles de cet arbriffeau font ovales, terminées par
une longue pointe, creufées par-deffus de fillons affez profonds, relevées au-deffous de nervures faillantes ; elles ne font

Tome I.   P

point dentelées par les bords ; elles font d'un beau verd, &
oppofées fur leurs branches.

Les fleurs naiffent une à une au bout de chaque branche.

ESPECE.

BUTNERIA Anemones flore. FRUTEX corni foliis, conjugatis floribus, inflar Anemones ftellata, petalis craffis rigidis, colore fordidè rubente, cortice aromatico. Catefb.

BUTNERIA à fleur d'Anémone.

CULTURE.

Cet arbriffeau eft encore rare en France. On le cultive à
Trianon, où il fleurit très-bien : fuivant les apparences, il pourra
s'élever en pleine terre.

USAGES.

Les fleurs du Butneria font très-jolies : elles s'épanouiffent
dans le mois de Mai. Cet arbriffeau pourra fervir à la décoration des bofquets du printemps : c'eft bien dommage que
la couleur de fes fleurs foit terne & d'une odeur peu agréable.

Nous croyons que cette plante vient au Japon, & que c'eft
elle qui eft décrite & deffinée dans Kæmpfer.

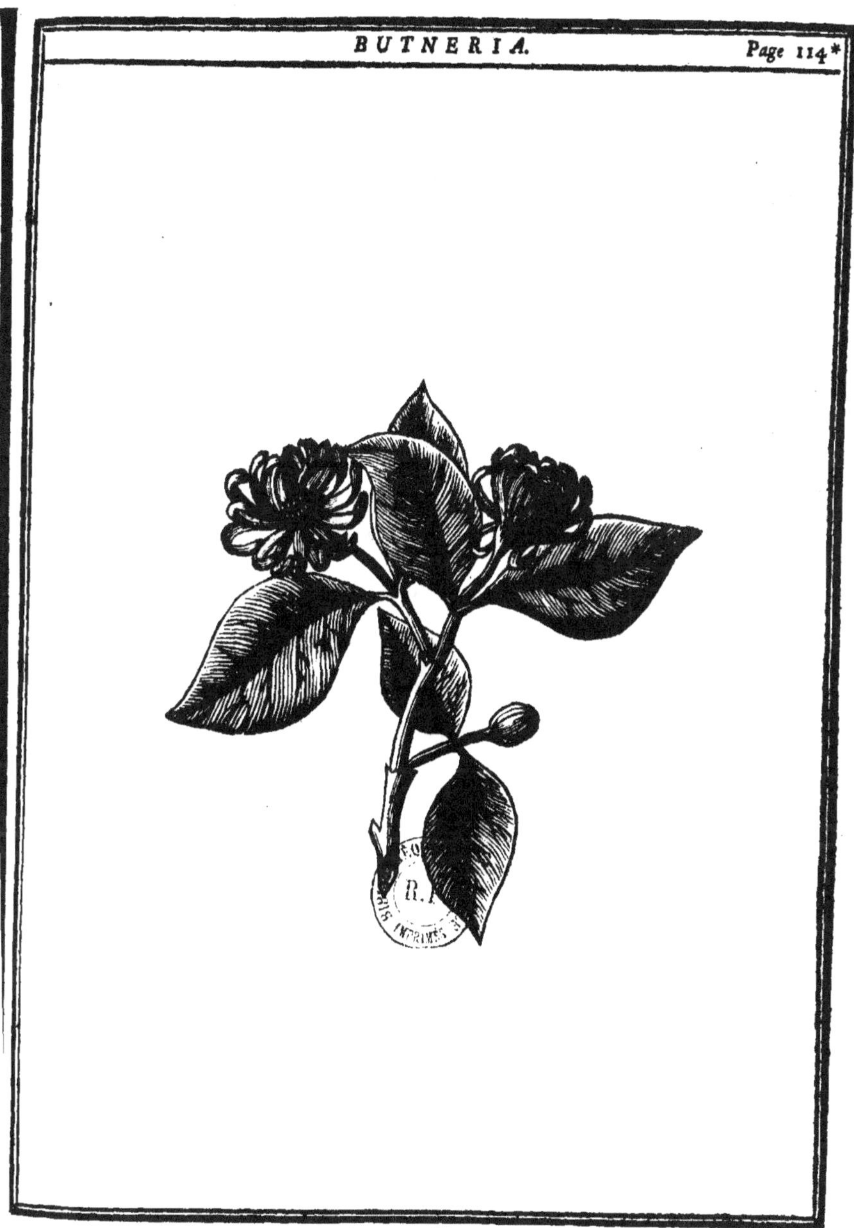

BUXUS, Tournef. *&* Linn. BUIS *ou* BOUIS.

DESCRIPTION.

DÉS le commencement du printemps on apperçoit fur les mêmes pieds de Buis des fleurs mâles & des fleurs femelles.

Les fleurs mâles (*a*) font formées d'un calyce à trois feuilles, de deux pétales, qui ne fe diftinguent des feuilles du calyce que par leur grandeur. On voit entre les feuilles du calyce une maffe charnue figurée en rofette (*c d*), qui porte quatre étamines (*b*).

Les fleurs femelles (*e*), qui accompagnent tellement les mâles qu'elles fortent des mêmes boutons, font formées d'un calyce à trois feuilles, de trois pétales, qui ne fe diftinguent des feuilles du calyce que par leur grandeur, entre lefquels on apperçoit un piftil formé de trois ftyles (*e*) qui fe réuniffent par le bas à un embryon qui forme un corps à-peu-près arrondi (*f g*), lequel devient enfuite une capfule à trois loges (*h*) remplies de femences (*i k*).

Les feuilles du Buis font petites, fermes, toujours vertes, liffes, luifantes, pofées alternativement fur les branches, d'une odeur forte : elles font, felon les efpeces, plus ou moins longues, & plus ou moins arrondies.

Les figures de la vignette *a b c i* & *k*, font groffies à la loupe, les unes plus que les autres, afin de les rendre plus fenfibles.

ESPECES.

1. *BUXUS arborefcens.* C. B. Pin.
Grand Buis des forêts ou arbriffeau.

2. *BUXUS, foliis ex luteo variegatis.* H. R. Par.
Buis à feuilles panachées de jaune.

3. *BUXUS major, foliis per limbum aureis.* H. R. Par.
Grand Buis à feuilles bordées d'or.

4. *BUXUS minor, foliis per limbum aureis.* Inft.
Petit Buis à feuilles bordées d'or.

5. *BUXUS longioribus foliis, in acumen luteum definentibus.* H. R. Par.
Buis à feuilles longues, dont la pointe eft jaune.

6. *BUXUS arborefcens, anguftifolia.* M. C.
Grand Buis à feuilles étroites.

7. *BUXUS, folio argenteo, variegato, rotundiori, majori.* M. C.
Buis à grandes feuilles rondes, panachées de blanc.

8. *BUXUS major, foliis per limbum argenteis.* M. C.
Grand Buis à feuilles bordées d'argent.

9. *BUXUS, foliis rotundioribus.* C. B. Pin.
Buis à feuilles rondes, ou Buis nain d'Artois.

Nous pourrions encore rapporter plufieurs variétés, tant du grand que du petit Buis ; mais il nous a paru fuperflu d'étendre cette lifte, car les variétés font infinies dans les arbres qui fe multiplient par les femences.

CULTURE.

Cet arbriffeau fe plaît mieux à l'ombre, & fur les côteaux expofés au Nord, qu'aux endroits brûlés du foleil : cependant il s'accommode de toutes fortes de terreins.

On peut multiplier le Buis par fa graine : elle leve dans les bois fans aucun foin. Pour conferver les efpeces rares, on en fait des marcottes, & des boutures qui produifent facilement des racines.

USAGES.

Le Buis nain, n°. 9, que l'on nomme Buis d'Artois, eft très-propre à faire des bordures & des broderies dans les parterres. Ses feuilles font prefque rondes.

Le Buis de la grande efpece, fur-tout le Buis panaché, fait très-bien dans les bofquets d'hyver. On peut auffi en planter dans les remifes, où il formera une retraite commode pour le gibier, fur-tout pendant l'hyver. Les feuilles de ce Buis font plus ou moins longues, fuivant les efpeces.

Les Tabletiers, les Tourneurs, les Graveurs en taille de bois, les Marchands de peignes, &c. font une grande confommation du bois de cet arbriffeau. Ce bois eft jaune, dur, liant, & porte bien la vis. On tire les gros Buis de Champagne, & encore d'Efpagne.

Lorfqu'il a plu, les Buis répandent une odeur peu agréable.

La décoction des feuilles de Buis eft très-fudorifique.

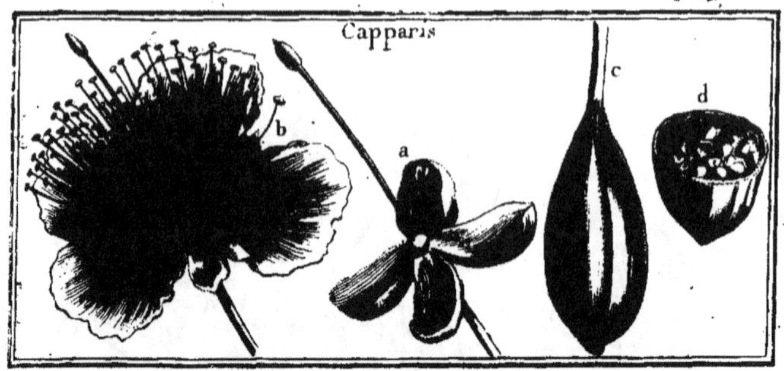

CAPPARIS, Tournef. *& Linn.* CAPRIER.

DESCRIPTION.

LE Caprier eſt une plante ſarmenteuſe, dont les fleurs s'épanouiſſent à la fin de Juin. Les parties de ſes fleurs ſont un calyce compoſé de quatre feuilles, creuſées en cuilleron (*a*), quatre grands pétales, une houppe formée par de longues étamines qui prennent leur origine du fond de la fleur, & un piſtil terminé en bouton, qui eſt l'embryon (*b*).

Ce bouton devient un fruit charnu (*c*) dans lequel il y a beaucoup de ſemences (*d*) figurées comme un rein.

Les feuilles de cette plante ſont ovales, preſque rondes, unies, point dentelées par les bords, & poſées alternativement ſur les branches. On a eu tort de les repréſenter oppoſées dans la planche. On apperçoit à l'endroit où les queues des feuilles s'attachent aux branches, deux petites épines crochues qui reſtent après que les feuilles ſont tombées. Ces feuilles ont un goût piquant ſur la langue.

ESPECES.

1. *CAPPARIS ſpinoſa, fructu minore, folio rotundo.* C. B. Pin.
CAPRIER épineux, à feuilles rondes. En Provence on le nomme TAPERIER.

2. *CAPPARIS non spinofa, fructu majore.* C. B. p. 180.
CAPRIER à gros fruit, fans épines.

M. de Tournefort, dans fon Voyage du Levant, tome 1,
p. 232, parle d'un Caprier fans épines, qu'il a trouvé fur les
bords de la Grotte d'Antiparos.

CULTURE.

Les Capriers craignent le froid; c'eft pourquoi on eft obligé
de les mettre en efpalier, & de les couvrir pendant l'hyver
avec un peu de litiere. Les pucerons en détruifent quelquefois
toutes les feuilles.

Les branches menues meurent ordinairement l'hyver, &
on eft obligé de les couper; mais les groffes branches produifent de nouveaux jets qui donnent beaucoup de feuilles & de
fleurs : c'eft pourquoi quand on veut s'épargner la peine d'efpalier ces arbriffeaux, & de couvrir toutes les branches, on
les coupe en automne à fept ou huit pouces de la fouche,
fur laquelle on met un peu de litiere.

On les multiplie de marcottes & de femences. Il feroit à
fouhaiter qu'on en élevât beaucoup de femences, pour en avoir
de doubles ou de panachées : car comme les fleurs fimples &
non panachées des Capriers ordinaires font très-belles, il y a
lieu de croire qu'elles feroient encore beaucoup plus belles
fi elles étoient doubles ou panachées; & elles n'en feroient
pas moins utiles, puifque ce font les boutons que l'on confit.

Le plus sûr moyen de faire des marcottes, eft de couvrir la
fouche avec de la terre : les rejets qui partent immédiatement
de la fouche prennent alors facilement racine.

USAGES.

Il y a peu de plantes plus belles que le Caprier quand il eft
chargé de fleurs.

On confit au vinaigre fes boutons; & c'eft ce que les Cui-
finiers appellent des Capres.

Si l'on cueille les boutons fort petits, les Capres font fines
&

& fermes. Si les boutons font gros, les Capres font groffes
& molles.

On les cueille en Provence comme elles fe rencontrent
fous la main ; mais quand elles font confites dans le vinaigre
& le fel, on les paffe par des cribles pour les féparer fuivant leur groffeur : les petites font les meilleures & les plus
cheres.

On confit auffi les jeunes fruits, qu'on appelle cornichons
de Caprier.

Les Capriers que nous élevons dans ce pays pourroient
fournir des Capres. J'en ai vu qui en donnoient trois ou quatre
livres ; mais on préfere de laiffer épanouir les boutons, pour
jouir des fleurs qui font fort belles.

Les feuilles & les boutons du Caprier font antifcorbutiques.
L'écorce des racines eft fort apérikive.

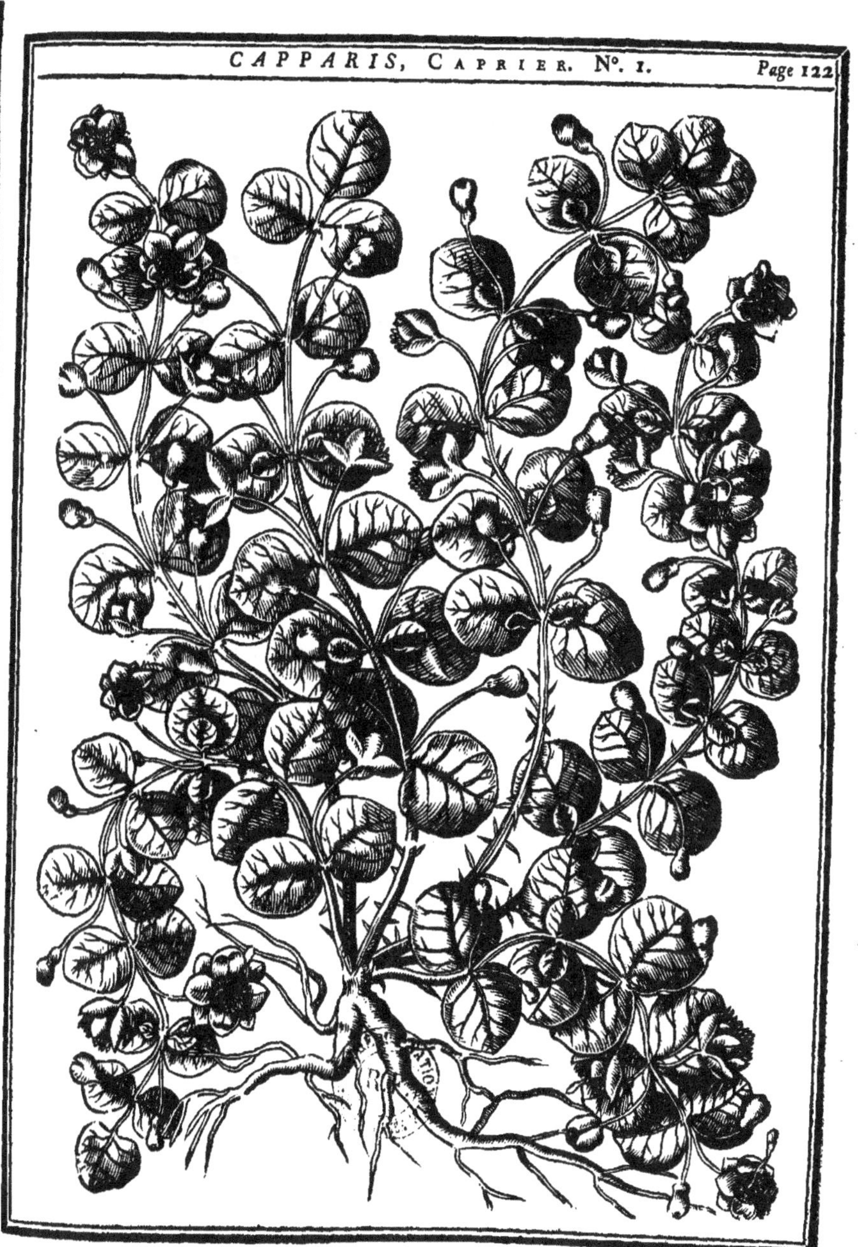

Tome I. Pl. 47.

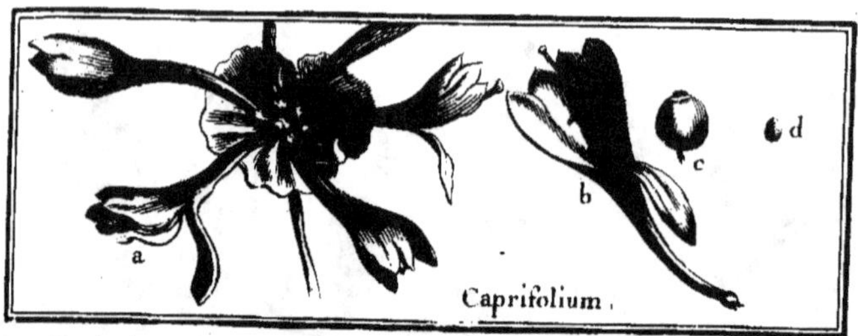

CAPRIFOLIUM, TOURNEF. *LONICERA,* LINN. CHEVRE-FEUILLE.

DESCRIPTION.

LE Chevre-feuille eſt une plante ſarmenteuſe & grimpante, qui porte des fleurs charmantes par leur couleur & par leur odeur. Elles s'épanouiſſent dans le mois de Juin ; elles ſont alors raſſemblées par bouquets, & partent pluſieurs d'un même endroit (*a*). Le calyce qui eſt fort petit, eſt diviſé en cinq ; il n'y a qu'un pétale qui forme un long tuyau évaſé par ſon extrêmité, & diviſé en cet endroit en cinq parties qui ſe renverſent en dehors ; une de ſes levres eſt découpée plus profondément que les autres : on trouve dans l'intérieur cinq étamines & un piſtil (*b*), formé d'un embryon arrondi qui fait partie du calyce, & d'un long ſtyle qui eſt terminé par un ſtigmate. L'embryon devient une baie (*c*) qui eſt terminée par une ombilique : elle eſt diviſée en deux loges, & contient deux ſemences applaties preſque ovales (*d*).

Il y a des Chevre-feuilles dont la baſe des feuilles embraſſe les tiges ; ce ſont ceux-là qu'on nomme perfoliés. Toutes les eſpeces ont leurs feuilles oppoſées ſur les branches, & plus ou moins grandes, preſque rondes ou ovales ſuivant les eſpeces, point dentelées, douces au toucher.

Dans les aiſſelles des feuilles on apperçoit des boutons, dont l'axe fait preſque un angle droit avec les tiges.

Q ij

Souvent les fleurs font accompagnées d'une feuille qui forme une efpece de coupe de laquelle elles fortent.

E S P E C E S.

1. *CAPRIFOLIUM Germanicum.* Dod. Pempt.
CHEVRE-FEUILLE d'Allemagne. En Provence on l'appelle MAIRE-SIOUVO.

2. *CAPRIFOLIUM Germanicum, flore rubello, ferotinum.* Broff.
CHEVRE-FEUILLE d'Allemagne à fleur rouge-pâle.

3. *CAPRIFOLIUM Italicum.* Dod. Pempt.
CHEVRE-FEUILLE d'Italie.

4. *CAPRIFOLIUM Italicum, perfoliatum pracox.* Boff.
CHEVRE-FEUILLE printanier d'Italie, & perfolié.

5. *CAPRIFOLIUM perfoliatum, foliis finuofis & variegatis.* Inft.
CHEVRE-FEUILLE panaché, à feuilles de Chêne.

6. *CAPRIFOLIUM non perfoliatum, foliis finuofis.* Inft.
CHEVRE-FEUILLE à feuilles de Chêne, qui n'eft point perfolié.

M. Linneus n'a fait qu'un feul genre du *Caprifolium*, du *Periclymenum*, du *Chamæcerafus*, du *Xylofteon*, du *Symphoricarpos*, & du *Diervilla*, qu'il a nommé *Lonicera;* & il faut avouer que tous ces arbuftes fe reffemblent beaucoup par les parties de la fructification : néanmoins nous avons cru devoir conferver les différents noms fous lefquels ils font connus.

Pour aider à les diftinguer, nous ferons remarquer que les fleurs des *Xylofteon* & des *Chamæcerafus* viennent toujours deux à deux, & que toutes les autres efpeces que M. Linneus nomme *Lonicera*, portent des fleurs par bouquets; mais cette feule circonftance ne nous paroît pas fuffifante pour établir un genre.

Nous croyons que la différente forme des fleurs pourra engager à en faire au moins deux genres : dans l'un on comprendroit le *Caprifolium*, le *Chamæcerafus* & le *Diervilla*, dont le pétale eft découpé irrégulierement, y ayant une découpure qui forme une efpece de levre; & dans l'autre, le *Periclymenum*, le *Symphoricarpos* & le *Xylofteon*, dont les découpures du pétale font régulieres.

CULTURE.

Les Chevre-feuilles fe multiplient aifément par marcottes, & même par boutures. Quoiqu'ils fe plaifent dans les terreins humides, ils s'accommodent affez de toutes fortes de terres: l'on en trouve qui croiffent naturellement dans les bois dont le terrein eft humide.

USAGES.

Toutes les efpeces de Chevre-feuilles font très-propres à garnir des tonnelles & de petits murs de terraffe: leurs fleurs font très-belles, & répandent une odeur des plus gracieufes.

L'efpece du n°. 4, qui ne quitte point fes feuilles pendant l'hyver, à moins qu'il ne gele bien fort, peut être mife dans les bofquets de cette faifon; d'ailleurs ce Chevre-feuille eft d'un très-beau verd, & fes fleurs font fort belles.

Les Chevre-feuilles peuvent être tondus en boule, & former des buiffons dont on peut décorer les bofquets du printemps : on peut auffi les faire grimper dans d'autres arbres, qu'ils ornent de leurs fleurs; mais ils ont le défagrément d'être prefque tous les ans dévorés par les cantarides ou par les pucerons.

On employe la décoftion des feuilles pour déterger les vieux ulceres.

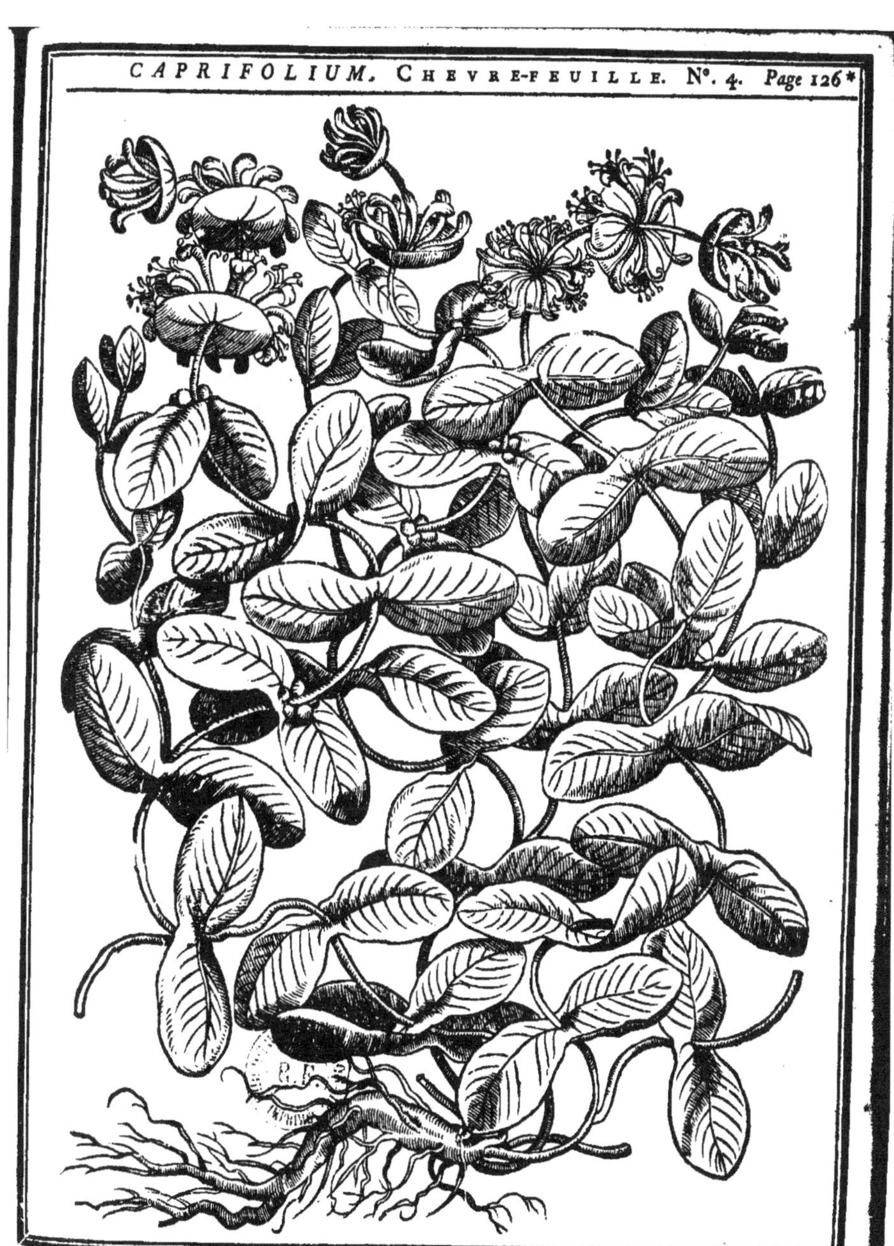

Tome I. Pl. 48.

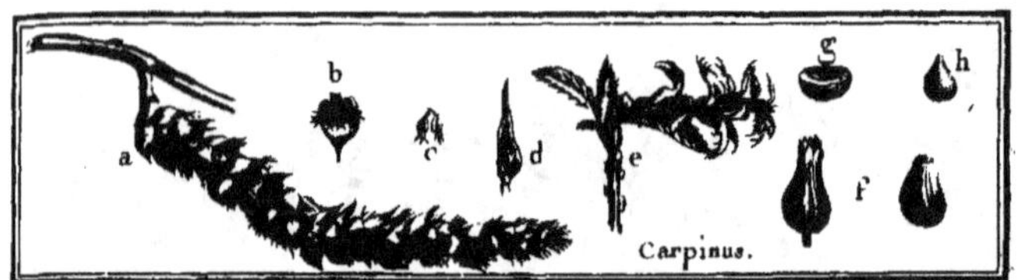

CARPINUS, TOURNEF. & LINN. CHARME.

DESCRIPTION.

LES mêmes pieds de Charme produifent des fleurs mâles (a) & des fleurs femelles (e). Les fleurs mâles font grouppées fur un filet commun en forme de chatons. Ces chatons font formés d'écailles (b), fous lefquelles on découvre des étamines fort courtes (c).

Les fleurs femelles (e) forment d'abord par leur affemblage fur un filet commun, des efpeces d'épis écailleux; fous chaque écaille on apperçoit un piftil (d), formé de deux ftyles qui fe réuniffent par leur bafe à un embryon qui devient une efpece de noyau ovale & anguleux (f), dans lequel eft une amande (h).

Il y a des feuilles qu'on nomme affez improprement féminales, parce qu'elles accompagnent toujours les femences. On peut les voir repréfentées dans la planche. Elles font divifées très-profondément en trois parties.

Les feuilles du Charme font ovales, terminées en pointe, dentelées par les bords, pliffées depuis la nervure du milieu jufqu'aux bords, fuivant la direction des nervures latérales qui font rangées très-régulierement & paralleloment les unes aux autres; l'entre-deux de chaque nervure eft bombé en deffus, & creufé en gouttiere pardeffous. Les feuilles font placées alternativement fur les branches: elles fechent fur l'arbre pendans l'automne, & ne tombent qu'au printemps.

Les boutons qui font aux aiffelles des feuilles font longs & pointus.

ESPECES.

1. *CARPINUS.* Dod. Pempt.
   CHARME commun.

2. *CARPINUS foliis variegatis.* M. C.
   CHARME à feuilles panachées.

3. *CARPINUS Orientalis, folio minori, fructu brevi.* Inft.
   CHARME du Levant, à petites feuilles & à petit fruit.

4. *CARPINUS Virginiana, florefcens.* Pluk. Phyt.
   CHARME de Virginie.

5. *CARPINUS, feu Oftrya ulmo fimilis, fructu racemofo, Lupulo fimili.*
   C. B. P.
   CHARME qui reffemble à l'Orme, & qui a le fruit comme le
   Houblon. En Canada BOIS-DUR.
   Ces deux dernieres efpeces font ou les mêmes, ou des variétés qui
   fe reffemblent beaucoup.

   Nous ne faifons, comme M. Linneus & beaucoup d'autres
Botaniftes, qu'un genre du *Carpinus* & de l'*Oftrya*, qui ne different qu'en ce que les enveloppes des femences de l'*Oftrya* étant
plus renflées, elles ont quelque reffemblance avec le fruit du
Houblon,

CULTURE.

   Les Charmes s'élevent aifément de femences, qui levent
même dans les forêts fous les gros Charmes ; on y arrache
le jeune plant pour former des paliffades, ou pour le cultiver
pendant quatre ou cinq ans en pépiniere, & alors on en
peut former des paliffades qui ont cinq ou fix pieds de hauteur.
   Voici comme il convient de faire ces fortes de pépinieres.
On choifira dans les bois fous les gros Charmes de beaux plans
de charmille ; on les plantera fans les étêter, à un pied ou un
pied & demi les uns des autres dans des rigolles ; on les accol-
lera fur des perches & des baguettes, afin que les tiges des
jeunes Charmes, qui font fouples, fe tiennent bien droites :
on les entretiendra de labour, & on les tondra au croiffant
comme une charmille. Quand les pieds auront fix ou fept
pieds de hauteur, on les arrachera avec foin, ayant grande
attention

attention de ménager les racines ; & on les tranfplantera avec leurs branches latérales dans de grandes rigoles, ayant foin que les branches de côté s'entrelaffent les unes dans les autres ; & pour empêcher que le vent ne les déverfe, on attachera les tiges fur un rang ou deux de perches légeres.

Nous avons exécuté cette pratique en grand ; & ayant foin de bien ménager les racines en arrachant les Charmes dans la pépiniere, & de les planter promptement avec précaution dans de grandes rigoles, nous avons eu des paliffades qui faifoient leur effet dès la premiere année de leur plantation. Il eft bon d'avoir du plan de Charme fort menu pour le planter entre les gros pieds, & bien garnir le bas de la paliffade.

Quand on plante une paliffade de Charme, les Jardiniers ont coutume de couper les brins à quatre doigts de terre ; ils font bien fi le plant eft mal enraciné, s'il n'eft pas nouvellement arraché, & fi la terre où on les met eft fort mauvaife. Mais quand le plant eft bon, on doit s'abftenir de l'étêter ; il faut feulement attacher les tiges fur de petites gaules : car la premiere tige qui tend à s'élever droite, éleve bien plus promptement les paliffades, que les nouvelles pouffes, qui prennent des directions obliques.

Les Charmes viennent bien dans toute forte de terre, pourvu qu'elle ait du fonds. Ils font communs en France, à la Louyfiane & en Canada.

USAGES.

Tout le monde fait que le Charme eft plus propre que tout autre arbre à faire de grandes & belles paliffades, auxquelles on a donné le nom de *Charmilles*.

Toutes les efpeces de Charmes doivent être placées dans les bofquets d'été & dans les bois.

Les deux efpeces, n°. 4 & 5, qui n'en font peut-être qu'une, nous viennent de Canada fous le nom de *Bois-dur*. Cet arbre eft très-beau, & mérite bien d'être multiplié en France ; car les Canadiens eftiment beaucoup fon bois, qui eft plus brun que le nôtre. On en fait des rouets de poulies pour les vaiffeaux.

Le bois des Charmes de nos forêts eft très-dur ; c'eft pourquoi beaucoup d'ouvriers l'employent pour la monture de leurs outils, ou pour des maillets & des maffes ; & il y a peu de bois qui foit meilleur pour le chauffage.

Tome I. R

Tome I. Planche 49.

CASIA, Tournef. *OZIRIS*, Linn.

DESCRIPTION.

IL y a dans ce genre des individus mâles & des individus femelles.

Le calyce des fleurs mâles (*a*) eft d'une piece, divifé par les bords en trois parties qui font creufées en cuilleron : il n'a point de pétales; mais il contient trois petites étamines.

Les fleurs femelles different des mâles en ce qu'au lieu d'étamines, on trouve dans le calyce un piftil qui eft compofé d'un ftyle très-court, furmonté d'un ftigmate arrondi, & porté fur un embryon, qui devient une baie ronde (*b*), terminée par une ombilique triangulaire. On trouve dans l'intérieur de cette baie un noyau arrondi (*c*).

ESPECES.

1. *CASIA poëtica.* Inft.
   Casia à fruit rouge.

2. *CASIA fruƐlu nigro.* Amæn. Ruth. ou *Oziris foliis obtufis.* Linn. Spec. plant.
   Casia à fruit noir.

CULTURE.

Le Cafia n°. 1 vient naturellement en Languedoc; il y eft même tres-commun; mais ces arbriffeaux font fi difficiles à élever dans nos jardins, que nous avons été tentés de n'en point parler, & nous ne nous fommes déterminés à les comprendre dans cet ouvrage que dans l'efpérance qu'on pourra dans la fuite parvenir à trouver la culture qui leur convient.

R ij

U S A G E.

Cet arbuste est très-joli, & il seroit employé utilement pour
la décoration des jardins, si l'on pouvoit trouver le moyen de
le familiariser avec notre climat.

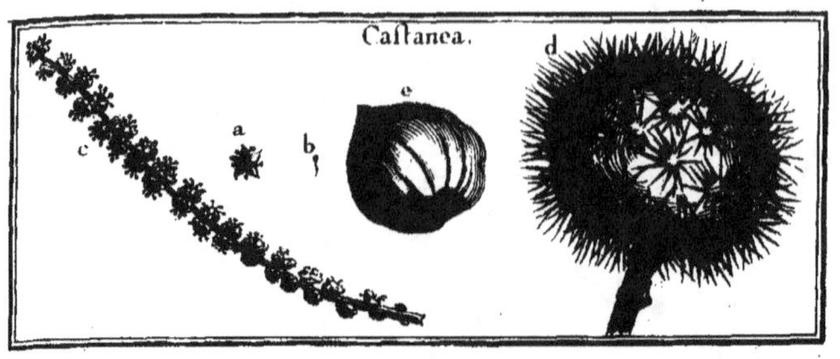

CASTANEA, Tournef. *FAGUS*, Linn.
CHATAIGNIER.

DESCRIPTION.

LES Châtaigniers portent des fleurs mâles & des fleurs femelles fur les mêmes arbres.

On trouve fouvent la fleur femelle à la naiffance des chatons mâles.

Les fleurs mâles font formées d'un calyce d'une feule piece, divifé en cinq parties (*a*), dans lequel font dix étamines (*b*) ou environ ; nombre de ces fleurs font grouppées fur un filet en forme de chatons (*c*).

Les fleurs femelles, qui fortent des mêmes boutons que les mâles, mais qui ne font point partie du chaton, ont un calyce divifé en quatre parties, dans lequel eft un piftil qui fe divife par le haut en trois ftyles. L'embryon qui forme la bafe du piftil, & qui fait partie du calyce, devient un fruit (*d*) ferme & épineux, dans lequel font une ou plufieurs châtaignes ou femences (*e*), formées d'une groffe amande, laquelle eft recouverte par une enveloppe coriacée.

On fait que le Châtaignier eft un grand & bel arbre : fes feuilles font grandes, fermes d'un beau verd, fort luifatnes & pofées alternativement fur les branches, dentelées par les bords, & relevées en deſſous par des nervures aſſez ſaillantes. Les fleurs du Châtaignier répandent une odeur déſagréable.

ESPECES

1. *CASTANEA ſilveſtris, quæ peculiariter* C*ASTANEA.* C. B. Pin. CHATAIGNIER ſauvage ou des bois.

2. *CASTANEA ſativa.* C. B. Pin. CHATAIGNIER cultivé, appellé MARONNIER.

3. *CASTANEA ſativa, foliis eleganter variegatis.* CHATAIGNIER cultivé, à feuilles panachées.

4. *CASTANEA humilis, racemoſa.* C. B. Pin. Petit CHATAIGNIER à grappes.

5. *CASTANEA humilis, Virginiana, racemoſa, fructu parvo in ſingulis capſulis echinatis unico.* BANISTER. Pluk. Alm. CHATAIGNIER de Virginie, qui n'a qu'un fruit renfermé dans chaque capſule, ou le CHINCAPIN des Anglois.

CULTURE.

Comme on éleve le Châtaignier de ſemences, les eſpeces ou plutôt les variétés ſe font beaucoup multipliées; & il ſeroit aiſé d'en faire une liſte très-étendue; mais nous avons cru qu'il ſuffiroit de rapporter les plus frappantes.

On nous a apporté de Canada un Châtaignier nain à petit fruit, qui n'eſt point le Chincapin. C'eſt peut-être le n°. 4.

Juſqu'à préſent les Chincapins qu'on a eſſayé d'élever en France, n'ont fait que languir: ils viennent auſſi fort mal en Angleterre.

Les Châtaigniers ſe plaiſent dans les terres ſablonneuſes qui ont beaucoup de fonds; ils languiſſent dans celles qui ont le tuf à deux ou trois pieds de profondeur.

Si l'on veut faire des pépinieres de Châtaigniers, on fera bien de faire germer les fruits dans le ſable, pour ne les mettre en terre qu'au printemps, après avoir rompu le germe ou la radicule; ſans cette précaution les mulots en détruiroient beaucoup pendant l'hyver, & les arbres qui poufferoient un long pivot, reprendroient difficilement.

On greffe les bonnes efpeces de Châtaignes qu'on nomme *Marons*, fur les fujets qu'on a élevés de femences; & la greffe en fifflet eft celle qui réuffit le mieux.

Les bonnes efpeces de marons viennent de Dauphiné, de Suze; on en trouve auffi en Languedoc, en Provence; & l'on affure que le Châtaignier croît naturellement à la Louyfiane dans les terreins éloignés de cent lieues de la mer.

USAGES.

Quand on eft dans un terrein qui plaît au Châtaignier, on fera bien d'en planter dans les bofquets d'été & d'automne, & d'en former des maffifs & des avenues, quoiqu'il ait le défaut d'étendre fes branches, & de les laiffer pendre fort bas.

Son bois eft excellent pour les ouvrages de charpente qui ne font point expofés à l'eau. On m'a affuré qu'à Bordeaux on faifoit des armoires, des commodes & d'autres ouvrages de menuiferie très-beaux, avec le bois de Châtaignier. Lorfque les Châtaigniers font à la groffeur de taillis, on en fait de bons cerceaux pour les barils.

Dans quelques Provinces le fruit du Châtaignier nourrit une partie de l'année les hommes, & plufieurs efpeces d'animaux.

Dans le Limofin, le Périgord, &c. pour conferver les châtaignes, on les fait deffécher ainfi : on les pele, on les étend à une certaine épaiffeur fur des claies, & on fait du feu deffous : fi l'on ne les boucanoit pas de cette maniere, elles germeroient, ou elles fe moifiroient. Pour manger les châtaignes ainfi defféchées, on les fait revenir à petit feu; on les fait cuire; on les affaifonne avec un peu de fel; & l'on en fait une bouillie, qu'on nomme la *Châtigna*.

On fait qu'on mange les marons bouillis avec l'eau & le fel, ou rotis fous la cendre, ou grillés dans une poële : on en fait auffi des compottes & des confitures feches; on les nomme alors *Marons glacés*.

On employe la farine des châtaignes pour arrêter les diarrhées. On en fait auffi de très-bonne bouillie.

Il n'y a aucune différence caractéristique entre les châtaignes & les marons : le goût seul en décide ; deforte qu'on nomme *marons* une châtaigne qui a la chair ferme & fucrée, & entre le meilleur maron & la châtaigne la plus mole & la plus infipide, on trouve une infinité de nuances.

Le Chincapin, n°. 5, qu'on nous envoye de la Louyfiane, eft un vrai Châtaignier : fes fruits, qui reffemblent à de petits glands de chêne verd, font renfermés un à un dans une capfule très-épineufe qui s'ouvre en deux. Ses feuilles font affez femblables à celles du Châtaignier, mais communément moins dentelées.

On nous a envoyé de Canada une petite châtaigne qui n'eft point le Chincapin, mais qui, à ce qu'on affure, refte nain.

CEANOTHUS,

Tome I. Pl. 50.

CEANOTHUS, Linn.

DESCRIPTION.

LE calyce de la fleur (*a* & *b*) du Ceanothus eſt d'une ſeule piece; il a la figure d'une poire, & il eſt diviſé en cinq parties qui ſe terminent en pointe.

Cinq pétales (*c*) égaux & arrondis, s'attachent aux pointes du calyce par une baſe étroite; ils s'élargiſſent enſuite, & font creuſés en cuilleron.

Cinq étamines de la longueur des pétales prennent leur origine des parois du calyce au-deſſus des pétales, & elles portent des ſommets arrondis.

Le piſtil eſt formé d'un embryon triangulaire, qui eſt ſurmonté d'un ſtyle, lequel ſe diviſe en trois parties couronnées de ſtigmates obtus.

L'embryon devient une baie ſeche (*d*), ou plutôt une capſule à trois loges, dans chacune deſquelles (*f*) on trouve une ſemence preſque ovale (*g*).

Ce fruit eſt accompagné & en partie enveloppé d'une eſpece de calyce (*e*).

Les parties de la fructification de cet arbriſſeau reſſemblent beaucoup à celles du *Paliuus* ; mais il eſt aiſé à diſtinguer par la forme de ſes pétales, & par la diſpoſition de ſes fleurs, qui viennent par bouquets & qui ſont blanches.

Le Ceanothus forme un petit arbriſſeau, qui ne s'éleve qu'à deux ou trois pieds de hauteur. Ses feuilles ſont poſées alternativement ſur les branches, & elles ſont ovales, terminées en pointe, relevées en deſſous par trois nervures principales qui partent du pédicule : elles ſont aſſez grandes. L'écorce des branches eſt rougeâtre.

Tome I.   S

ESPECE.

CEANOTHUS. Linn. Act. Upf. ou *CELASTRUS inermis, foliis ovatis, ferratis, trinervis, racemis ex fummis alis longiffimis.* Hort. Cliff. *Evonimus jujubinis foliis Carolinienfis, fruttu parvo ferè umbellato.* Pluk. Alm.
CEANOTHUS de Virginie à petit fruit.

CULTURE.

Cet arbriffeau vient en Canada le long des chemins; & il n'eft probablement borné à la hauteur de deux ou trois pieds, que parce qu'il y eft mangé par les beftiaux.

USAGES.

Le Ceanothus eft fort joli quand il eft en fleur. Les Canadiens difent que fa racine eft bonne contre les maladies vénériennes.

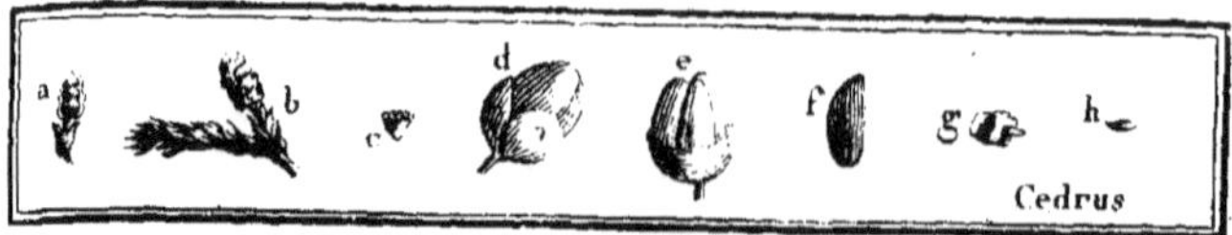

Cedrus

CEDRUS, Tournef. *JUNIPERUS*, Linn.
CEDRE.

DESCRIPTION.

LE même pied produit des fleurs mâles & des fleurs femelles. Les fleurs mâles forment un petit cône écailleux
(*a* & *b*). On trouve fous fes écailles les étamines (*c*) qui fe
divifent en trois par le haut.

Les parties qui compofent les fleurs femelles font un calyce qui fe divife en trois, trois pétales, & un piftil, divifé
en trois filets qui fe réuniffent par le bas à un embryon qui
devient une baie charnue (*de*) : dans cette baie l'on trouve
trois offelets (*f*) ou noyaux qui renferment des femences (*g h*)
oblongues.

Je crois qu'il fe trouve quelques arbres qui ne portent que
des fleurs mâles.

Les feuilles de la plupart des Cedres font petites, étroites
& pointues, articulées les unes avec les autres comme celles
du Cyprès.

M. Linneus a très-bien fait de confidérer comme un même
genre le Cedre & le Genevrier, les parties de leur fructification étant très-femblables, & leurs feuilles fort difficiles à
diftinguer; car il y a des Cedres dont les feuilles font femblables à celles du Genevrier, & d'autres dont les feuilles reffemblent à celles du Cyprès : c'eft pourquoi la diftinction de
M. de Tournefort eft incertaine; & cet Auteur ayant dans fes
Corollaires confondu les Sabines avec les Cedres, on peut
fans inconvénient réunir les trois genres, fur-tout les Cedres
& les Genevriers.

S ij

E S P E C E S.

1. *CEDRUS folio cupreſſi major, fruĉlu flaveſcente.* C. B. Pin.
Grand C E D R E à feuille de Cyprès, & à fruit jaune.

2. *CEDRUS folio cupreſſi media, majoribus baccis.* C. B. Pin.
C E D R E de moyenne grandeur à feuilles de Cyprès, & à gros fruit.

3. *CEDRUS Hiſpanica, procerior, fruĉlu maximo nigro.* Inſt.
Grand C E D R E d'Eſpagne à gros fruit noir.

4. *CEDRUS Orientalis, fœtidiſſima, arbor excelſa, ſeu SABINA Orientalis, fruĉlu parvo nigro.* Cor. Inſt.
C E D R E ou S A B I N E du Levant qui fait un grand arbre de mauvaiſe odeur, & dont le fruit eſt petit & noir.

5. *CEDRUS Orientalis, fœtidiſſima, arbor excelſa, ſeu SABINA Orientalis, foliis aculeatis.* Cor. Inſt.
C E D R E ou S A B I N E du Levant, qui fait un grand arbre de mauvaiſe odeur, & dont les feuilles ſont piquantes.

C E D R E du Liban. Voyez *L A R Y X :* & pour les autres eſpeces de M. Linneus, voyez *J U N I P E R U S.*

C U L T U R E.

Tous les Cedres s'élevent de ſemences ; il faut les ſemer dans des terrines ſur couches, & les défendre de l'ardeur du ſoleil.

Ils ſe plaiſent dans les bons terreins ; néanmoins j'en ai vu en Provence ſur des montagnes où il n'y avoit preſque que de la pierre.

U S A G E S.

Tous les Cedres conſervent leurs feuilles pendant l'hyver ; ainſi ils doivent être mis dans le boſquet de cette ſaiſon.

Le bois des Cedres eſt léger, & d'une odeur très-agréable : on en fait quantité de petits ouvrages d'ébéniſterie. Ce bois a de plus le grand avantage d'être preſque incorruptible. J'ai vu une enceinte d'une prairie faite avec du Cedre de Canada, qui ſubſiſtoit depuis long-temps ; elle n'auroit aſſurément pas duré trois ans, ſi on l'eût faite avec du Chêne de pareille groſſeur.

En fendant les gros troncs de Cedre on trouve dans certains endroits fous l'écorce, qu'il s'y eft ramaffé une réfine que l'on nomme *vernis*, & qui reffemble fort au Sandarac.

On prétend que l'huile de Cade qui eft recommandée pour les dartres & la galle, eft l'huile noire & empireumatique qu'on retire en diftillant le bois de Cedre à la cornue.

CELTIS, Tournef. & Linn. MICOCOULIER ou MICACOULIER.

DESCRIPTION.

LES Micocouliers portent des fleurs mâles (*a b*) & des fleurs hermaphrodites; celles-ci (*d*) ont un calyce divisé en cinq, dans lequel on ne trouve point de pétales, mais cinq étamines fort courtes, & deux piftils (*e*), recourbés en différents fens, qui donnent naiffance à une baie (*f*) un peu charnue, dans laquelle on trouve un noyau (*g h*).

Les fleurs mâles ont le calyce divifé en fix, les étamines (*c*) femblables à celles des autres fleurs, mais point de piftil.

Les feuilles font d'un verd jaunâtre & terne, rudes au toucher pardeffus, douces pardeffous, longues, dentelées par les bords, terminées en pointe, & pofées alternativement fur les branches; le deffous eft relevé d'arrêtes affez faillantes, & le deffus creufé de profondes goutieres : affez fouvent elles font panachées de jaune.

ESPECES.

1. *CELTIS fructu nigricante.* Inft.
   MICOCOULIER à fruit noirâtre. En Provence FABRECOULIER ou FALABRIQUIER.

2. *CELTIS fructu obfcurè purpurafcente.* Inft.
   MICOCOULIER à fruit noir.

3. *CELTIS Orientalis minor, foliis minoribus & craffioribus, fructu flavo.* C. Inft.
   MICOCOULIER du Levant à petites feuilles épaiffes, dont le fruit eft jaune.

L'efpece du n°. 1, a les feuilles longues & le fruit noir : celle du n°. 2, a les feuilles moins grandes, & fouvent profondément découpées en quelques endroits; fes fruits d'un rouge brun : celle du n°. 3, a les feuilles beaucoup plus courtes, & le fruit jaune.

CULTURE.

Le Micocoulier eft un arbre de Provence, de Languedoc, d'Italie, d'Efpagne; néanmoins il fupporte affez bien nos hyvers.

Dans les terreins gras & humides, il devient prefque auffi grand qu'un Orme, & on en peut faire des avenues.

On le multiplie aifément de femences.

USAGES.

Son fruit eft comme une petite cerife, couverte d'une chair feche, dont néanmoins les oifeaux font très-friands; c'eft pourquoi on peut mettre cet arbre dans les remifes.

Comme il produit beaucoup de branches, & qu'il fouffre le cifeau & le croiffant, on peut en former des paliffades dans les bofquets d'été & d'automne.

Son bois eft liant, il plie beaucoup fans fe rompre; c'eft pour cela qu'on l'eftime pour en faire des brancards de chaife : on en fait encore des cercles de cuve qui font de très-longue durée,

On dit que fon fruit eft bon pour arrêter le cours de ventre.

CEPHALANTUS,

Tome I. Pl. 53.

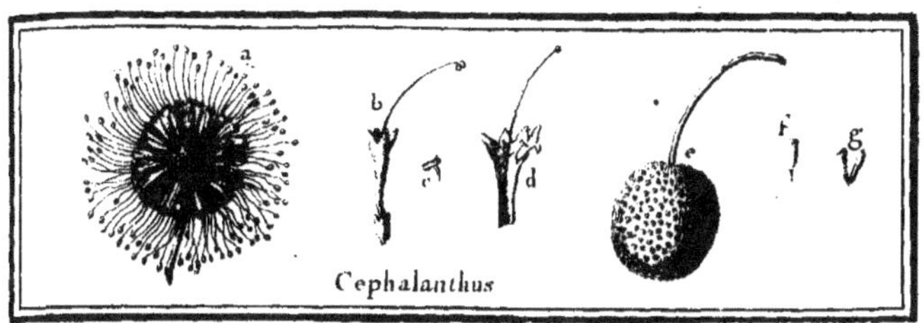

Cephalanthus

CEPHALANTUS, Linn.

DESCRIPTION.

LES fleurs qui font raffemblées en bouquet fous la forme d'une tête fphérique (*a*), ont un calyce commun; & chaque fleur (*b*) a un calyce particulier qui eft divifé en quatre parties.

Le pétale eft unique, & forme un tuyau étroit, dont les bords font divifés en quatre. Il renferme & foutient quatre étamines (*c*) fort courtes; elles prennent leur naiffance du milieu du tuyau, & elles ne l'excedent pas (*d*). Le piftil eft unique, & formé d'un ftyle fort long qui excede beaucoup le pétale, & d'un embryon qui devient une capfule oblongue, laquelle renferme une ou deux femences auffi oblongues. Un grand nombre de fes capfules (*fg*) font raffemblées autour d'un axe commun, & forment une tête fphérique relevée de fort petites éminences (*e*).

Les feuilles de cet arbriffeau font entieres, oppofées, point dentelées : en général il eft fort joli.

ESPECE.

CEPHALANTUS. Linn. Gen.
PLATANOCEPHALUS. Vail.

Tome I.　　　　　　　　　　　　　　T

CULTURE.

La délicateſſe de cet arbriſſeau, qui craint le froid de nos forts hyvers, oblige de le renfermer dans les orangeries, ou de le mettre en eſpalier, & de le couvrir avec ſoin.

On peut l'élever de ſemences qu'on nous envoye de la Louyſiane, ou le multiplier par des marcottes.

USAGES.

Il n'eſt pas d'un grand ſecours pour la décoration des parcs, à moins qu'on ne fût placé dans quelques provinces maritimes, où alors il pourroit paſſer l'hyver en pleine terre.

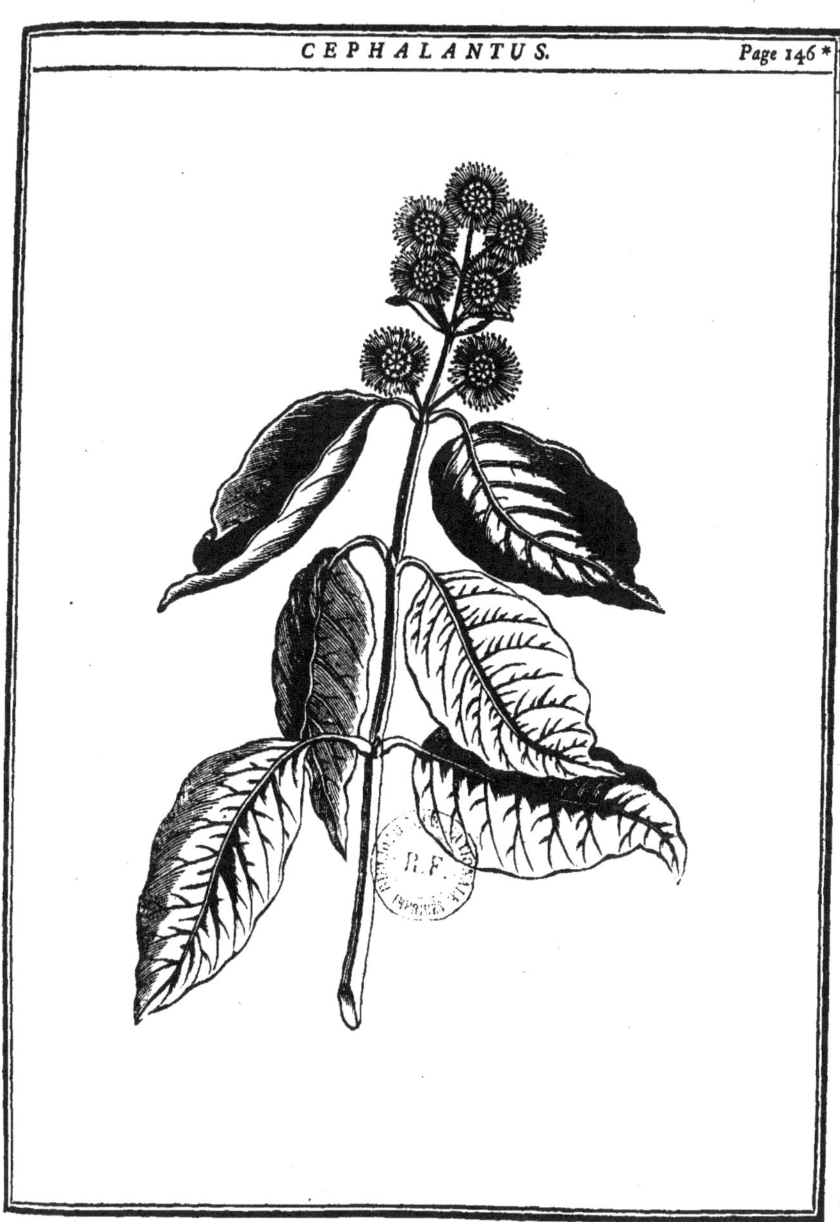

CERASUS, TOURNEF. & LINN. *Gen. Plant.*
PRUNUS, LINN. *Spec. Plant.* CERISIER.
en Provençal PICHOT.

DESCRIPTION.

LA fleur des Cerisiers (*a*) est composée d'un calyce cam-paniforme divisé en cinq parties qui soutiennent cinq pétales disposés en rose, & environ trente étamines (*c*). Du fond du calyce s'éleve un pistil (*b*), composé d'un style & d'un embryon qui devient un fruit succulent (*d h*), dans lequel se trouve un noyau (*e*), qui contient une amande (*fg*) qui se divise en deux lobes.

M. Linneus a distingué les Padus des Cerisiers dans ses *Gen. Plant.* mais dans ses *Spec. Plant.* il a réuni les Cerisiers & les Padus aux Pruniers. Comme nous n'appercevons d'autre diffé-rence bien sensible entre les Cerisiers & les Padus, sinon que le calyce des Cerisiers tombe quand le fruit grossit, & que celui des Padus se desseche sans tomber, nous n'avons pas cru devoir séparer ces deux genres.

Pour ne point troubler les idées généralement reçues, nous continuerons de distinguer, avec tous les Botanistes, les Cerisiers d'avec les Pruniers, d'autant que la forme du fruit, & sur-tout celle des noyaux, sont suffisantes pour qu'il n'y ait point de confusion entre ces deux genres qui, quelque méthode qu'on suive, doivent être dans la même classe, & très-voisins l'un de l'autre.

Les feuilles de presque tous les Cerisiers sont dentelées par les bords, & elles ont deux glandes ou petites bosses rougeâtres sur la queue. Leur grandeur & leur port varie dans les différentes especes. Les feuilles sont toujours posées alternativement sur les branches.

E S P E C E S.

1. *CERASUS major ac silvestris, fructu subdulci nigro colore inficiente.* C. B. Pin.
   Grand CERISIER des bois à fruit doux & noir : MERISIER à fruit noir.

2. *CERASUS major ac silvestris, multiplici flore.* H. R. Par.
   Grand CERISIER des bois à fleur double : MERISIER à fleur double.

3. *CERASUS racemosa, silvestris, fructu non eduli.* C. B. Pin.
   CERISIER à grappes, dont le fruit n'est pas mangeable : BOIS DE SAINTE-LUCIE, ou PADUS.

4. *CERASUS racemosa, silvestris, fructu non eduli rubro.* H. R. Par.
   CERISIER des bois à grappe, à fruit rouge, qui n'est pas mangeable : BOIS DE SAINTE-LUCIE à fruit rouge : PADUS.

5. *CERASUS silvestris, fructu nigricante in racemis longis, pendulis, Phitolaca instar congestis.* Gron. Fl. Virg.
   CERISIER de Virginie, dont le fruit vient en grandes grappes noires : PADUS.

6. *CERASUS silvestris amara, MAHALEB putata.* J. B.
   CERISIER des bois à fruit amer : MAHALEB.

7. *CERASUS silvestris Alpina, folio rotundiori.* Inst.
   CERISIER sauvage des Alpes, à feuilles rondes.

8. *CERASUS silvestris Septentrionalis Anglica, fructu rubro, parvo, serotino.* Raii.
   CERISIER d'Angleterre à fruit rouge, petit & tardif.

9. *CERASUS sativa, fructu rotundo, rubro & acido.* Inst.
   CERISIER à fruit rond, rouge & acide.

10. *CERASUS hortensis, flore roseo.* C. B. Pin.
    CERISIER cultivé à fleur semi-double.

11. *CERASUS hortenfis, flore pleno.* C. B. Pin.
C E R I S I E R cultivé à fleur double.

12. *CERASUS hortenfis, foliis eleganter variegatis.* M. C.
C E R I S I E R cultivé à feuilles panachées.

13. *CERASUS minor fativa, fructu minimo rotundo præcoci.*
C E R I S I E R nain précoce.

14. *CERASUS racemofa hortenfis.* C. B. Pin.
C E R I S I E R à trochets cultivé.

15. *CERASUS fructu aquofo.* Inft.
C E R I S I E R à fruit tendre : G U I G N I E R.

16. *CERASUS major, fructu magno, cordato.* Raii hift.
Grand C E R I S I E R à fruit en cœur : le B I G A R R E A U T I E R.

17. *CERASUS pumila, Canadenfis, oblongo angufto folio, fructu parvo.*
C E R I S I E R nain à feuilles de Saule. R A G O U M I N E R, ou N E G A,
ou M I N E L de Canada.

Nous fupprimons plufieurs autres efpeces de Merifiers,
Cerifiers, Bigarreautiers, ou Guigniers que l'on trouve dans les
catalogues d'arbres fruitiers. Nous en cultivons une trentaine
bien diftinctes.

CULTURE.

On peut élever les Cerifiers des noyaux qu'on feme comme
les amandes. Il leve beaucoup de Merifiers dans les bois.

Plufieurs efpeces de Cerifiers pouffent de leurs racines quantité de rejets ; les Padus fur-tout & les Ragouminers tracent
beaucoup. Pour multiplier les efpeces rares, on les greffe fur les
Merifiers des bois.

Le Mahaleb, n°. 6, fe multiplie aifément par les marcottes.

En général tous les arbres élevés de femences tracent moins
que ceux qui originairement viennent de rejets ou de drageons
enracinés.

Prefque toutes les efpeces de Cerifiers font fujettes à une
maladie qui fait périr des branches entieres, & quelquefois
tout l'arbre : c'eft un épanchement du fuc propre, ou de la
gomme, dans le tiffu cellulaire & les vaiffeaux limphatiques :
fi cet épanchement a fait peu de progrès, on peut fauver la

branche en entamant l'endroit affecté, & le couvrant de cire & de térébenthine ; mais fi la maladie s'eft trop étendue dans la branche, le plus fur eft de la couper. Les Cerifiers plantés dans une terre fort fubftancieufe, m'ont paru plus fujets que les autres à cette maladie.

USAGES.

Le Cerifier, n°. 1, qui leve dans les forêts, fans qu'il foit befoin de le femer, eft un fort bel arbre. Ses branches fe foutiennent bien, & fes feuilles qui font grandes & d'un beau verd, reftent fur l'arbre jufqu'aux gelées ; ainfi on peut le placer dans le bofquet d'automne. Il a encore l'avantage de fubfifter dans les plus mauvaifes terres : nous en avons formé des taillis & même des avenues dans des terreins où les autres arbres périffoient. On dit que cet arbre fe trouve auffi dans les bois du Miffiffipi.

Les efpeces, n°. 2 & 11, produifent outre cela des fleurs auffi grandes que les femi-doubles : elles forment dans le mois de Mai des guirlandes d'une beauté admirable ; ainfi on doit les mettre dans les bofquets du printemps. On les multiplie en les greffant fur le Cerifier n°. 1.

L'efpece du n°. 10, a ordinairement deux piftils, & donne fouvent des fruits doubles. Sa fleur femi-double eft fort belle.

Nous avons un Cerifier qui a dans le difque de fa fleur fept & huit piftils, & qui porte au bout d'une même queue trois & jufqu'à huit cerifes bonnes à manger.

Les n°. 2 & 11, ne donnent point de fruit.

Nous cultivons une efpece de Cerifier bien finguliere : il fort de chaque bouton une branche, qui, à mefure qu'elle s'allonge, fournit des fleurs & des feuilles ; de forte qu'il y a fur ces branches des fruits mûrs, des fruits verds & des fleurs : on voit encore fur ces arbres des fruits bons à manger à la fin de Septembre. Je crois que c'eft l'efpece n°. 14.

Les Padus, n°. 3, 4 & 5, qui produifent dans le même temps de belles grappes de fleurs, doivent auffi fervir à la décoration des bofquets printaniers : ils fe multiplient de femences, & de rejets que fourniffent les racines.

Nous avons fait avec le Mahaleb des paliffades qui font fort agréables par le mélange des fleurs & des feuilles qui paroiffent en même temps; mais il eft plus printanier que les efpeces précédentes, il fleurit au commencement du mois de Mai. On le multiplie aifément de marcottes.

Le Ragouminer, n°. 17, eft un fort petit arbufte qu'on peut mettre dans les plate-bandes du bofquet printanier, & furtout dans les remifes, où fon fruit, quoiqu'un peu acre, attirera les oifeaux : pour cette raifon toutes les efpeces de Cerifiers font propres à garnir les remifes.

On fait que le bois du Merifier eft recherché par les Tourneurs; & le Padus, ainfi que le Mahaleb, par les Ebéniftes, à caufe de leur odeur qui eft agréable : ils font connus fous le nom de *Bois de Sainte-Lucie*.

Le bois des Bigarreautiers & des Guigniers reffemble à celui des Merifiers : le bois du Cerifier eft un peu rouge & moins dur.

On fait avec les jeunes Merifiers d'excellents cercles pour les petits barrils.

Les Cerifes paffent pour être très-faines : il découle des Cerifiers une gomme qui eft adouciffante & incraffante, comme celle qu'on appelle Gomme Arabique.

Quoique nous ne nous propofions pas de traiter en détail ce qui regarde les Cerifiers dont on mange les fruits, nous ne pouvons nous difpenfer de dire en général qu'on peut divifer les Cerifiers en deux claffes, dont l'une comprend les efpeces qui portent des fruits ronds & acides; telles font le Cerifier nain précoce, le Cerifier ordinaire, le Gobet, la Cerife de Montmorenci, &c. leurs feuilles font fermes, de moyenne grandeur, & fe tiennent droites. L'autre claffe comprend les Merifiers dont le fruit eft petit; les Guigniers dont le fruit eft tendre, & les Bigarreautiers qui ont le fruit ferme & de bon goût : toutes les efpeces de cette claffe ont le fruit en forme de cœur, & d'une faveur douce ; leurs feuilles font grandes & pendantes, & leurs branches fe foutiennent beaucoup mieux que celles des Cerifiers à fruit rond, qui en général font des arbres moins grands. Il y a outre cela des efpeces mitoyennes, telles que le Duc-cheri des Anglois & notre Griotte, dont les feuilles font plus grandes que celles

de nos Cerisiers , & plus étoffées que celles des Cerisiers
de la seconde classe : leur fruit est plus tendre que le Bigarreau,
presque rond comme la Cerise, mais moins aigre & plus ferme.

On fait avec les Cerises acides ou à fruit rond une liqueur
fort agréable qu'on nomme Vin de cerise. Pour la faire on
choisit des cerises bien mûres , & préférablement celles dont
le suc est noir; on les écrase, & après avoir retiré les noyaux,
on met le marc & le jus fermenter comme le vin. Lorsqu'on
sent que le tout a pris une odeur vineuse, on exprime le jus
à la presse , & on le verse dans une cruche ou dans un petit
barril, en ajoutant une livre & demi-quarteron de sucre pour
chaque pinte de jus, avec les noyaux qu'on a eu soin de
concasser. La fermentation recommence , & quand elle est
cessée, on soutire à clair cette liqueur, ou bien on la passe à la
chausse pour la conserver dans des bouteilles bien bouchées.
Il est singulier que le suc des Cerises prenne au moyen du
sucre, autant de force que de bon vin, & fasse une liqueur
agréable à boire, & qui peut se conserver pendant plusieurs années.

CHAMÆCERASUS,

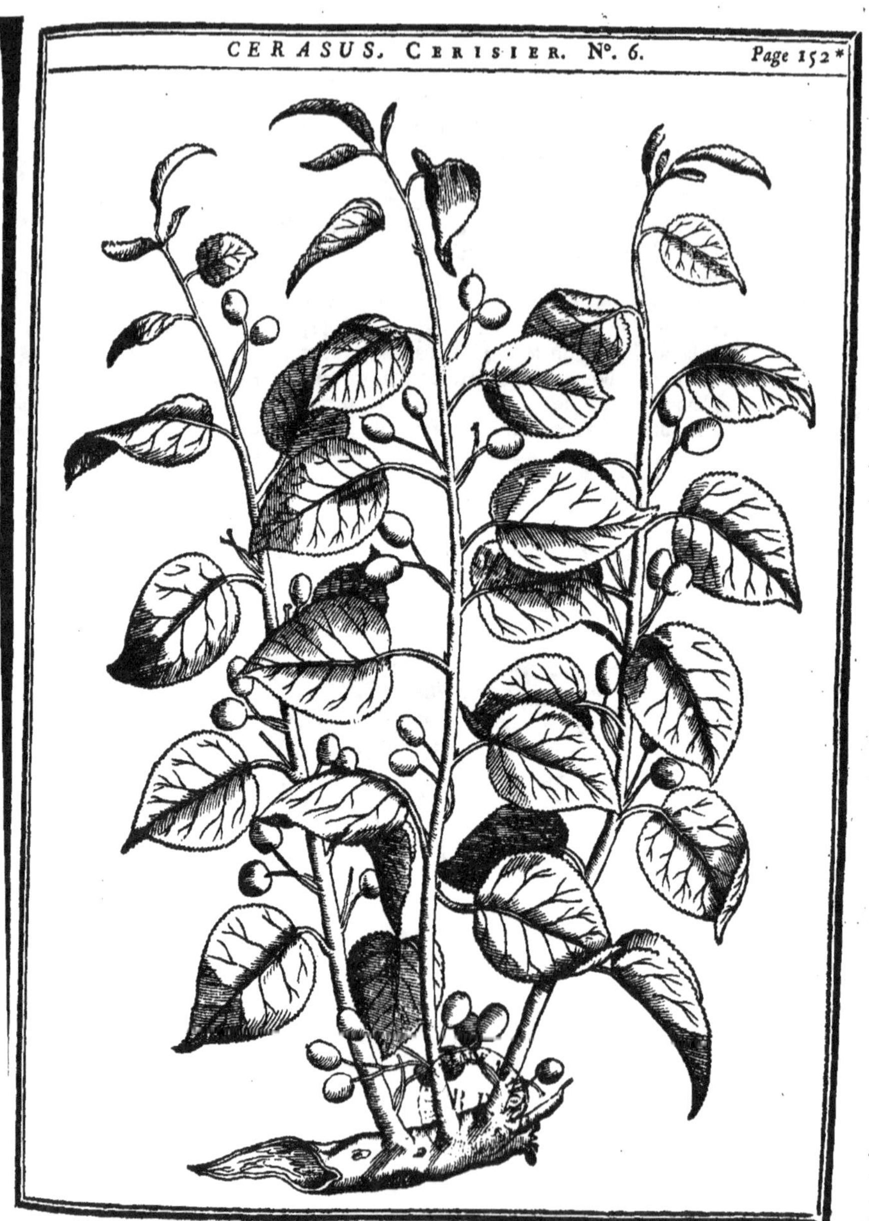

Tome I. Pl. 55.

Tome I. Pl. 56.

Tome I. Pl. 58.

CHAMÆCERASUS, TOURNEF.
LONICERA, LINN.

DESCRIPTION.

LES fleurs (*a*) de cet arbufte font formées d'un feul pétale figuré en tuyau découpé en cinq par les bords, mais inégalement. Le tuyau eft fupporté par un calyce (*d*), qui eft auffi divifé en cinq parties : il fubfifte jufqu'à la maturité du fruit. On trouve dans l'intérieur de la fleur (*c*) cinq étamines, & un piftil (*b*) compofé d'un ftyle & d'un embryon qui devient une baie (*e*) terminée par une ombilique, dans laquelle on trouve plufieurs femences (*f*) arrondies d'un côté, & applaties du côté où elles fe touchent.

Ordinairement les fleurs & les baies font pofées deux à deux fur les branches.

Les feuilles des Chamæcerafus font entieres, ovales, oppofées deux à deux fur les branches, & attachées à des queues affez longues. Celles de l'efpece n°. 1, font chargées d'un duvet très-fin qui les rend comme veloutées.

Les boutons qui font aux aiffelles des feuilles font très-pointus, & font prefque un angle droit avec les branches.

Ces arbuftes reffemblent beaucoup par les parties de la fructification aux plantes que M. Linneus a appellées *Lonicera*. Voyez ce que nous en avons dit au *CAPRIFOLIUM*.

ESPECES.

1. *CHAMÆCERASUS dumetorum, fructu gemino rubro.* C. B. P.
CHAMÆCERASUS des haies, à fruit rouge & jumeau.

2. *CHAMÆCERASUS Alpina, fructu gemino rubro, duobus punctis notato.* C. B. P.
Chamæcerasus des Alpes, à fruit rouge & jumeau, marqué de deux points noirs.

3. *CHAMÆCERASUS Alpina, fructu nigro gemino.* C. B. P.
Chamæcerasus des Alpes, à fruit noir & jumeau.

4. *CHAMÆCERASUS montana, fructu singulari cœruleo.* C. B. P.
Chamæcerasus de montagne, à fruit bleu & unique.

CULTURE.

Les Chamæcerasus viennent naturellement dans les bois sous les grands arbres. On peut les multiplier par les semences, & en faisant des marcottes qui poussent aisément des racines. Ils souffrent d'être taillés au ciseau ; ainsi ils peuvent servir à la décoration des parterres, sur-tout le n°. 1 qui porte des fleurs blanches.

USAGES.

Ces petits arbustes se chargent au printemps de fleurs assez jolies ; mais ils sont beaucoup plus agréables l'été quand ils sont garnis de fruits, les uns rouges, les autres violets ; ainsi ils peuvent servir également à la décoration des bosquets du printemps ou de l'été.

Le n°. 2, qui nous vient de Canada, a les feuilles d'un beau verd ; elles sont longues, augmentent de largeur vers l'extrémité, se terminent en pointe, & ne sont point dentelées ; les nervures du dessous sont assez relevées. C'est un arbuste très-joli quand il est en fleur & en fruit : ses fleurs sont d'un beau rouge.

Comme les oiseaux se nourrissent des baies des Chamæcerasus, on peut mettre dans les remises l'espece n°. 1 qui est fort commune.

Les fruits passent pour purgatifs, & même on prétend qu'ils excitent le vomissement ; on ne les emploie pas en Médecine. Il est bon d'en être prévenu, pour empêcher les enfans d'en manger.

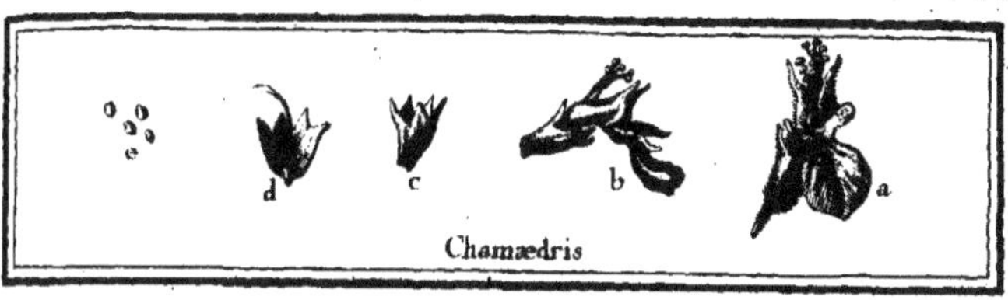

Chamædris

CHAMÆDRIS, Tournef. TEUCRIUM, Linn.
PETIT-CHENE. En Provence CALAMENDRIER.

M. Linneus n'a fait qu'un genre du *Chamædris* & du *Teucrium :* nous le ferons auffi , pour les raifons qui feront rapportées au mot *Teucrium ;* ainfi nous nous contenterons de faire remarquer ici que le calyce (*c*), qui ne tombe point , eft divifé en cinq parties prefque égales jufqu'à la moitié de fa longueur.

Le pétale (*a b*) eft unique, figuré en gueule, formé par un tuyau un peu recourbé : la levre fupérieure eft divifée en deux dans toute fa longueur, & les deux divifions font écartées l'une de l'autre : la levre inférieure eft ouverte, divifée en trois ; les découpures latérales font longues, étroites, & affez femblables aux divifions de la levre fupérieure, l'échancrure du milieu eft grande, ouverte, & creufée en cuilleron.

On trouve dans l'intérieur quatre étamines recourbées en forme d'alêne, terminées par de petits fommets : comme elles font longues, elles paroiffent entre les divifions de la levre fupérieure. Le piftil (*d*) eft formé d'un ftyle menu qui accompagne les étamines, & d'un embryon divifé en quatre. L'embryon fe change en quatre femences (*e*) qui ont le calyce pour enveloppe.

V ij

CHAMÆLEA, TOURNEF. CNEORUM, LINN.

DESCRIPTION.

LA fleur (*a*, *b*) du Chamælea eft compofée d'un calyce divifé en trois par les bords, de trois pétales (*c*), ou d'un feul divifé en trois parties très-profondément, de trois étamines, & d'un piftil (*d*), dont l'extrêmité eft divifée en trois parties qui forment autant de ftyles. L'embryon qui eft à la bafe du piftil devient un fruit (*e*) qui eft compofé de trois capfules (*f*), dans chacune defquelles fe trouve un noyau (*g*, *i*), couvert d'une peau (*h*); il renferme des femences oblongues. On apperçoit entre les capfules un filet qui eft le piftil defféché.

Ses feuilles font longuettes, épaiffes, fermes, d'un verd foncé en deffus, un peu blanchâtres en deffous, arrondies par le bout, & pofées alternativement fur les branches, auxquelles elles font attachées prefque fans queues : elles ne tombent point pendant l'hyver.

ESPECE.

CHAMÆLEA *tricoccos*. C. B. P.
CHAMÆLEA dont le fruit eft compofé de trois capfules.

CULTURE.

Cet arbufte fe multiplie de femences. Il eft bon de le couvrir l'hyver avec de la litiere; car il craint les fortes gelées.

USAGES.

Le Chamælea conferve pendant l'hyver fes feuilles, qui font d'un beau verd : ainfi il fera très-bien dans les bofquets de cette faifon; mais il faut, comme nous l'avons dit, le défendre des fortes gelées.

Les Anciens employoient fes feuilles comme un puiffant purgatif; mais maintenant on ne s'en fert plus que pour déterger les ulceres.

CHAMÆRHODODENDROS, Tournef.
RHODODENDRON, Linn.

DESCRIPTION.

LE calyce des fleurs (*a*) eſt fort petit, diviſé en cinq ſegments ovales terminés en pointe : il eſt ordinairement coloré en dedans, & il ſubſiſte juſqu'à la maturité du fruit.

Cette fleur n'a qu'un pétale figuré en tuyau (*b*), qui s'évaſe en forme de ſoucouppe, & cet évaſement eſt découpé en cinq.

Aux eſpeces que M. Linneus a nommées *Kalmia*, on apperçoit ſous les découpures dont nous venons de parler, dix petites éminences ou ſortes de mammelons, qui ſont formés par des cavités qui ſe trouvent à la face ſupérieure du pavillon.

Souvent les ſommets des étamines reſtent engagés dans les cavités, & alors les filets qui les ſupportent font des eſpeces d'anſes.

On trouve ſouvent dans l'intérieur du tuyau dix étamines; mais les *Azalea Linn.* n'en ont que cinq : elles ſont plus ou moins longues ſuivant les eſpeces.

Au milieu eſt un piſtil (*c*), compoſé d'un ſtyle cylindrique, & d'un embryon qui devient une capſule pentagonale (*d*), diviſée en cinq loges (*e*) qui s'ouvrent par la pointe (*f*, *g*, *h*); elles contiennent des ſemences (*i*) aſſez fines. Les *Kalmia Linn.* ont les fruits fort courts & petits; les *Azalea* les ont fort longs.

Les feuilles des Chamærhododendros ſont allongées & de différentes formes, ſuivant les eſpeces : elles ſont poſées deux à deux, & quelquefois trois à trois fur les tiges, excepté les *Azalea* qui les ont alternes.

On voit que M. Linnæus a fait trois genres de ce que nous comprenons fous un feul : mais il nous a paru que la circonftance des petites cavités du pétale du *Kalmia* dans lefquelles les fommets des étamines reftent engagés, de même que celle de ne trouver que cinq étamines dans les *Azalea*, n'étoient pas des différences affez confidérables pour multiplier les genres. Néanmoins nous diftribuerons l'énumération des efpeces en trois claffes, favoir :

1°. *Chamærhododendros.* 2°. *Chamærhododendros Kalmia.* 3°. *Chamærhododendros Azalea.* On trouvera le détail de la fleur & du fruit aux mots *AZALEA* & *KALMIA.*

ESPECES.

CHAMÆRHODODENDROS.

1. *CHAMÆRHODODENDROS Alpina, glabra.* Inft.
CHAMÆRHODODENDROS des Alpes, à feuille liffe.

2. *CHAMÆRHODODENDROS Alpina, villofa.* Inft.
CHAMÆRHODODENDROS des Alpes, à feuilles velues.

3. *CHAMÆRHODODENDROS Alpina, ferpilli folio.* Inft.
CHAMÆRHODODENDROS des Alpes, à feuilles de Serpolet.

CHAMÆRHODODENDROS AZALEA.

4. *CHAMÆRHODODENDROS fupina, ferruginea, thymi folio, Alpina.* Bocc. *AZALEA ramis diffufo procumbentibus.* Fl. Suec.
Petit CHAMÆRHODODENDROS des Alpes, à feuilles de Thym, de couleur de rouille.

5. *CHAMÆRHODODENDROS Virginiana, flore & odore Periclymeni... CISTUS.* Pluk. *AZALEA foliis margine fcabris, corollis pilofo glutinofis,* Linn. Spec.
CHAMÆRHODODENDROS de Virginie, qui a la fleur de Periclymenum.

6. *CHAMÆRHODODENDROS Virginiana, Periclymeni flore ampliori,*

ampliori, minùs odorato . . . CISTUS. Pluk. *AZALEA foliis ovatis,
corollis pilosis, staminibus longissimis.* Linn. Spec.
CHAMÆRHODODENDROS de Virginie, à grandes fleurs de Periclymenum peu odorantes.

CHAMÆRHODODENDROS KALMIA.

7. *CHAMÆRHODODENDROS mariana Laurifolia, floribus expan-
sis, summo ramulo in umbellam plurimis . . . CISTUS.* Pluk. *KALMIA
foliis ovatis, corymbis terminalibus.* Linn. Spec.
CHAMÆRHODODENDROS à petites feuilles de Laurier, qui
porte ses fleurs rassemblées en bouquets comme en umbelle au
bout des branches.

8. *CHAMÆRHODODENDROS semper virens, Laurifolia, floribus
eleganter bullatis . . . CISTUS.* Pluk. Alm. *KALMIA foliis lanceolatis
corymbis lateralibus.* Linn. Spec.
CHAMÆRHODODENDROS, arbuste à petites feuilles de Laurier, qui sont lisses, & qui n'ont aucunes nervures.

ESPECES.

Les *Chamærhododendros* proprement dits se peuvent multiplier
par les graines & les marcottes ; & je crois même qu'on peut
aussi employer les boutures.

Les *Chamærhododendros Kalmia* sont encore trop rares en
France pour que nous puissions dire quelque chose de positif
sur leur culture.

Néanmoins M. Sarrazin nous apprend que l'espece n°. 7 se
trouve au bord des ruisseaux ; & nous le cultivons en pleine
terre depuis plusieurs années. Le même Auteur dit que l'espece
n°. 8 vient dans les terres incultes & seches.

A l'égard des *Chamærhododendros Azalea*, ils se plaisent dans
les terreins gras & humides. Ils subsistent dans les terres seches,
mais ils ne s'y élevent qu'à deux ou trois pieds ; au lieu que
dans les bons terreins ils ont jusqu'à quinze ou seize pieds de
hauteur.

Cette plante vient naturellement en Virginie & dans la Caroline : elle a supporté les hyvers en pleine terre en Angleterre,
où elle produit ses belles fleurs depuis plusieurs années.

USAGES.

Tous les *Chamærhododendros* portent de très-jolies fleurs, qui paroiffent la plupart dans le mois de Juin; ainfi on peut les employer pour la décoration des bofquets de la fin du prin-temps.

M. Sarrazin dit que le n°. 7 forme un arbriffeau qui s'éleve environ à cinq ou fix pieds. Il eft chargé de feuilles ovales, qui fe terminent en pointe par les deux extrêmités; elles font unies, point dentelées par les bords, & elles fubfiftent l'hyver. Les fleurs, qui font purpurines, font raffemblées par gros bouquets.

Son bois eft fort dur; on l'employe en Canada à faire des effieux de poulies & à d'autres ufages pareils. On prétend que fes feuilles font un poifon pour les oifeaux, pour les bœufs & pour les chevaux, & qu'au contraire elles font faines pour les chevres & pour les cerfs.

Le n°. 8 eft un arbufte qui ne s'éleve qu'à un demi-pied: fes feuilles font ovales & terminées en fer de lance; elles font plus petites & plus molles que celles de l'efpece précédente. Ses fleurs font auffi plus petites, & elles ne font pas raffem-blées par bouquets; mais elles viennent trois à trois le long des tiges: elles font d'un fort beau pourpre. Cet arbufte conferve fes feuilles pendant l'hyver; & on lui attribue les mêmes vertus qu'au précédent.

Les tiges de l'*Azalea*, qui dans les bons terreins font groffes comme une canne, produifent de petites branches, fur lefquelles les feuilles font rangées alternativement.

Du bout de ces branches menues fortent des bouquets de fleurs qui reffemblent affez au Chevre-feuille: elles ne font pas toutes de la même couleur; quelques plantes en produifent de blanches, d'autres de rouges, & d'autres de purpurines.

Lorfque les fleurs font paffées, des capfules longues leur fuccedent: elles contiennent une infinité de femences très-fines.

Cet arbriffeau n'a point encore fleuri dans nos jardins; mais à en juger par ce qu'en dit M. Catefbi, fes fleurs doivent y fournir un bel ornement.

Tome I.   Planche 61.

CHENOPODIUM, Tournef. & Linn.
PIED-D'OISON.

DESCRIPTION.

LE calyce de la fleur (*a b*) des *Chenopodium* est composé de cinq feuilles creusées en cuilleron, dont les bords sont membraneux. Il ne porte point de pétales, mais seulement cinq étamines (*c d*) surmontées d'un sommet arrondi.

Le pistil est formé d'un embryon arrondi, qui est surmonté de deux ou trois styles ou filets courts, dont l'extrêmité est obtuse. L'embryon (*f*), qui a toujours le calyce pour enve-loppe (*e*), devient une semence ronde & comprimée (*g*).

ESPECE.

CHENOPODIUM, Sedi folio minimo, frutescens perenne. Boer. ind. alt. *Sedum minus fruticosum.* C. B. P.

PIED-D'OISON qu'on appelle Petit SEDUM, & qui forme un arbrisseau.

Nous avons obmis les *Chenopodium* qui ne forment point des arbustes, & quelques variétés de celui que nous venons de nommer.

CULTURE.

Cet arbuste se multiplie aisément par bouture & par mar-cottes. Il a peine à supporter les très-fortes gelées.

USAGES.

Ses fleurs n'ont aucun mérite; mais comme il ne quitte point les feuilles, il forme un petit buisson qu'on peut mettre dans les bosquets d'hyver.

X ij

CHIONANTHUS, Linn.

DESCRIPTION.

LE calyce de la fleur eft d'une feule piece divifée en quatre (*a*, *c*), de même que le pétale (*b*) qui eft un tuyau fort court, mais dont les découpures font longues & étroites ; il fupporte dans fon intérieur deux étamines fort courtes, ter-minées par des fommets figurés en cœur (*d*).

On trouve dans l'intérieur un piftil (*e*), qui eft formé d'un embryon ovale, & d'un ftyle dont l'extrêmité eft divifée en trois. L'embryon qui eft à la bafe du ftyle devient une baie ronde, dans laquelle on trouve un noyau ftrié.

Quelquefois on trouve des fleurs à cinq pétales ; celles-là ont trois étamines.

Les feuilles ovales font grandes & oppofées fur les branches.

ESPECE.

CHIONANTHUS. Linn. Hort. Cliff. ou *Arbor Zeilanica Catini foliis, fubtùs lanugine villofis, floribus albis, cuculi modo laci-niatis.* Pluk.

Snaudrap des Anglois.

CULTURE.

Cet arbre, qui nous vient de l'Amérique feptentrionale, fupporte nos hyvers. Il fe multiplie par les femences & par les marcottes.

USAGES.

Comme les fleurs forment des grappes, il femble, quand cet arbriffeau en eft chargé, qu'il foit couvert de neige ; & lorfqu'el-les tombent, la terre en eft toute blanche : ainfi on peut l'em-ployer pour décorer les bofquets. Il eft encore affez rare ici : il fleurit au commencement de Juin.

Tome I. Pl. 63.

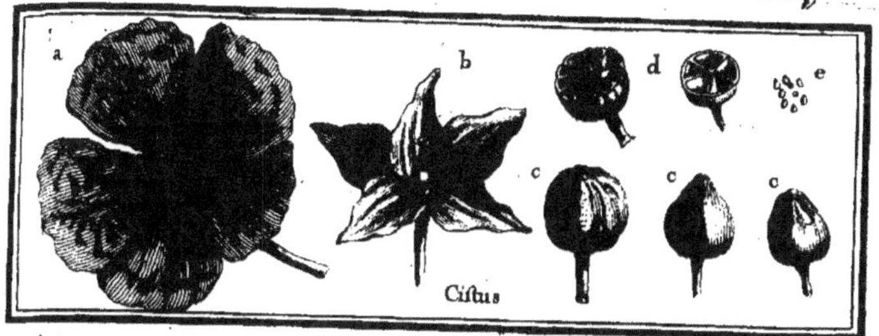

CISTUS, Tournef. & Linn. CISTE.

DESCRIPTION.

LA fleur (*a*) des Ciſtes eſt compoſée d'un calyce (*b*), formé de cinq feuilles, dont deux alternativement ſont plus petites que les autres; de cinq grands pétales, de beaucoup d'étamines garnies de petits ſommets ſphériques. Il y a quel-ques eſpeces qui n'ont que dix étamines, & dont M. Linneus a fait un genre particulier qu'il nomme *Ledum*.

On trouve au fond de la fleur un embryon arrondi d'où s'éleve un ſtyle obtus qui ſe termine en trompe. L'embryon qui fait la baſe du piſtil devient une capſule (*c*) à pluſieurs loges (*d*), qui renferme de petites ſemences rondes (*e*).

Les feuilles de pluſieurs eſpeces reſſemblent à celles de la Sauge : elles ſont oppoſées deux à deux ſur les branches, & elles conſervent leur verdeur pendant l'hyver.

ESPECES.

1. *CISTUS mas major, folio rotundiore*. J. B.
   Grand CISTE à feuille ronde.

2. *CISTUS mas, folio longiore*. J. B.
   CISTE à feuilles longues.

3. *CISTUS mas foliis undulatis & criſpis*. Inſt.
   CISTE à feuilles ondées & crêpues.

4. *CISTUS mas, folio oblongo incano.* C. B. P.
Ciste à feuilles longues & velues. En Provence on l'appelle
Massuguo.

5. *CISTUS mas, folio breviore.* C. B. P.
Ciste à petites feuilles.

6. *CISTUS femina, folio Salviæ, elatior & rectis virgis.* C. B. P.
Ciste à feuilles de Sauge, qui s'éleve & soutient bien ses branches.

7. *CISTUS ladanifera Monspeliensium.* C. B. P.
Ciste de Montpellier qui donne du Ladanum.

8. *CISTUS ladanifera Hispanica, Salicis folio.* Inst.
Ciste d'Espagne, à feuilles de Saule.

9. *CISTUS LEDON, foliis Laurinis.* C. B. P.
Ciste à feuilles de Laurier.

10. *CISTUS LEDON, foliis Populi nigræ, major.* C. B. P.
Ciste à feuilles de grand Peuplier noir.

11. *CISTUS LEDON, foliis Populi nigræ, minor.* C. B. P.
Ciste à feuilles de petit Peuplier noir.

12. *CISTUS ladanifera Cretica.* Inst.
Ciste de Crete, qui fournit le Ladanum.

13. *CISTUS LEDON foliis Roris marini Ferrugineis.* C. B. P.
Ciste à feuilles de Romarin.

M. Linneus a retranché cette plante des Cistes, & en a
fait un nouveau genre, qu'il a nommé *LEDUM, Linn. fl. Lapp.*
parce que 1°. le calyce des Cistes est de cinq feuilles, & celui
du *Ledum* est d'une seule piece divisée en cinq; 2°. parce que
la fleur des Cistes contient beaucoup d'étamines, & que celle
du *Ledum* n'en contient que dix.

Pour le *Cistus Chamærhododendros,* &c. de Pluknet, voyez *Cha-*
mærhododendros. Le *Cistus semper virens* de Pluknet est un Azalea
de M. Linneus: voyez *Chamærhododendros.*

C U L T U R E.

Tous les Cistes se multiplient de semences.

Comme

Comme ils nous font apportés de pays affez chauds , tels que font la Provence, le Languedoc , l'Efpagne, l'Italie, le Levant , ils périffent dans les grands hyvers ; ainfi on fera bien de les couvrir avec un peu de litiere. Les efpeces n°. 8, 9, 10, 11 & 12 font plus fenfibles à la gelée que les autres ; & nous en avons fupprimé ici fept ou huit qui font encore plus délicates.

U S A G E S.

Les Ciftes font de très-jolis arbuftes. La beauté de leurs fleurs, qui reffemblent à des rofes , & qui s'épanouiffent à la fin de Mai, les rend propres à décorer les bofquets du prin-temps ; & comme ils confervent leur verdeur pendant l'hyver, on peut mettre dans les bofquets de cette faifon ceux qui font moins fenfibles à la gelée.

Les Ciftes qui donnent du Ladanum [a], ont l'odeur de cette réfine. M. de Tournefort [b] nous a détaillé comment on le ramaffe dans le Levant avec des efpeces de fouets formés d'un grand nombre de lanieres de cuir en forme de frange, attachées au bout d'une gaule. On les paffe fur les Ciftes pendant l'ardeur du foleil, quand l'air eft calme. La réfine s'y attache, & on la retire en grattant les lanieres. Un journalier peut en ramaffer deux livres par jour. Cette réfine eft prefque toujours mêlée de fable noir qu'on y incorpore pour en augmenter le poids : c'eft à quoi il faut prendre garde en l'achetant.

On dit qu'en Efpagne on fait bouillir cette plante dans de l'eau, & qu'alors la réfine, en fe fondant, furnage.

Le Ladanum qui eft plus ou moins folide, entre dans plu-fieurs emplâtres, & dans le baume apopleétique. Les Turcs en font un machicatoire ; mais le trop fréquent ufage leur devient pernicieux.

Il paroît au printemps, au pied de quelques efpeces de Cifte, des rejettons qui s'élevent à la hauteur d'un demi-pied : ils font jaunâtres ou rougeâtres, tendres & fucculents, & reffemblent en quelque façon à la Joubarbe ou à l'Orobanche. C'eft une plante

[a] Labdanum & Ladanum font fynoni-mes.

[b] Voyage du Levant, tom. 1, p. 88.

paraſite, qui tire ſa ſubſtance des racines du Ciſte : on l'appelle *Hypocistis*, en François *Hypociſte*. Son ſuc épaiſſi en conſiſtance d'extrait, eſt fort aſtringent.

Cette plante paraſite eſt repréſentée dans une des planches, au pied d'un gros Ciſte.

Tome I. Pl. 64.

Tome I, Pl. 65.

Tome I. Pl. 66.

Tome I. Pl. 68.

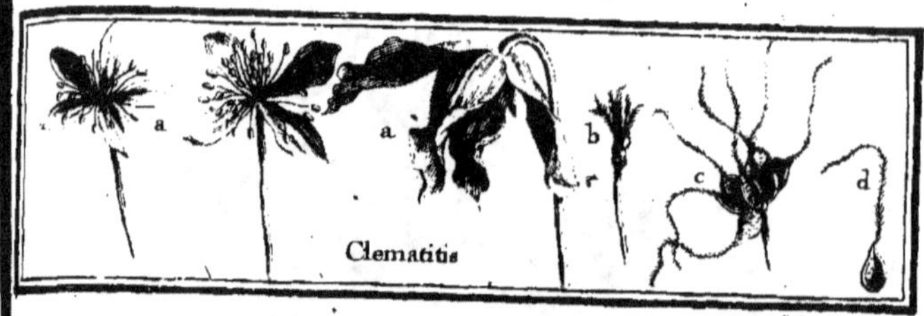

CLEMATITIS, TOURNEF. CLEMATIS, LINN.
CLEMATITE *ou* HERBE AUX GUEUX.

DESCRIPTION.

LES fleurs (*a*) de la Clématite n'ont point de calyce ; mais quatre ou cinq pétales, avec beaucoup d'étamines & quantité de piſtils fort longs (*b*). La baſe de chaque piſtil eſt un embryon qui devient une ſemence (*d*) : pendant qu'elle ſe forme, les ſtyles s'allongent ; & lorſque les ſemences approchent de leur maturité, ils reſſemblent à des plumes qui s'étant recourbées en différens ſens, forment une eſpece de boule qui paroît être de duvet (*c*).

Les feuilles ſont oppoſées ſur les branches, & leur figure varie beaucoup dans les différentes eſpeces. Elles ne ſont point dentelées.

ESPECES.

1. *CLEMATITIS ſilveſtris latifolia.* C. B. P.
   CLEMATITE des bois à grandes feuilles.

2. *CLEMATITIS Canadenſis trifolia dentata flore albo.* Boerh.
   CLEMATITE de Canada à trois feuilles dentelées, & à fleurs blanches.

3. *CLEMATITIS peregrina foliis Pyri inciſis.* C. B. P.
   CLEMATITE exotique, à feuilles de Poirier découpées.

Y ij

4. *CLEMATITIS Orientalis Apii folio flore viridi flavescente posteriùs reflexo.* Cor. Inst.
   CLEMATITE du Levant, à feuille de Persil, dont la fleur est d'un blanc verdâtre.

5. *CLEMATITIS cærulea vel purpurea, repens.* C. B. P.
   CLEMATITE rempante à fleur bleue.

6. *CLEMATITIS cærulea flore pleno.* C. B. P.
   CLEMATITE à fleur double bleue.

7. *CLEMATITIS purpurea repens, petalis florum coriaceis.* Raj. Hist.
   CLEMATITE rampante de Virginie, dont les pétales ressemblent à des lanieres.

8. *CLEMATITIS Alpina, Geranii folio.* C. B. P.
   CLEMATITE des Alpes à feuilles de Geranium. ATRAGENE, *Linn. Spec. plant.*

9. *CLEMATITIS cærulea erecta.* C. B. P.
   CLEMATITE qui soutient ses branches, & dont la fleur est bleue.

Cette espece n'est point un arbuste, puisqu'elle perd ses feuilles tous les hyvers : mais comme' elle fait un fort bel effet par ses grandes fleurs, qui sont d'un bleu très-vif, j'ai cru devoir en faire mention à la suite des autres, qui sont des plantes grimpantes.

CULTURE.

Si l'on excepte la Clématite à fleur double, les autres peuvent s'élever de semences. Toutes sans exception peuvent être multipliées par marcottes : mais il faut être prévenu qu'elles produisent difficilement des racines ; ainsi il faut les lier avec du fil de cuivre recuit au feu, & ne les sevrer que la troisieme année. Plusieurs especes tracent & fournissent abondamment du plant bien enraciné.

USAGES.

Toutes les Clématites, sans en excepter le n°. 1, qui vient naturellement dans les haies, font des bouquets de fleurs très-jolis ;

la plupart font farmenteufes, & peuvent fervir à garnir des terraffes, des murailles & des tonnelles ; elles fleuriffent à la fin de Juin. La Clématite à fleur double fleurit dans le mois de Juillet : elle eft alors toute couverte de fleurs, qui font d'un pourpre foncé & un peu terne.

Les Jardiniers fe fervent de l'efpece du n°. 1 pour lier leurs légumes au lieu d'ofier. On en fait auffi de jolis panniers, en ne confervant que la partie ligneufe qui eft au milieu.

Cette plante eft efcarotique : les pauvres s'en fervent pour fe former des ulceres aux bras & aux jambes dans la vue d'exciter la compaffion, & ils fe guériffent avec des feuilles de poirée : c'eft pour cette raifon qu'on l'appelle *Herbe aux Gueux*. Quelques-uns la nomment mal-à-propos *Viorne*; ce nom ne convient qu'au *Viburnum*.

Tome I.   Pl. 69.

Tome I. Pl. 70.

C L E T H R A, Gronov. & Linn.

D E S C R I P T I O N.

LE calyce (*a d*) de la fleur de cette plante eft formé de cinq feuilles ovales creufées en cuilleron, & de cinq pétales oblongs un peu plus grands que les feuilles du calyce (*b c*). On apperçoit dans le milieu de la fleur dix étamines (*e f*), & un piftil (*g*) qui eft formé d'un embryon fphérique, & d'un ftyle terminé par un ftigmate divifé en quatre; l'embryon devient une capfule à trois loges (*h*) qui contiennent plufieurs femences anguleufes (*i*).

Les feuilles de cet arbriffeau font entieres, ovales, allongées, terminées en pointes, dentelées par les bords, & pofées alternativement fur les branches.

E S P E C E.

CLETHRA. Gronov. Virg.

C U L T U R E.

Cet arbriffeau fe plaît fingulierement dans les terres aquatiques, & il fupporte les hyvers, du moins dans les pays maritimes. On peut l'élever des femences qu'on nous envoye de la Louyfiane, & le multiplier par des marcottes.

U S A G E S.

Le Cléthra produit de jolis épis de fleurs blanches dans le mois de Juillet; ainfi il doit fervir à la décoration des bofquets d'été, pourvu que le terrein en foit un peu humide.

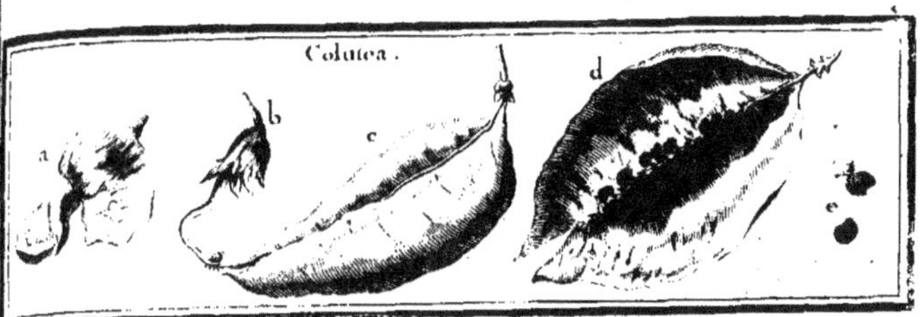

COLUTEA, Tournef. & Linn.

BAGUENAUDIER.

DESCRIPTION.

LA fleur (*a*) du Baguenaudier est légumineuse; son calyce (*b*), qui ne tombe point, est une cloche divisée en cinq par les bords.

Les cinq pétales prennent différentes figures suivant les espe-ces. Ordinairement les aîles (*alæ*) sont petites & figurées comme une lance. Les étamines, qui sont au nombre de dix, sont réunies par le bas, & forment une gaîne qui enveloppe le pistil.

Le pistil (*b*), qui est recourbé par le haut, porte à sa base un embryon applati & allongé qui devient une vessie (*c*) assez grosse & presque vuide, dans laquelle on trouve plusieurs se-mences (*d*) figurées comme un rein (*e*). Elles sont attachées par des pédicules à deux nervures qui sont dans une gouttiere, qui s'étend dans toute la longueur des vessies.

Les feuilles de cet arbrisseau sont conjuguées, étant formées de folioles ovales qui ne sont point dentelées par les bords, mais échancrées à leur extrêmité, & rangées deux à deux sur un filet qui est terminé par une seule. Chaque feuille porte or-dinairement neuf ou onze folioles. Ces feuilles sont posées alternativement sur les branches.

Tome I. Z

ESPECES.

1. *COLUTEA veficaria.* C. B. P.
BAGUENAUDIER qui porte des veffies.

2. *COLUTEA veficaria, veficulis rubentibus.* J. B.
BAGUENAUDIER qui porte des veffies rougeâtres.

3. *COLUTEA Orientalis, flore fanguinei coloris, luteâ maculâ notato.*
Cor. Inft.
BAGUENAUDIER d'Orient, dont la fleur eft rougeâtre, marquée
d'une tache jaune.

Nous ne parlons point ici de plufieurs efpeces de Baguenaudiers qui font annuels, ou qui craignent nos hyvers.

CULTURE.

Les Baguenaudiers fe multiplient très-aifément de femences
& de rejettons. Ces arbriffeaux s'accommodent bien de toutes
fortes de terres.

USAGES.

Les Baguenaudiers font en fleur à la fin de Mai : ils font
très-propres à décorer les bofquets du printemps.

On fera bien d'en planter dans les remifes ; car pour peu
que la terre y foit bonne, ils ne manqueront pas de s'y multiplier d'eux-mêmes.

Le Baguenaudier du Levant à fleur rouge, ne s'éleve pas
autant que celui du n°. 1 ; mais fes feuilles font d'un verd
argenté, & fes veffies font ouvertes par le bout ; ce qui fait
que fes graines font affez difficiles à ramaffer.

Les feuilles & les gouffes du Baguenaudier font purgatives.
On pourroit fubftituer fes feuilles à celles du Séné : cependant
on ne les employe pas à cet ufage, parce qu'il faudroit en augmenter beaucoup la dofe, & que fans cela elles purgent trop
lentement.

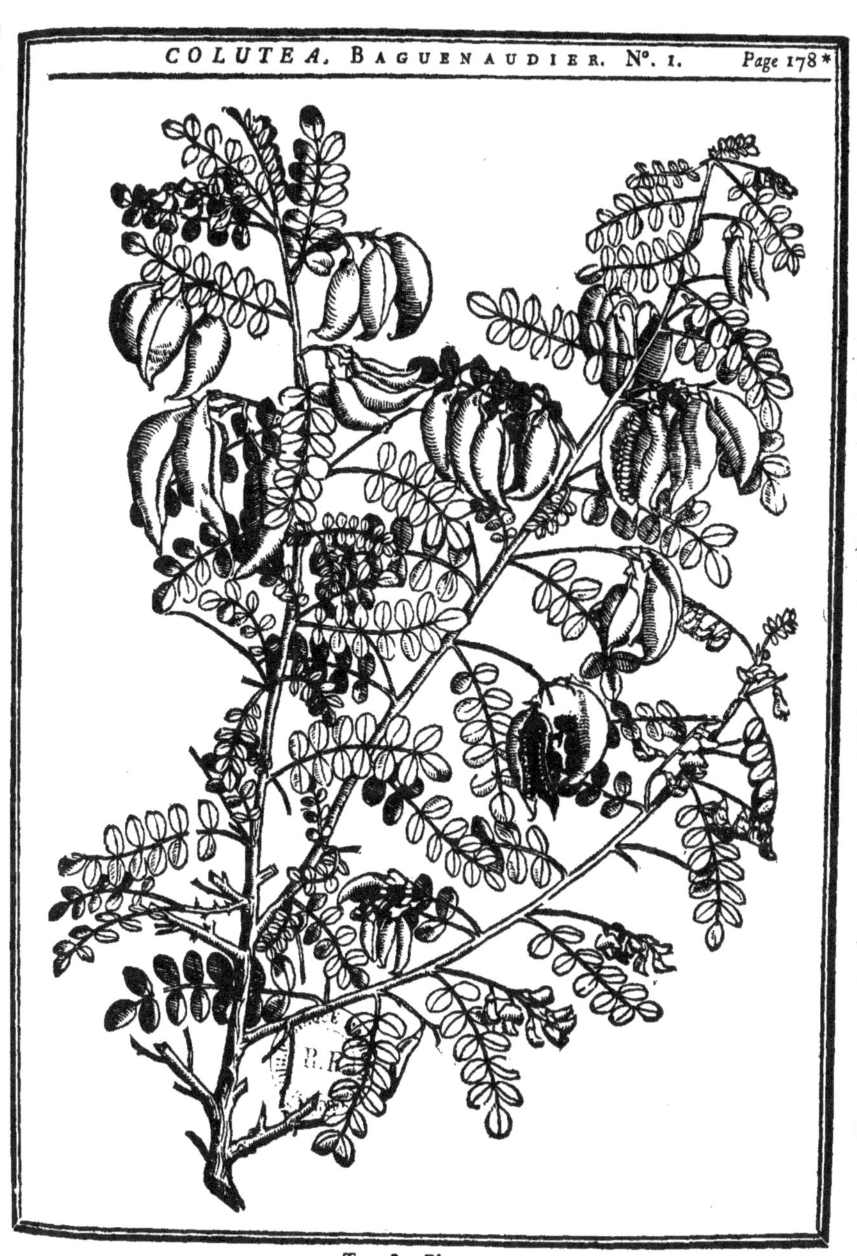

Tome I. Pl. 72.

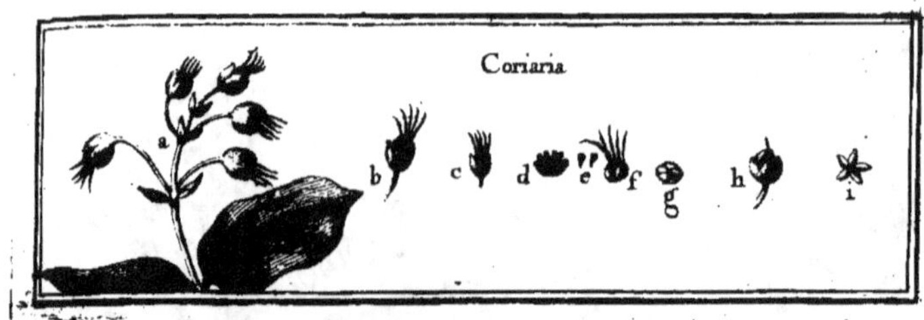

CORIARIA, Nissol. *& Linn.*

DESCRIPTION.

LES fleurs du Coriaria (*ab*) font hermaphrodites : elles viennent en grappes. Ces fleurs ont deux calyces : l'extérieur, qui paroît en (*b*), eft divifé en cinq pieces jufqu'à fa bafe ; ce calyce fubfifte jufqu'à la maturité du fruit (*h*). Le calyce intérieur qui paroît en (*c*) eft également divifé en cinq feuilles épaiffes , tellement collées fur les fruits , qu'une portion de leur chair fe prolonge entre les femences (*i*).

Dans le milieu de la fleur du Coriaria , l'on apperçoit cinq embrions (*d f*), furmontés d'un pareil nombre de ftyles affez longs , & d'un rouge vif : on voit dix étamines (*d e*) autour de ces embrions. Ces cinq embrions fe changent en autant de femences qui font ici repréfentées en (*g*) & dépouillées de leur fecond calyce en (*i*).

Les feuilles de cet arbufte font affez larges par la bafe ; point dentelées , mais terminées en pointe ; relevées en deffous de trois nervures , creufées en deffus de trois fillons , & oppo-fées deux à deux fur les branches ; elles fe replient prefque toutes du même côté.

Les tiges font relevées fuivant leur longueur , de quatre pe-tits filets en relief qui les font paroître quarrées.

<table>
<tr><td>*Tome I.*</td><td>Z ij *</td></tr>
</table>

ESPECE.

CORIARIA. Act. Acad. Par.

CULTURE.

Le Coriaria trace beaucoup , & ne fe multiplie que trop quand il trouve une terre un peu bonne.

USAGES.

Cet arbriffeau forme un buiffon·de trois ou quatre pieds de hauteur : il conviendroit de le placer dans les remifes ; mais quelques perfonnes prétendent qu'il fait avorter les brebis. Ce foupçon fuffit pour empêcher qu'on ne le multiplie dans les campagnes. On dit encore que c'eft un violent poifon & que cinq ou fix baies font capables de faire mourir un homme : lorfque les moutons en mangent les pouffes , ils deviennent comme eni-vrés ; cependant cette ivreffe paffe en peu de temps : c'eft peut-être ce qui aura fait dire que cet arbriffeau fait avorter les brebis , & cette propriété pernicieufe peut lui avoir été attribuée avec raifon.

Comme fes feuilles , qui font d'un beau verd , fubfiftent jufqu'aux fortes gelées , il pourra être mis dans les bofquets d'automne.

On peut employer cet arbufte , comme le Sumac , pour tanner les cuirs ; c'eft pour cela qu'on l'a nommé *Coriaria.*

Les Tanneurs font fécher le Coriaria , & le font moudre fous une meule : cette poudre donne un tan plus fort que celui de l'écorce du Chêne. Quand ils veulent hâter la pré-paration des cuirs , ils mêlent avec le tan ordinaire un tiers ou un quart de cette , poudre & par ce moyen le cuir eft plutôt préparé ; mais il en vaut beaucoup moins pour l'ufage.

Tome I.   Planche 73.

CORNUS, Tournef. & Linn. CORNOUILLER.

DESCRIPTION.

LA fleur du Cornouiller eſt formée de quatre, & rarement cinq pétales (*a b*), qui partent d'un calyce qui a un pareil nombre de découpures (*c*). On trouve dans cette fleur le même nombre d'étamines, & un piſtil compoſé d'un ſtyle menu, & d'un embryon (*c*) qui fait partie du calyce : cet embryon devient une baie qui eſt terminée par un ombilic (*d*), & dans laquelle eſt un noyau fort dur (*e*) diviſé en deux loges (*f*), qui contient deux amandes (*g*). Pluſieurs de ces fleurs ſortent d'un même bouton, qui forme un calyce commun dans les eſpeces qu'on nomme improprement mâles : ce calyce commun (*Involucrum*) eſt quelquefois fort grand.

Les feuilles ſont ovales, terminées en pointe, & relevées en deſſous de nervures très-ſaillantes qui partent de la nervure du milieu, & vont circulairement ſe rendre à la pointe. Elles ſont oppoſées deux à deux ſur les branches, & ne ſont point dentelées par les bords.

Quoique les fleurs des Cornouillers ſoient hermaphrodites, on diſtingue, aſſez mal-à-propos, ces arbres en mâles & en femelles.

Les mâles conſervent le nom de *Cornouiller*, & les femelles prennent celui de *Sanguin*, parce que leurs jeunes branches & leurs feuilles ſont preſque toujours fort rouges ; mais les Cornouillers ſe diſtinguent encore mieux des Sanguins par quatre feuilles ordinairement colorées qui accompagnent les bouquets de fleurs, & qui forment un calyce commun.

Les fruits des Cornouillers, nº. 1, lorſqu'ils ſont mûrs, ſont de la forme de petites olives : ils ſont d'un fort beau rouge,

& ils ont le goût de l'Epine-vinette : ils viennent par petits bouquets de deux, trois ou quatre, qui sortent d'un même
bouton.

Les fruits des Sanguins sont ronds, très-acres, violets au
dehors, verds au dedans, & rassemblés au bout des branches
en forme d'umbelle : l'écorce de ces branches est ordinairement
rouge.

Les boutons des Cornouillers sont très-pointus ; & les branches sont avec les tiges un angle très-ouvert.

E S P E C E S.

1. *CORNUS silvestris mas.* C. B. P.
   Cornouiller des bois.

2. *CORNUS hortensis mas.* C. B. P.
   Cornouiller ordinaire cultivé. Les Provençaux l'appellent
   Acurnier.

3. *CORNUS hortensis mas, fructu cera colore.* C. B. P.
   Cornouiller cultivé, à fruit jaune.

4. *CORNUS hortensis mas, fructu albo.* C. B. P.
   Cornouiller cultivé, à fruit blanc.

5. *CORNUS hortensis mas, fructu saturatiùs rubente, cum osficulo crassiore
   & breviore.* C. B. P.
   Cornouiller cultivé, à fruit rouge foncé, dont le noyau est
   gros & court.

6. *CORNUS arborea involucro maximo, foliolis obversè cordatis.* Linn.
   Hort. Cliff.
   Cornouiller de Virginie, dont les feuilles qui accompagnent
   le fruit sont très-grandes, & figurées comme un cœur renversé.

7. *CORNUS femina.* C. B. P.
   Sanguin ordinaire des bois, ou Bois-punais.

8. *CORNUS femina, foliis variegatis.* H. L. Bat.
   Sanguin des bois, à feuilles panachées.

9. *CORNUS femina silvestris fructu albo.* Amœn. Stirp. rar.
   Sanguin à fruit blanc de Canada & de Sibérie.

10. *CORNUS femina, candidiſſimis foliis, Americana.* Pluk.
SANGUIN d'Amérique, dont les feuilles ſont très-blanches.

11. *CORNUS foliis Citri anguſtioribus.* Amœn. Stirp. rar.
CORNOUILLER à feuilles d'Oranger petites. Ce Cornouiller eſt le ſeul qui ait ſes feuilles poſées alternativement ſur les branches.

12. *CORNUS herbacea ramis nullis.* Amœn. Acad.
CORNOUILLER nain de Canada, qui n'eſt preſque qu'une herbe.

Pluknet avoit mis le *Saſſafras* au nombre des Cornouillers ; voici ſa phraſe :
CORNUS mas odorata, folio trifido, margine plano, SASSAFRAS dicta. Mais c'eſt un vrai Laurier. Voyez *LAURUS.*

CULTURE.

Les Cornouillers s'accommodent aſſez de toutes ſortes de terreins. Quelques eſpeces, ſur-tout de celles des Sanguins, tracent beaucoup. Tous ſe multiplient de ſemences & par marcottes.
Quand on les tond avec le croiſſant ou avec le ciſeau, ils produiſent beaucoup de branches.

USAGES.

Les Cornouillers proprement dits, c'eſt-à-dire, les eſpeces n°. 1, 2, 3, 4 & 5, portent de très-petites fleurs qui s'ouvrent dès le mois de Février en ſi prodigieuſe quantité que les arbres paroiſſent tout jaunes. Les fruits des eſpeces, n°. 1 & 2, deviennent d'un beau rouge, lorſqu'ils ſont mûrs. On peut alors les confire comme l'Epine-vinette ; car ils ſont fort aigrelets. On prétend encore que ſes fruits verds peuvent être confits au vinaigre comme les olives.
Comme cet arbre ſouffre le ciſeau, on peut en faire de jolies paliſſades baſſes ; & puiſqu'il s'accommode aſſez bien des terres médiocres, on peut en mettre dans les remiſes.
Le Sanguin porte au commencement de Juin d'aſſez gros bouquets de fleurs blanches qui n'ont cependant pas beaucoup d'éclat. Ses fruits ſont abandonnés aux oiſeaux ; & comme il trace

beaucoup, il convient de le mettre dans les remifes. On peut auſſi l'admettre dans les boſquets printaniers.

Les eſpeces, n°. 6, 8, 9, 10 & 11, méritent une attention particuliere.

L'eſpece n°. 12, ne peut pas être regardée comme un arbuſte; tant elle eſt petite; néanmoins ſi l'on parvenoit à la familiariſer avec notre climat, on pourroit en faire des bordures, qu'il faudroit relever fréquemment, parce qu'elle trace beaucoup. Mais juſqu'à préſent cette plante n'a pas fait ici de grands progrès: il conviendroit de la placer dans des terreins frais & humides.

Comme les Cornouillers ne ſont pas de grands arbres, leur bois n'eſt pas d'un grand uſage, quoiqu'il ſoit fort dur.

Les fruits des Cornouillers ſont recommandés pour arrêter les diarrhées & les flux de ſang.

CORONILLA,

Tome I. Pl. 74.

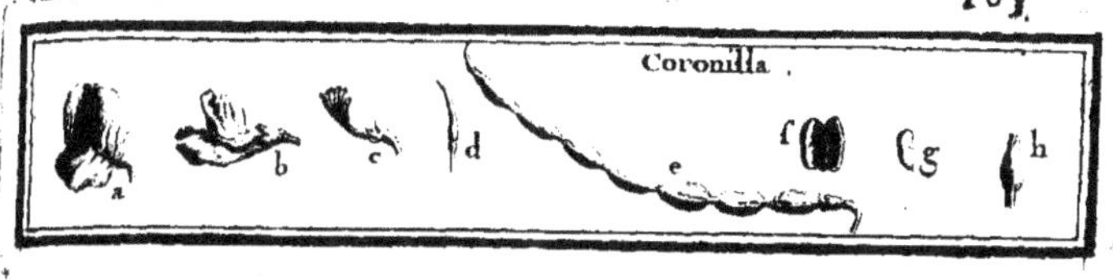

CORONILLA, Tournef. & Linn.

DESCRIPTION.

LES fleurs (*a*) du Coronilla font légumineufes & formées d'un calyce (*c*) affez court, découpé en cinq inégalement, de forte qu'on apperçoit trois petites levres & deux grandes.

Le pavillon (*vexillum*) eft affez petit, figuré en cœur, renverfé en dehors. Les aîles (*alæ*), qui s'approchent l'une de l'autre par le haut, & s'écartent par en bas, font ovales. La nacelle (*carina*) eft courte, applatie, & relevée par l'extrêmité (*b*).

On apperçoit dans l'intérieur dix étamines qui fe réuniffent par le bas (*c*), & forment par leur réunion une efpece de gaîne qui environne le piftil.

Ce piftil (*d*) devient une filique (*e*) qui contient plufieurs femences arrondies, oblongues (*g*). Comme la filique eft comprimée entre chaque femence, il femble qu'elle foit formée de plufieurs petits corps cylindriques (*f h*) articulés les uns au bout des autres.

Les fleurs de cet arbriffeau font raffemblées par bouquets, & difpofées de maniere qu'elles forment une efpece de couronne.

Les feuilles font conjuguées; ainfi les folioles font rangées deux à deux fur un filet commun qui eft terminé par une feule. Les feuilles font attachées alternativement fur les branches, & garnies de ftipules à leur infertion. Celles du n°. 1 font affez grandes.

ESPECES.

1. *CORONILLA maritima glauco folio.* Inft.
CORONILLA maritime, à fleurs blanchâtres.

2. *CORONILLA filiquis & feminibus crassioribus.* Inst.
Co ronilla dont les femences & les filiques font groffes.

Nous ne comprenons point dans ce Catalogue plufieurs efpeces de Coronilla qui perdent leurs tiges l'hyver.

M. Linneus a rangé dans ce genre le *S e c u r i d a c a* & l'*E m e r u s.* On peut les diftinguer par les femences, qui font quarrées dans le *Securidaca,* cylindriques dans l'*Emerus,* & rondes dans le *Coronilla.*

Voyez *E m e r u s.*

CULTURE.

Ces arbuftes fe multiplient de femences & par marcottes. Ils n'exigent aucun foin particulier. Il leur fuffit, comme à tous les petits arbuftes, qu'ils ne foient pas étouffés par l'herbe.

USAGES.

Les Coronilla dont nous parlons, ne forment que de très-petits arbuftes, mais qui font tout couverts de fleurs d'un très-beau jaune pendant une partie du mois de Juin.

Ces fleurs paffent pour émollientes, & font employées dans les cataplafmes & dans les décoctions.

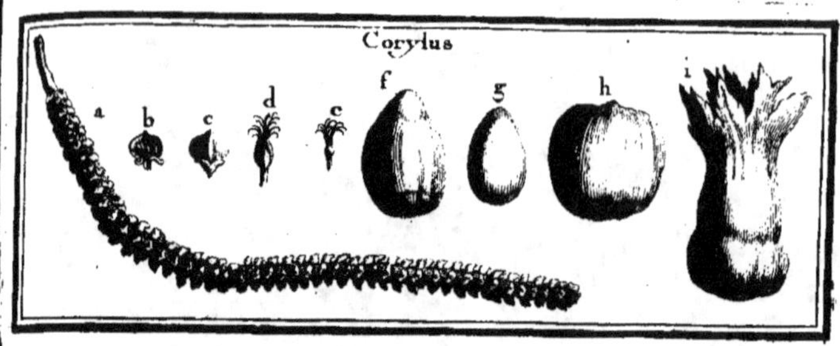

CORYLUS, Tournef. & Linn. NOISETTIER, ou AVELINE.

DESCRIPTION.

LE Noifettier porte des fleurs mâles & des fleurs femelles; Les fleurs mâles (*a*) étant grouppées fur un filet commun, forment des chatons écailleux. Sous les écailles (*b c*) on apperçoit de fort petites étamines.

A d'autres endroits du même arbre s'ouvrent des boutons (*d*) qui contiennent les fleurs femelles ; elles font formées d'un calyce découpé par les bords, d'où fort une houppe de filets purpurins (*e*), qui fe réuniffant forment le piftil, dont la bafe devient le fruit (*i*), qui eft un noyau (*f h*). Il repofe fur une fubftance charnue affez épaiffe, d'où part une enveloppe membraneufe qui n'eft point fermée par le haut, mais découpée affez profondément. On trouve dans l'intérieur du noyau une amande (*g*) qui eft bonne à manger. L'enveloppe membraneufe & la fubftance charnue d'où elle part, & fur laquelle repofe le noyau, font formées par le calyce qui croît avec le fruit.

Les feuilles des Noifettiers font prefque rondes, affez grandes, dentelées fur les bords par de grandes dentelures, qui font elles-mêmes dentelées plus finement. Elles font pofées alterna-

A a ij

tivement fur les branches, & couvertes d'un duvet très-fin qui les fait paroître comme veloutées, quand on les touche.

On apperçoit dans les aiffelles de gros boutons ; ceux d'où doivent fortir les fleurs femelles font prefque fphériques.

Les Noifettiers à fruit rond ou Aveliniers ont l'enveloppe de leur fruit finement dentelée, & plus courte que les efpeces à fruit long : leurs feuilles font auffi plus rondes. Les deux efpeces font repréfentées dans la planche.

ESPECES.

1. *CORYLUS filveftris.* C. B. P.
   NOISETTIER des bois, ou NOISETTIER fauvage à fruit rond, ou COUDRIER.

2. *CORYLUS fativa fruftu rotundo maximo.* C. B. P.
   NOISETTIER cultivé à fruit rond fort gros, ou AVELINE.

3. *CORYLUS Hifpanica fruftu majore angulofo.* Pluk. Alm.
   NOISETTIER d'Efpagne, dont le fruit eft gros & anguleux, ou AVELINE d'Efpagne.

4. *CORYLUS fativa fruftu albo minore, five vulgaris.* C. B. P.
   NOISETTIER cultivé à petit fruit blanc & oblong, ou NOISETTIER franc à fruit blanc.

5. *CORYLUS fativa fruftu oblongo rubente.* C. B. P.
   NOISETTIER cultivé à fruit long & rouge, ou NOISETTIER franc à fruit rouge.

6. *CORYLUS fativa fruftu oblongo rubenti pelliculâ albâ teflo.* C. B. P.
   NOISETTIER cultivé à fruit long & rouge, couvert d'une pellicule blanche.

7. *CORYLUS nucibus in racemum congeftis.* C. B. P.
   NOISETTIER dont le fruit vient en grappe.

8. *CORYLUS Bizantina.* H. L. B.
   NOISETTIER du Levant.

CULTURE.

Le Noifettier fe peut multiplier en femant les noifettes ;

mais comme les branches poussent aisément des racines quand on en fait des marcottes, & que même la plupart tracent & fournissent des drageons enracinés, on les multiplie ordinairement de cette façon.

Les Noisettiers forment des arbrisseaux de médiocre grandeur. Au bout de quelque temps les tiges qui ont porté du fruit périssent, & l'arbuste se rajeunit par des brins gourmands qu'il pousse de la souche. Cette circonstance oblige d'abattre de temps en temps les tiges qui commencent à dépérir.

Quand nous voulons garnir une côte avec des Noisettiers, nous faisons arracher du plant au pied des grosses souches; nous le mettons en pépiniere dans une bonne terre; & quand au bout de trois ans il a produit de belles racines, nous le transplantons au lieu destiné; il réussit ordinairement fort bien, & forme un petit taillis qu'on peut abattre tous les sept ou huit ans.

Cet arbrisseau se plaît dans les pays méridionaux, où son fruit mûrit plus parfaitement qu'en France. On dit qu'on en trouve à la Louysiane le long de la mer.

USAGES.

Les Noisettiers francs font des arbrisseaux plus propres pour des potagers que pour des bois; néanmoins comme toutes les especes de Noisettiers subsistent sur des côteaux dont la terre est d'une médiocre qualité, & où beaucoup d'autres arbres périssent, c'est une ressource qui n'est pas à négliger quand on se propose de faire des remises. Ses fleurs ont peu d'éclat : ses feuilles, qui ne tombent que fort tard, jaunissent de bonne heure; ainsi cet arbuste ne convient que dans les bosquets d'été.

Les Noisettiers, n°. 2 & 8, font estimables par la grosseur de leur fruit, qui est fort bon à manger, quoique moins délicat que les especes des n°. 3, 4 & 5.

On tire des noisettes, par l'expression, une huile qu'on employe à-peu-près aux mêmes usages que l'huile d'amandes douces.

Le bois de Noisettier ou Coudrier, est tendre & pliant; c'est

pourquoi il eft très-bon à en faire des cercles pour les petits
barrils : les Vanniers l'employent auffi pour faire la charpente
de leurs petits ouvrages ; enfin on en fait des baguettes pour les
Chandeliers , & des fauffets pour fermer les trous de vrille que
l'on fait aux futailles.

Tome I. Pl. 77.

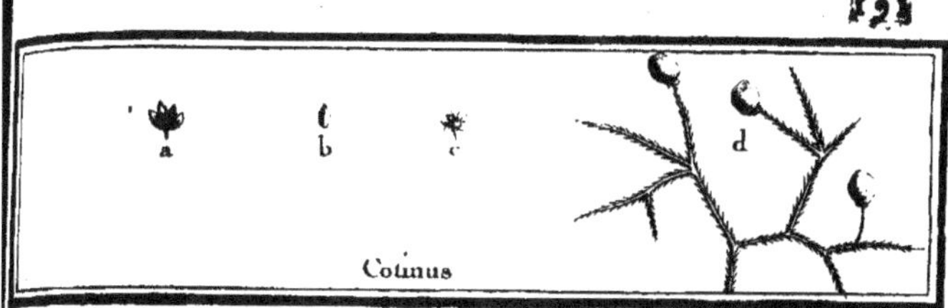

COTINUS, Tournef. & Linn. FUSTET.

DESCRIPTION.

LES parties de la fleur (*a*) du Fustet sont, un calyce d'une seule piece, qui est divisée en cinq lanieres obtuses; cinq petits pétales (*b*) ovales disposés en rose (*c*), & cinq petites étamines surmontées de fort petits sommets. Le pistil est composé d'un embryon triangulaire, d'où partent trois styles ou filets dont l'extrêmité est obtuse. L'embryon devient une baie ovale (*d*), dans laquelle on trouve une semence triangulaire. Les fleurs viennent au bout des branches en forme de grappes ; elles paroissent pourpres. Quand les baies sout tombées, ces grappes ressemblent à une touffe de bourre ; car outre les queues qui portent les baies, & qui n'ont point de poils, il y en a beaucoup d'autres qui sont hérissées dans toute leur longueur de poils très-fins.

Les feuilles de cet arbrisseau sont d'un beau verd, entieres; point dentelées, ovales, arrondies par le bout, portées par des queues assez longues, & attachées alternativement sur les branches. Au milieu de la feuille est une nervure jaune qui s'étend dans toute sa longueur : il en part de latéralles qui tendent vers le bord de la feuille , & celles-ci font presque un angle droit avec la nervure du milieu.

ESPECE.

COTINUS Coriaria. Dod. pempt.
FUSTET des Corroyeurs.

CULTURE.

Cet arbriſſeau ſupporte bien nos hyvers : néanmoins comme il nous vient des pays chauds, nous mettons un peu de litiere ſur les racines, afin que la ſouche repouſſe de nouveaux jets, ſi des gelées extraordinaires faiſoient périr les branches.

On peut l'élever de ſemences qu'on tire d'Eſpagne, d'Italie & du Levant ; car elles ne mûriſſent point dans ce pays. Cette raiſon fait que nous le multiplions par des marcottes ; mais il ne faut les lever que dans la troiſiéme année : car elles pouſſent difficilement des racines.

Le Fuſtet vient aſſez bien dans des terres fort médiocres.

USAGES.

La fleur du Fuſtet n'a aucun mérite ; ainſi cet arbriſſeau ne convient point dans les boſquets du printemps ; mais il eſt fort garni de feuilles, qui ſont fermes preſque comme celles du Laurier : elles ſont d'un verd agréable, & elles conſervent leur verdeur juſqu'aux gelées ; ainſi les Fuſtets doivent être mis dans les boſquets d'été & d'automne.

Leurs feuilles ſont bonnes, ainſi que celles du Chêne vert, pour tanner les cuirs, & l'on ſe ſert du bois de cet arbriſſeau pour les teintures jaunes.

On attribue au Fuſtet les mêmes vertus médicinales qu'au Sumac.

CRATÆGUS,

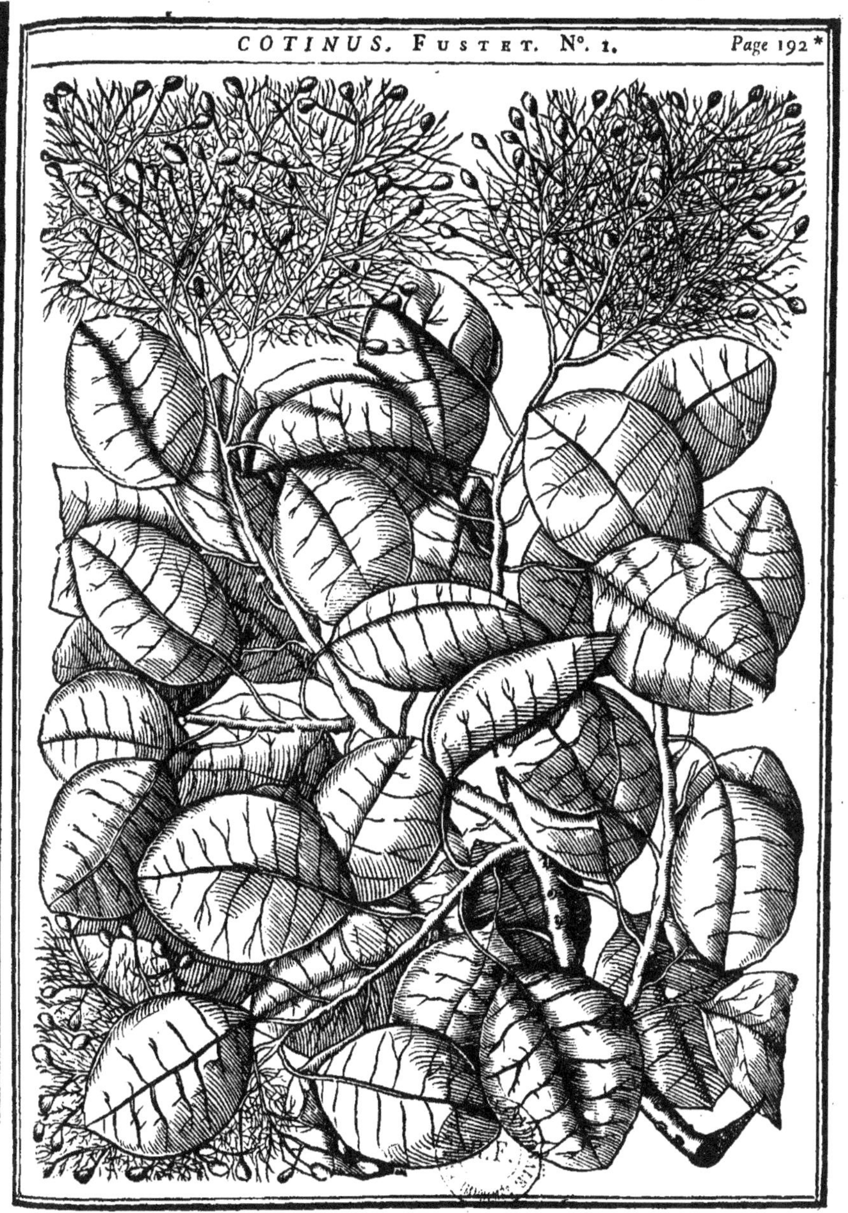

Tome I. Pl. 78.

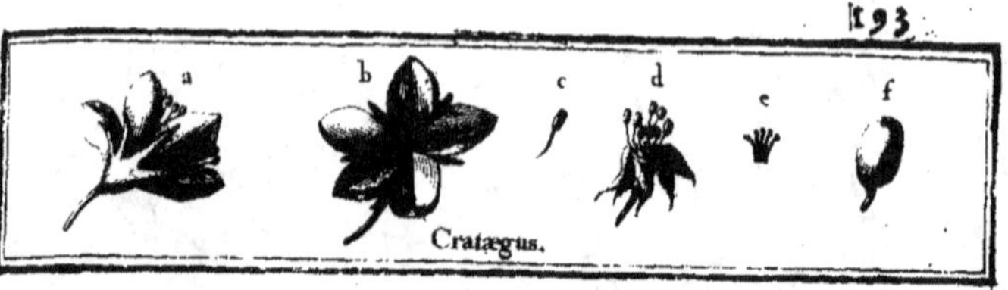
Cratægus.

CRATÆGUS, Tournef. & Linn. ALIZIER.

DESCRIPTION.

L'Alizier porte fes fleurs (*a*) raffemblées en bouquets. Leur calyce eft d'une feule piece figurée en coupe, divifée en cinq par les bords: il ne tombe point.

Le calyce porte cinq pétales (*b*) arrondis, creufés en cuilleron, & une vingtaine d'étamines (*c*), qui font terminées par des fommets arrondis.

La bafe du calyce (*d*) renferme l'embryon d'où partent quatre ou cinq ftyles (*e*). L'embryon devient une baie (*f*) charnue, arrondie, & qui eft terminée par un ombilic; elle renferme deux femences oblongues & cartilagineufes.

Les feuilles des Aliziers font grandes, fermes & placées alternativement fur les branches, où elles reftent attachées jufqu'aux gelées; mais elles perdent leur éclat d'affez bonne heure. Néanmoins il y a quelques efpeces, comme l'Alouche de Bourgogne, qui confervent plus long-temps la beauté de leurs feuilles.

Les Aliziers à feuilles découpées (*foliis laciniatis*) ont leurs feuilles échancrées, de maniere que les bords forment ordinairement neuf grandes dents pointues, qui font outre cela finement ment dentelées par les bords. Les efpeces n°. 4 & 5 ont leurs feuilles feulement dentelées : & celui de Virginie, n°. 6, qui a les feuilles affez petites, les a dentelées fi finement qu'elles femblnet être fans dentelures.

Les boutons des Aliziers font prefque comme ceux du Poirier.

ESPECES.

1. *CRATÆGUS folio laciniato.* Inft.
A l i z i e r à feuilles découpées.

2. *CRATÆGUS folio fubrotundo ferrato & laciniato.* Bot. Par.
A l i z i e r à feuilles arrondies, dentelées & découpées.

3. *CRATÆGUS folio fubrotundo minùs laciniato.* Bot. Par.
A l i z i e r à feuilles arrondies moins découpées.

4. *CRATÆGUS folio fubrotundo ferrato fubtùs incano.* Inft.
A l i z i e r à feuilles arrondies & blanches en deſſous, ou A l o u c h e
de Bourgogne.

5. *CRATÆGUS folio oblongo ferrato, utrinque virente.* Inft.
A l i z i e r à feuilles oblongues, dentelées & vertes des deux côtés.

6. *CRATÆGUS Virginiana foliis Arbuti.* Inft.
A l i z i e r de Virginie, à feuilles d'Arbouſier, finement dentelées: au bord des feuilles & fur l'arête du milieu, on apperçoit
de petits points noires qui paroiſſent glanduleux.

M. Linneus, dans ſes *Spec. plant.* a réuni au *Cratægus* le
Sorbus torminalis, les *Oxiacantha* & les *Mefpilus Apii folio;* &
quoiqu'il n'y ait dans les parties de la fructification, que le
ſeul fruit qui puiſſe les faire ranger ſous des genres particuliers,
les fleurs étant les mêmes, nous leur avons cependant conſervé les dénominations données par les anciens Botaniſtes.

CULTURE.

L'Alizier eſt un arbre de forêts, qui ſe plaît dans les terres
qui ont beaucoup de fonds. On peut le multiplier de ſemences; & elles levent naturellement dans les bois ſous les gros
arbres.

Les eſpeces rares peuvent ſe greffer ſur l'Alizier ordinaire.
On pourroit auſſi en faire des marcottes.

USAGES.

L'Alizier eſt un arbre de moyenne grandeur; ainſi il ne

convient point dans les grandes avenues, ni dans les grandes
futaies. On peut en faire de petites allées dans les parcs; &
il convient dans les taillis, où son fruit attire les oiseaux.

Ses fleurs qui viennent par bouquets, font un bel effet au
printemps. Comme les feuilles de plusieurs especes perdent
leur éclat de bonne heure, il convient de n'en point mettre
dans les bosquets d'automne. Cet arbre vient assez bien à
l'ombre; c'est pourquoi on pourra s'en servir pour garnir les
clairieres qui se trouveront dans les bois de moyenne grandeur.

Quand les Alizes (c'est ainsi qu'on nomme les fruits des
Aliziers) sont molles comme les neffles, elles sont assez agréables à manger.

Le bois de l'Alizier est fort dur; mais il n'a point de couleur : les Charpentiers l'employent pour faire des alluchons &
des fuseaux dans les rouages des moulins. Il est recherché par
les Tourneurs; & les Menuisiers en font la monture de leurs
outils.

On se sert aussi des jeunes branches pour faire des flûtes
& des fifres.

Le fruit de l'Alizier est astringent & propre à arrêter les
diarrhées.

Tome I. *Pl.* 79.

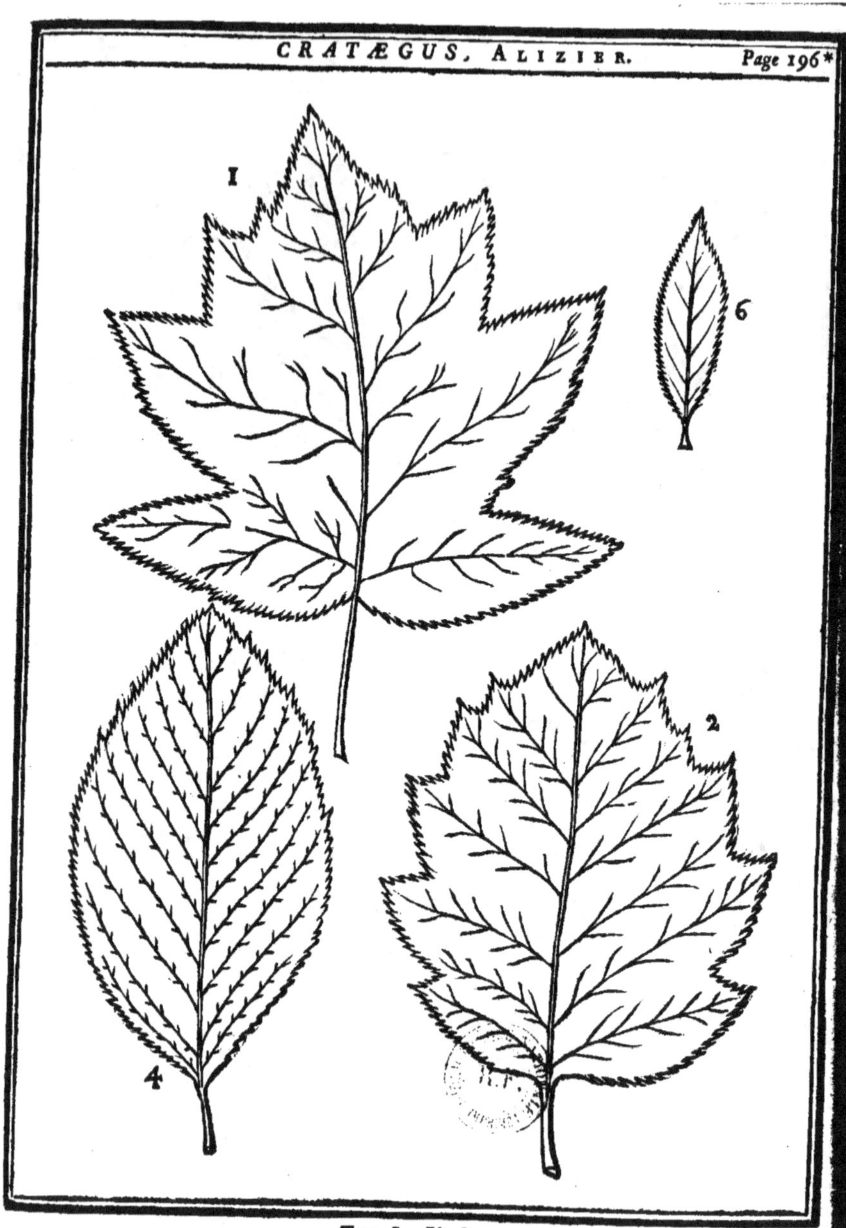

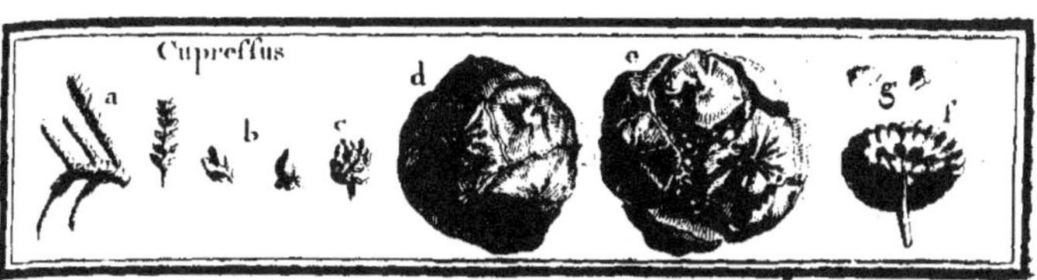

CUPRESSUS, Tournef. & Linn. CYPRÈS.

DESCRIPTION.

LE Cyprès porte, fur différentes parties du même arbre, des fleurs mâles & des fleurs femelles.

Les fleurs mâles (*a*), raſſemblées fur un filet commun, forment de petits chatons ovales & écailleux. On découvre fous les écailles (*b*) quatre étamines, ou plutôt quatre fommets qui fourniſſent beaucoup de pouſſiere très-fine; de forte qu'en certains jours du printemps, lorfque les étamines s'ouvrent, on croiroit qu'il fort de la fumée des gros Cyprès.

Les fleurs femelles (*c*) fortent d'autres boutons fous la forme d'un petit cône écailleux, dans lequel on ne découvre ni pétales ni piftils bien apparents; néanmoins il fe forme en cet endroit un fruit prefque rond (*d*), qui, lorfqu'il eft mûr (*e*), fe gerfe à la fuperficie, & s'ouvre peu à peu, de la circonférence au centre, en plufieurs fegments de fphere (*f*), entre lefquels font quantité de femences (*g*) aſſez menues & anguleufes.

On voit par cette defcription que les épithetes, mâle & femelle, qu'on a données aux efpeces n°. 1 & 2, font très-impropres.

Les feuilles du Cyprès font très-petites, pointues, & comme articulées les unes avec les autres; ou plutôt les Cyprès paroiſſent n'avoir que de petites branches rondes & vertes : mais ces branches font couvertes de petites écailles; ce font-là les feuilles : elles font attachées à un filet ligneux qui eft dans l'axe de ces petites branches.

, Les feuilles du Cyprès de Virginie, n°. 4, font compofées d'une cinquantaine de petites folioles longues & ovales, qui font rangées par paires fur une nervure commune qui eft terminée par une feule. Ces feuilles, qui font pofées alternativement fur les branches, tombent l'hyver.

Les fruits de ce Cyprès reffemblent extérieurement aux noix des Cyprès ordinaires ; mais l'intérieur eft fort différent. On apperçoit fous une croûte qui enveloppe le fruit, des amandes ovales très-réfineufes qui font enchaffées dans des efpeces de capfules ligneufes, de figure fort irréguliere. Ces amandes font attachées à un filet ligneux qui eft au milieu du fruit. Quand cet arbre fera plus connu, il eft à préfumer qu'on le féparera du genre des Cyprès pour en faire un particulier.

E S P E C E S.

1. *CUPRESSUS meta in faſtigium convoluta, quæ fœmina Plinii* Inſt.
   Cyprés qui a les branches raffemblées comme en un faifceau.

2. *CUPRESSUS ramos extra ſe ſpargens, quæ mas Plinii.* Inſt.
   Cyprés qui étend fes branches.

3. *CUPRESSUS Luſitanica patula, fruĉtu minori.* Inſt.
   Cyprés de Portugal, à petit fruit.

4. *CUPRESSUS Virginiana foliis Acacia deciduis.* H. L. B.
   Cyprés de la Louyfiane à feuilles d'Acacia, & qui fe dépouille l'hyver.

C U L T U R E.

Le Cyprès ne fe multiplie que de femences : il y a des années où elles levent très-bien ; mais fouvent il en leve fort peu, ce qui nous a engagé à les femer dans des terrines fur couche, & la feconde année on plante en pépiniere les petits pieds.

Il faut préferver de la gelée les jeunes Cyprès, & ceux qui font nouvellement plantés ; mais quand ces arbres font un peu gros, & qu'ils ont bien pris poffeffion de la terre, ils fupportent très-bien l'hyver. Il n'y a que celui de Portugal qui eft plus délicat ; fes feuilles ont une odeur affez agréable.

Les Cyprès s'accommodent bien de toutes fortes de terres, & viennent vîte : l'efpece n°. 4, eft la feule qui fe plaît à l'ombre & dans les terreins fort humides.

Après bien des tentatives, nous avons enfin reconnu que pour avoir des graines de Cyprès propres à germer, il faut, dans les mois de Mars & d'Avril, chercher les noix qui commencent à s'ouvrir. On les met dans une boîte, dans un grenier un peu chaud, ou au foleil, jufqu'à ce que les noix s'ouvrent d'elles-mêmes ; & l'on feme la graine qui tombe au fond de la boîte. Alors elle leve en très-peu de temps. Si l'on ouvre les noix pour en tirer la graine, il eft rare qu'elle germe. Il faut auffi avoir l'attention de ne pas femer cette graine trop avant dans la terre. Mais le plus sûr eft de tirer la femence de cet arbre des Provinces méridionales, comme de la Provence ou du Languedoc.

USAGES.

Le Cyprès, n°. 1, forme naturellement une pyramide qui fait un très-bel effet le long des allées.

L'efpece, n°. 2, étend fes branches, & convient dans les maffifs. On peut auffi faire de belles allées en plantant alternativement les deux efpeces, fur-tout fi l'on a foin d'élaguer le n°. 2, pour lui former une tige.

On peut planter les Cyprès en maffifs ; ils formeront des bois qui feront agréables pendant l'hyver. Leur défaut eft d'être d'un verd obfcur qui eft défagréable pendant l'été ; mais dans l'hyver, quand les autres arbres font dépouillés, on ne les trouve plus difgracieux à la vûe : ainfi on ne doit pas manquer de mettre les trois premieres efpeces dans les bofquets d'hyver.

L'efpece, n°. 3, eft d'un plus beau verd, & l'odeur de fes feuilles eft plus agréable ; mais il craint les grandes gelées, & l'on fera bien de ne le rifquer en pleine terre que quand il fera un peu fort, & à des expofitions qui le mettent à couvert du grand froid.

Comme l'efpece du n°. 4 quitte fes feuilles l'hyver, il ne convient point dans les bofquets de cette faifon ; mais on pourra l'employer pour garnir les parties baffes des parcs.

On devroit beaucoup multiplier les plantations de Cyprès :

il y a peu d'arbres dont on pût retirer plus d'utilité. Son bois
eft de bonne odeur, & l'on peut le fubftituer au Cedre. Il a le
très-grand avantage d'être prefque incorruptible. Nous avons une
enceinte de melonniere dont les poteaux font encore très-fains,
quoiqu'ils foient en place depuis près de vingt-cinq ans : ainfi
des Cyprès de fept à huit pouces de diametre conviendroient
très-bien pour faire des contr'efpaliers, pour paliffader des
Villes de guerre, & pour beaucoup d'autres fervices où le
Chêne ne fubfifte que fept à huit ans. Les jeunes branches
feroient très-propres à faire des échalats, & des treillages
d'efpaliers.

Je ne puis rien dire de la qualité du bois de l'efpece n°. 4,
parce que cet arbre qui nous vient de la Louyfiane eft encore
trop rare en France pour que nous ayons été à portée de connoître la qualité de fon bois.

Les Cyprès font des arbres réfineux, & l'on dit que dans
les pays chauds ils fourniffent de la réfine quand on a fait des
incifions à leurs branches ; néanmoins il n'en fort point des
branches que nous coupons à nos gros Cyprès.

Nous avons remarqué qu'il fort, en très-petite quantité, de
l'écorce des jeunes Cyprès une fubftance blanche, & qui paroît
comme des points de cette couleur. Quand on les examine à la
louppe, on trouve qu'ils reffemblent à de petits morceaux de
gomme adragante : nous avons quelquefois vû des abeilles fe
donner bien de la peine pour les détacher ; apparemment qu'elles employent cette matiere dans leur *propolis*.

La noix ou fruit du Cyprès, eft très-aftringente ; elle paffe
auffi pour fébrifuge étant prife en poudre à la dofe d'une dragme.

Tome I.   Pl. 81.

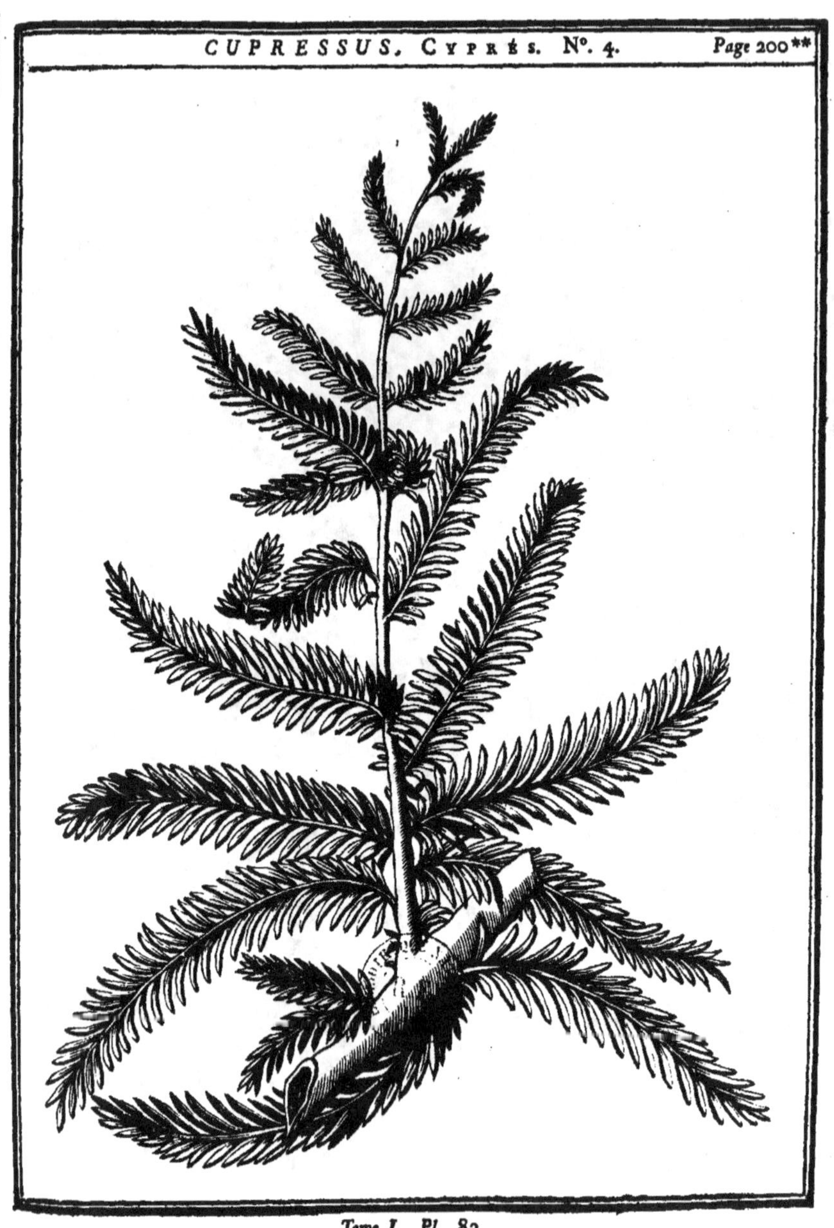

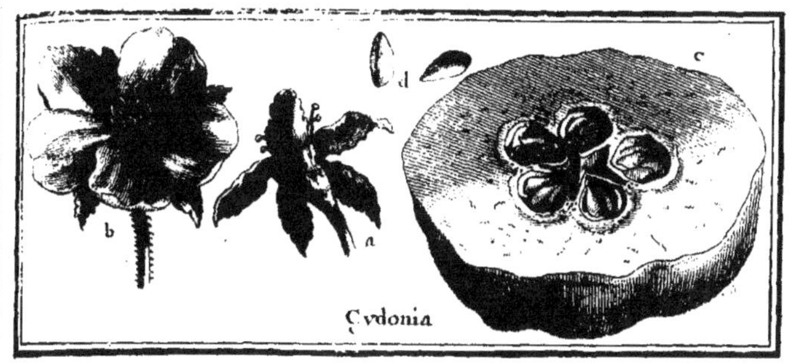

CYDONIA, Tournef. PIRUS, Linn.
COIGNASSIER *ou* COIGNIER.

DESCRIPTION.

LE calyce (*a*) de la fleur du Coignaſſier eſt d'une feule piece; le bas forme un godet : il eſt diviſé en cinq par les bords, & ne tombe point; il porte cinq grands pétales arrondis (*b*), creuſés en forme de cuilleron, diſpoſés en roſe, avec environ une vingtaine d'étamines ſurmontées de ſommets qui font diviſés en quatre.

Le piſtil eſt compoſé d'un embryon qui fait partie du calyce, & de cinq filets ou ſtyles.

L'embryon ou la baſe du piſtil devient un fruit charru figuré en poire, odorant, couvert d'un duvet fin, & terminé par un ombilic qui eſt formé par les découpures du calyce.

On trouve dans l'intérieur (*c*) de ce fruit cinq loges, dans chacune deſquelles il y a une & ſouvent deux ſemences ou pepins (*d*), qui font en forme de larme.

Les feuilles font aſſez grandes, chargées d'un duvet fin, blanchâtres en deſſous, point dentelées, poſées alternativement ſur les branches.

Tome I.   Cc

ESPECES

1. *CYDONIA fructu oblongo læviori.* Inſt.
   Coignassier à fruit long. En Provençal Coudounier.

2. *CYDONIA anguſtifolia vulgaris.* Inſt.
   Coignassier ordinaire à feuilles étroites.

3. *CYDONIA fructu breviore & rotundiore.* Inſt.
   Coignassier à fruit rond, ou Coignier.

4. *CYDONIA latifolia Luſitanica.* Inſt.
   Coignassier de Portugal, à gros fruit & à grandes feuilles.

CULTURE.

On cultive ordinairement les Coigniers & les Coignaſſiers dans les potagers, où ils viennent ſans beaucoup de ſoin. On n'en trouve point dans les bois.

On pourroit multiplier cet arbre en ſemant les pepins ; mais comme les marcottes pouſſent aiſément des racines, on les multiplie ordinairement de cette façon, & l'on greffe l'eſpece du nº. 4 ſur celle du nº. 2.

USAGES.

On ſait que les Coins ſervent à faire des confitures, des gelées qu'on nomme *Cotignac,* & des liqueurs. Toutes ces préparations s'employent pour fortifier l'eſtomac & arrêter les diarrhées. Leurs pepins fourniſſent un mucilage qui eſt adouciſſant & incraſſant.

Cet arbre, qui mérite de trouver place dans les vergers, ne convient pas dans les boſquets ; & l'uſage qu'on fait principalement de l'eſpece nº. 2, eſt de fournir par marcottes des ſujets ſur leſquels on greffe toutes les eſpeces de Poiriers, qui étant greffés ſur les Coignaſſiers, reſtent plus nains, donnent du fruit plus promptement, & ordinairement plus beau que lorſqu'ils ſont greffés ſur des Poiriers ſauvageons. On voit ſur la même planche gravée, les fleurs de cet arbre, les Coins ronds nº. 3. & les Coins longs nº. 1.

Tome I. Pl. 83.

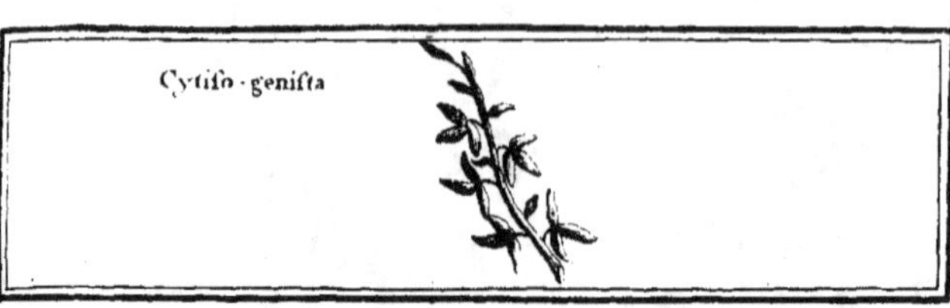

CYTISO-GENISTA, Tournef. SPARTIUM, Linn. GENEST-CYTISE.

DESCRIPTION.

LES Genêts-Cytises font de véritables Genêts. M. de Tournefort dit qu'ils fe rapportent au Genêt, en ce qu'ils ont une partie de leurs feuilles qui naiffent feules & alternes; & qu'ils approchent du Cytife, en ce que le refte de leurs feuilles font compofées de trois folioles qui font difpofées en trefle au bout d'une queue. M. Linneus ayant jugé à propos d'appeller *Spartium* ce qu'on appelloit *Genifta,* il a mis les Genêts-Cytifes dans le genre des *Spartium:* on peut donc ne faire qu'un feul & même genre du Genêt & du Genêt-Cytife ; ainfi , pour la defcription de la fleur & du fruit , voyez GENISTA.

ESPECES.

1. *CYTISO-GENISTA fcoparia vulgaris flore luteo.* Inft.
   GENEST-CYTISE ordinaire à fleur jaune, dont on fait des balais.

2. *CYTISO-GENISTA fcoparia vulgaris flore albo.* Inft.
   GENEST-CYTISE ordinaire à fleur blanche, dont on fait des balais.

CULTURE.

Les Genêts-Cytifes fe multiplient très-aifément par les

femences; & comme celui dont les fleurs font jaunes eft plus commun que celui qui porte des fleurs blanches, on peut, pour fe procurer cette derniere efpece, la greffer par approche ou en écuffon fur l'autre.

Au refte cet arbufte s'accommode affez de toutes fortes de terres.

Nous fupprimons ceux du Portugal, parce qu'ils craignent le froid.

USAGES.

Les Genêts-Cytifes forment de très-jolis arbuftes quand ils font chargés de leurs fleurs dans le mois de Mai; ainfi ils font très-propres à décorer les bofquets printaniers.

Dans les pays de forêts on en fait des balais.

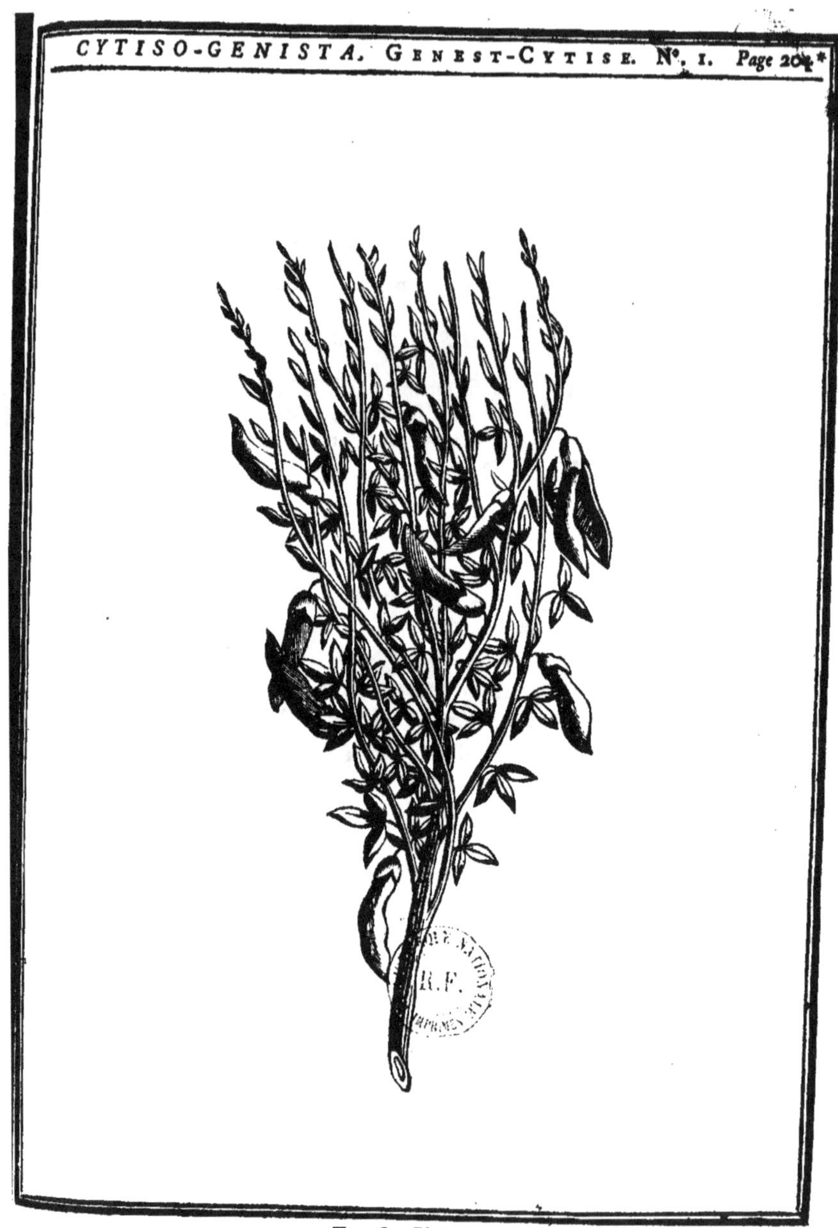

Tome I. Pl. 84.

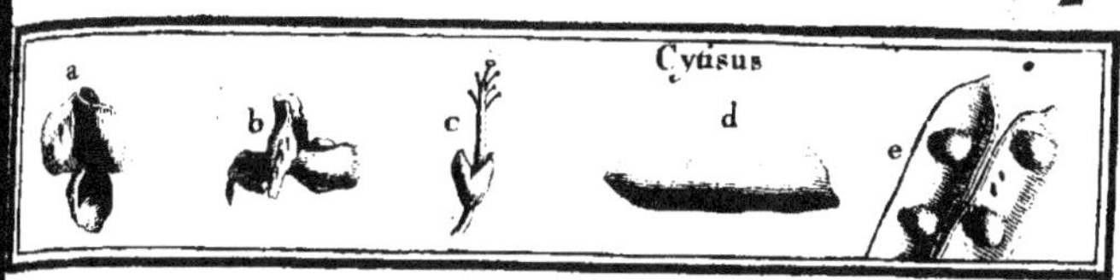

CYTISUS, Tournef. & Linn. CYTISE.

DESCRIPTION.

LA fleur (*a*) des Cytifes eft légumineufe. Les pétales fortent d'un petit calyce (*b*) figuré en cornet qui eft divifé en deux grandes levres, dont la fupérieure eft fubdivifée en deux, & l'inférieure en trois. Le pavillon (*vexillum*) eft ovale, & les bords font repliés. Les aîles (*alæ*) font obtufes & affez longues, & la nacelle (*carina*) eft renflée & terminée en pointe.

Les étamines (*c*), au nombre de dix, fe réuniffent par la bafe, & forment une gaîne au piftil.

Le piftil eft compofé d'un embryon qui eft furmonté d'un filet ou ftyle dont l'extrêmité eft obtufe.

L'embryon devient une filique affez longue (*d*), qui contient plufieurs femences (*e*) figurées comme un rein.

Les feuilles de tous les Cytifes font en trefle, ou compofées de trois folioles qui font foutenues par une même queue, & les feuilles font pofées alternativement fur les branches. Au refte elles font de grandeur & de figure très-différentes fuivant les efpeces.

ESPECES.

1. *CYTISUS glabris foliis fubrotundis, pediculis breviffimis.* C. B. P.
   Cytise à feuilles liffes, arrondies, & foutenues par des queues fort courtes, ou *Trifolium* des Jardiniers.

2. *CYTISUS glaber viridis.* C. B. P.
   Cytise à feuilles liffes & d'un beau verd.

3. *CYTISUS glaber nigricans.* C. B. P.
Cytise à feuilles lisses, & d'un verd foncé.

4. *CYTISUS foliis incanis, angustis, quasi complicatis.* C. B. P.
Cytise à feuilles blanchâtres, étroites, & qui semblent être rassemblées par bouquets.

5. *CYTISUS hirsutus, flore luteo purpurascente.* C. B. P.
Cytise velu, à fleur jaune orangé.

6. *CYTISUS Alpinus, latifoliis, flore racemoso pendulo.* Inst.
Cytise des Alpes à feuille large, dont les fleurs sont disposées en
grappes pendantes; ou Ebenier des Alpes.

7. *CYTISUS Alpinus flore racemoso pendulo, foliis variegatis.* Inst.
Cytise des Alpes, dont les fleurs sont en grappes pendantes,
& qui a les feuilles panachées.

8. *CYTISUS Alpinus angustifolius, flore racemoso pendulo longiori.* Inst.
Cytise des Alpes, à feuille étroite, dont les fleurs sont en grappes fort longues.

9. *CYTISUS Alpinus, flore racemoso pendulo breviori.* Inst.
Cytise des Alpes, dont les fleurs sont en grappes courtes.

10. *CYTISUS spinosus.* H. L. Bat.
Cytise épineux; c'est un *Spartium* de Linneus.

11. *CYTISUS incanus folio medio longiore.* C. B. P. ou *Anthillis
fruticosa foliis ternatis, inæqualibus calycibus, lanatis lateralibus.* Linn.
Cytise velu, à feuilles longues velues.

CULTURE.

Les Cytises ne font point délicats; nous en avons planté sur
des côtes où la terre étoit assez mauvaise, & ils y ont subsisté.

On les multiplie très-aisément de femences & par des marcottes; & les Cytises des Alpes, n°. 6, 7, 8 & 9, reprennent
très-bien de bouture.

USAGES.

Les Cytises, n°. 1, 2, 3, 4 & 5, font de très-jolis arbustes
qui portent une prodigieuse quantité de fleurs jaunes.

Les especes n°. 6, 7, 8 & 9, forment d'assez grands arbres,

qui font très-beaux quand ils font chargés de leurs grandes grappes de fleurs jaunes.

Les uns & les autres fleuriffent dans le mois de Mai, & méritent plus qu'aucun autre arbre d'être mis dans les bofquets printaniers. On peut compter fur un coup-d'œil fort gracieux, en mêlant avec art des buiffons du *Staphilodendron* qui produit des grappes de fleurs blanches, avec des Cytifes des Alpes & des *Pfeudo-Acacia*, qui portent tous deux des fleurs légumineufes en grappe, des Genêts, des Guefniers, &c.

Le bois des Cytifes des Alpes eft fort dur, à-peu-près de la couleur de l'ébene verte. Je l'ai vu employer comme le bois des Ifles, pour faire des manches de couteaux. Il eft auffi fort liant. On affure qu'on en fait d'excellents brancards de chaife. Comme ce bois reffemble beaucoup aux bois des Ifles, on le nomme *EBENIER* des Alpes.

Les Cytifes des Alpes doivent être élevés en maffifs; car quand ils font ifolés, ils pouffent le long de la tige des brins gourmands qui arrêtent la féve, & empêchent les arbres de profiter fi l'on n'a pas foin de les retrancher.

On confit au vinaigre les petits boutons des Cytifes. Les fleurs & les femences paffent pour être très-apéritives.

Tome I. Pl. 85.

Tome I. Pl. 86.

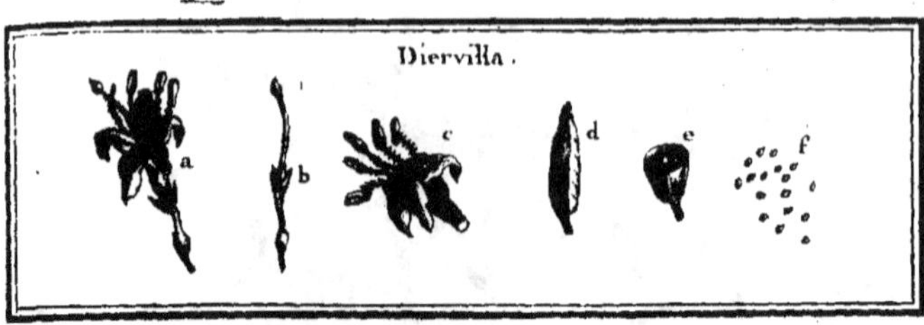

DIERVILLA, Tournef. *LONICERA*, Linn.

DESCRIPTION.

LA fleur (*a*) de la Diervilla eſt formée d'un calyce allongé comme une eſpece de tuyau, qui eſt découpé en cinq, & garni de cinq petites feuilles ; elle a un pétale qui a la forme d'un tuyau dont le bord eſt découpé en cinq. Ces découpures font arrondies & renverſées en dehors. Il y en a une qui eſt un peu plus grande que les autres ; elle eſt plus épaiſſe, & elle eſt garnie de petits filets (*nectarium*) que les autres n'ont point ; auſſi eſt-elle plus colorée de jaune : les autres font d'un blanc ſale. Le calyce ſubſiſte juſqu'à la maturité du fruit ; mais le pétale tombe, & il reſſemble aſſez à celui d'une fleur de Jaſmin. On trouve dans l'intérieur de la fleur cinq étamines (*c*), & un embryon ovale (*b*) qui fait partie du calyce, & d'où part un filet ou ſtyle. L'embryon devient un fruit (*d*) en forme de poire, ou une capſule diviſée en quatre loges (*e*), remplies de femences (*f*) rondes & petites.

Les fleurs font raſſemblées par bouquets ; & les feuilles font grandes, ovales, dentelées par les bords, pliées en gouttiere, & ſupportées par des queues aſſez courtes. Elles font oppo-ſées deux à deux ſur les tiges.

ESPECE.

DIERVILLA Acadienſis fruticoſa, flore luteo. Act. Acad. R. P.
DIERVILLA de Canada en arbriſſeau, qui porte des fleurs jaunes.

DIERVILLA.

CULTURE.

Ce petit arbuste peut s'élever de semences & de marcottes; mais ordinairement il trace, & fournit quantité de rejets enracinés. Il ne craint point le froid. On ne connoît encore que l'espece qui vient d'être nommée.

USAGE.

La Diervilla qu'on pourroit presque regarder comme un Chevre-feuille, produit à la fin de Mai des grappes de fleurs assez jolies; ainsi cet arbuste peut décorer les bosquets de la fin du printemps.

Tome I. Pl. 87.

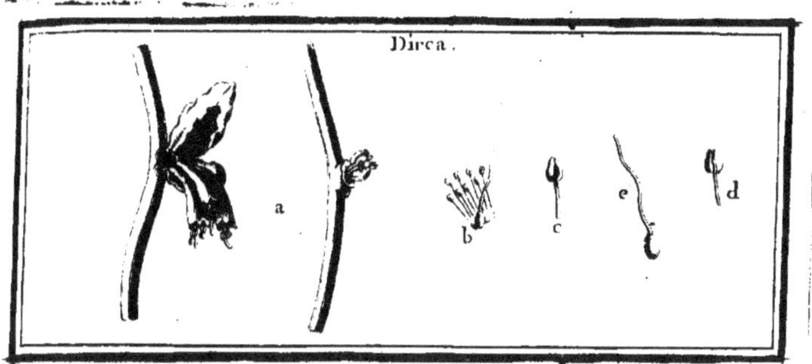

DIRCA, Linn. En Canada BOIS DE PLOMB.

DESCRIPTION.

LA fleur (*a*) du Bois de plomb n'a point de calyce ; elle n'a qu'un pétale qui a la forme d'un tuyau qui n'eſt point ter-miné par un pavillon, mais dont l'extrêmité eſt inégale. De la partie moyenne de ce tuyau partent huit étamines (*b*), qui ſont plus longues que le tuyau ; elles ſont terminées par des ſommets en olives (*c d*).

Le piſtil (*e*) eſt compoſé d'un embryon ovale, qui eſt un peu oblique à ſon extrêmité ; il eſt ſurmonté d'un ſtyle menu, qui eſt plus long que les étamines, & qui ſe recourbe par le bout.

L'embryon devient une baie, dans laquelle on trouve une ſemence.

Cet arbriſſeau ne parvient guere qu'à cinq ou ſix pieds de hauteur. Les branches ſont tellement articulées qu'on les pren-droit pour des chevilles qui entrent les unes dans les autres. Les feuilles ſont grandes & ovales. Les fleurs ſortent ordinai-rement au nombre de trois de chaque bouton ; elles ſemblent partir d'un pédicule commun : elles ſont recourbées vers le bas, & paroiſſent avant les feuilles.

D d ij

ESPECE.

DIRCA. Linn. *THYMELÆA floribus albis primo vere erumpentibus, foliis oblongis, acuminatis viminibus & cortice valdè tenacibus.* Gron. Fl. Virg.

Il eſt appellé par les Anglois *LITHER WOOD,* ou *MOOR WOOD :* par les Canadiens, *BOIS DE PLOMB.*

CULTURE.

Quoique cet arbriſſeau ait été pluſieurs années au Jardin du Roi, je ne puis rien dire ſur ſa culture ; M. Sarrazin nous apprend ſeulement qu'en Canada il ſe trouve dans les lieux gras & humides.

USAGES.

Le Bois de plomb eſt trop rare pour que nous puiſſions décider de l'uſage qu'on pourroit en faire pour la décoration des jardins : nous remarquerons ſeulement que, comme il fleurit de très-bonne heure, il annonce le printemps, ce qui eſt toujours agréable. Il ne paroît pas qu'il puiſſe être d'une grande utilité pour les Arts, non-ſeulement parce qu'il ne forme qu'un arbriſſeau, mais encore parce que ſon bois eſt fort tendre & léger : M. Sarrazin n'ayant pu ſavoir des Indiens pourquoi ils ils nommoient cet arbriſſeau *Bois de plomb,* eſt porté à croire que ce n'eſt que par oppoſition qu'ils lui ont donné ce nom.

ELÆAGNUS, Tournef. & Linn. OLIVIER SAUVAGE.

DESCRIPTION.

LES fleurs (*a b*) de l'Elæagnus font compofées d'un calyce ou d'un pétale d'une feule piece en forme de cloche fort petite, découpée en quatre parties, colorée en jaune par le dedans, & blanchâtre au dehors. Il fort de ces petites cloches quatre étamines (*d e*), & un piftil (*f*) compofé d'un ftyle & d'un embryon (*c*), qui devient une baie (*g*) fucculente femblable à une olive, dans laquelle fe trouve un noyau (*h i*) qui contient une amande (*k l*): quelquefois le ftyle forme une pointe au bout du fruit; d'autres fois il fe deffeche, & on n'apperçoit qu'une cicatrice.

Les feuilles font entieres, ovales, non dentelées, velues & blanchâtres, fur-tout pardeffous; elles font attachées alternativement fur les jeunes branches, qui font auffi blanchâtres & velues; les queues des feuilles font affez courtes.

ESPECE.

ELÆAGNUS Orientalis anguftifolius, fruÉlu parvo, Olivæ-formi, fubdulci. Cor. Inft.

ELÆAGNUS du Levant à feuilles étroites, dont les fruits font doux, & reffemblent à de petites olives.

Quelques Auteurs l'appellent OLIVIER SAUVAGE.

CULTURE.

Cet arbre n'exige aucune attention fur la nature du terrein;

& on le multiplie très-aisément par marcottes ou même par
bouture.

U S A G E S.

L'Elæagnus est un arbre de médiocre grandeur , qui se
charge d'une prodigieuse quantité de fort petites fleurs jaunes,
de sorte que dans le mois de Juin, lorsqu'il est en fleurs, il
paroît entierement de cette couleur.

Ses fleurs répandent alors une odeur très-forte, mais cependant agréable lorsqu'on en est un peu éloigné : c'est pour
cela que les Portugais l'appellent l'*Arbre du Paradis*. Ainsi cet arbre, qui parfume le soir tout un jardin, peut servir pour la décoration des bosquets de la fin du printemps. On peut aussi le mettre
dans ceux d'automne ; car il ne quitte ses feuilles que dans le
temps des fortes gelées.

Son bois est tendre , & se rompt aisément.

Tome I. Pl. 89.

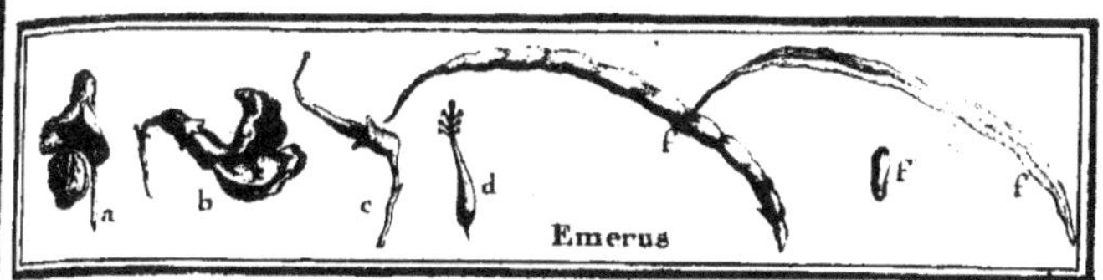

EMERUS, Tournef. *CORONILLA*, Linn.

DESCRIPTION.

LES fleurs (*a*) de l'Emerus, raffemblées en petites grappes, font légumineufes : elles font compofées d'un calyce fort petit (*b*), découpé par les bords en quatre parties inégales. Le pavillon (*vexillum*) n'eft prefque pas plus grand que les aîles; il eft renverfé en arriere, & échancré au milieu: fouvent il eft féparé des autres parties de la fleur jufqu'à fa bafe. Les aîles (*alæ*) font ovales; elles fe réuniffent par le haut, & s'écartent un peu par le bas. La nacelle (*carina*) eft prefque cachée par les aîles; elle eft d'une feule feuille, attachée au calyce par deux appendices; elle eft comprimée & fe termine en pointe. On trouve dans l'intérieur dix étamines (*d*), qui prennent leur origine d'une gaîne qui enveloppe le piftil; leurs fommets reffemblent à de petites pyramides.

Le piftil (*c*) eft formé d'un embryon allongé furmonté d'un filet.

L'embryon devient une filique (*f*), longue, menue, & comprimée entre chacune des femences, lefquelles font cylindriques.

Les feuilles font conjuguées, étant compofées de folioles figurées comme un cœur, & rangées par paire au nombre de quatre, fix, huit fur un filet qui eft terminé par une feule. Ces feuilles font attachées alternativement fur les jeunes branches : elles font d'un beau verd; & cet arbriffeau eft fort touffu.

ESPECES.

1. *EMERUS Cæfalpini.* Inft.
  Emerus de Céfalpin , ou Securidaca des Jardiniers , ou Sené batard.

2. *EMERUS minor.* Inft.
  Petit Emerus.

CULTURE.

Cet arbufte s'éleve fort bien dans toutes fortes de terreins; mais il fe plaît à l'ombre. On le multiplie très-aifément par des drageons enracinés qui pouffent autour des gros pieds.

USAGES.

L'Emerus eft un arbufte très-joli : au printemps il fe garnit d'une prodigieufe quantité de feuilles qui font d'un beau verd; & vers le milieu du mois de Mai il eft tout couvert de fleurs jaunes, marquées de taches rouges, qui le rendent très-propre à la décoration des bofquets du printemps.

Comme il conferve fes feuilles jufqu'aux gelées, & que fouvent il fleurit encore dans l'automne, on pourra en mettre dans les bofquets de cette faifon.

On prétend que les feuilles de cet arbufte font laxatives.

Le *Securidaca* de M. de Tournefort ne devroit point entrer dans ce Traité, parce que fes tiges périffent tous les ans; néanmoins comme il fert pour la décoration des jardins, & qu'il differe peu de l'Emerus, nous en avons joint la figure à celle de l'Emerus.

EMPETRUM;

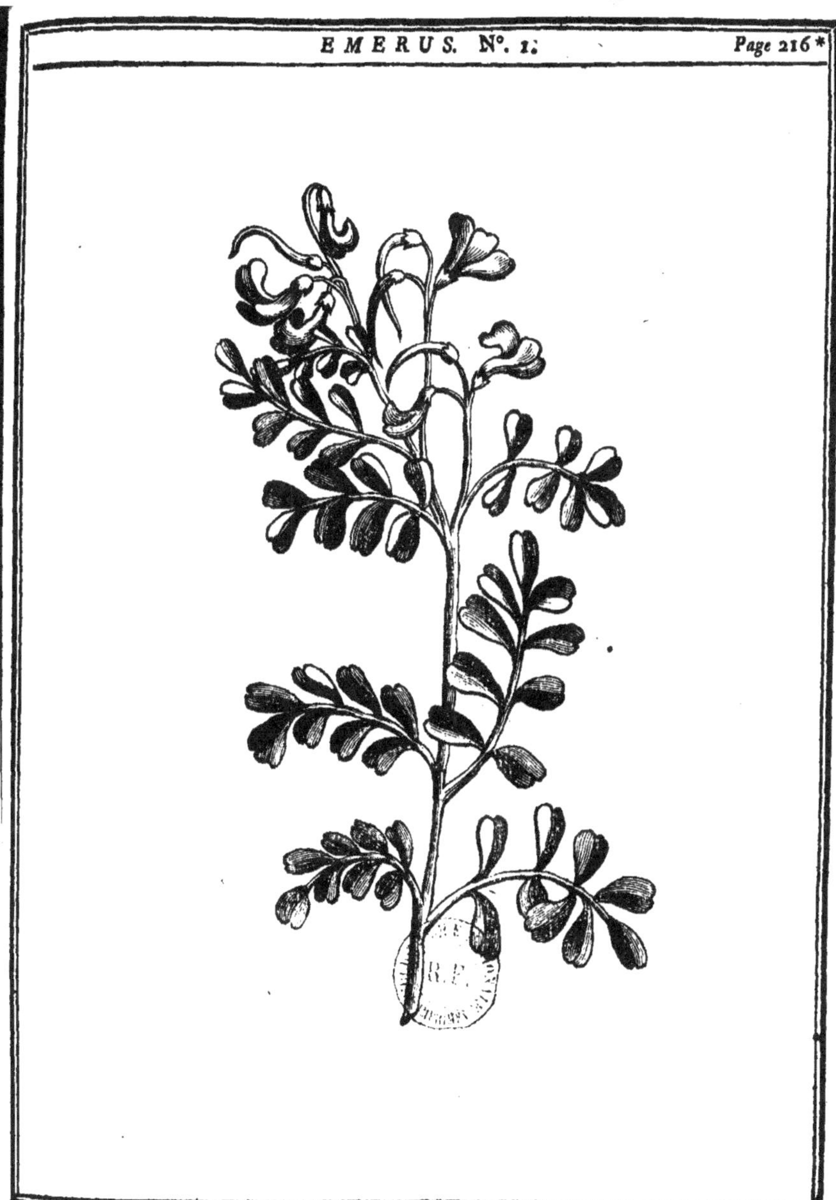

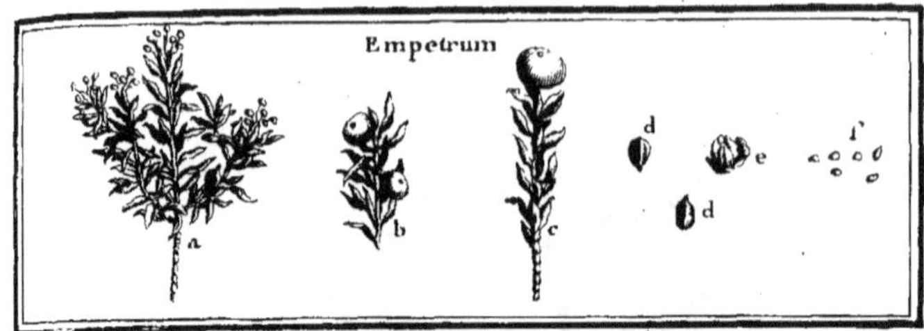

EMPETRUM, TOURNEF. & LINN.

DESCRIPTION.

L'EMPETRUM reffemble beaucoup aux bruyeres; il porte trois fortes de fleurs, les unes hermaphrodites, les autres mâles & les autres femelles.

Les hermaphrodites (*a*) ont un calyce divifé en trois; un pareil nombre de pétales, trois étamines, & un piftil cômpofé d'un embryon arrondi & d'un ftyle fort court. L'embryon devient une baie (*b c*) à-peu-près fphérique, dans laquelle on trouve neuf femences tranchantes d'un côté, arrondies de l'autre (*d e f*).

Les fleurs mâles font femblables aux précédentes, excepté qu'elles n'ont point de piftil; ce qui fait qu'elles ne donnent point de fruit. Les femelles au contraire n'ont point d'étamines, mais un piftil, & elles produifent des baies fucculentes qui renferment des femences (*g*).

Cet arbufte porte des tiges rameufes, chargées de feuilles étroites, petites & pointues; & les fleurs font raffemblées en épi.

ESPECES.

1. *EMPETRUM montanum fruEtu nigro.* Inft.
EMPETRUM de montagne à fruit noir, ou grande BRUYERE qui porte des baies noires.

2. *EMPETRUM Lusitanicum fructu albo.* Inst.
Empetrum de Portugal à fruit blanc.

CULTURE.

Ces arbustes peuvent se multiplier par les semences & par marcottes: ils ne demandent aucun choix de terrein; mais l'espece n°. 2 craint les fortes gelées. Ils reprennent difficilement quand on les transplante.

USAGES.

L'Empetrum forme un arbuste qui peut être mis dans les bosquets d'été.

On fait avec les baies de celui de Portugal une espece de limonade qui est agréable: on en fait boire aux fébricitans.

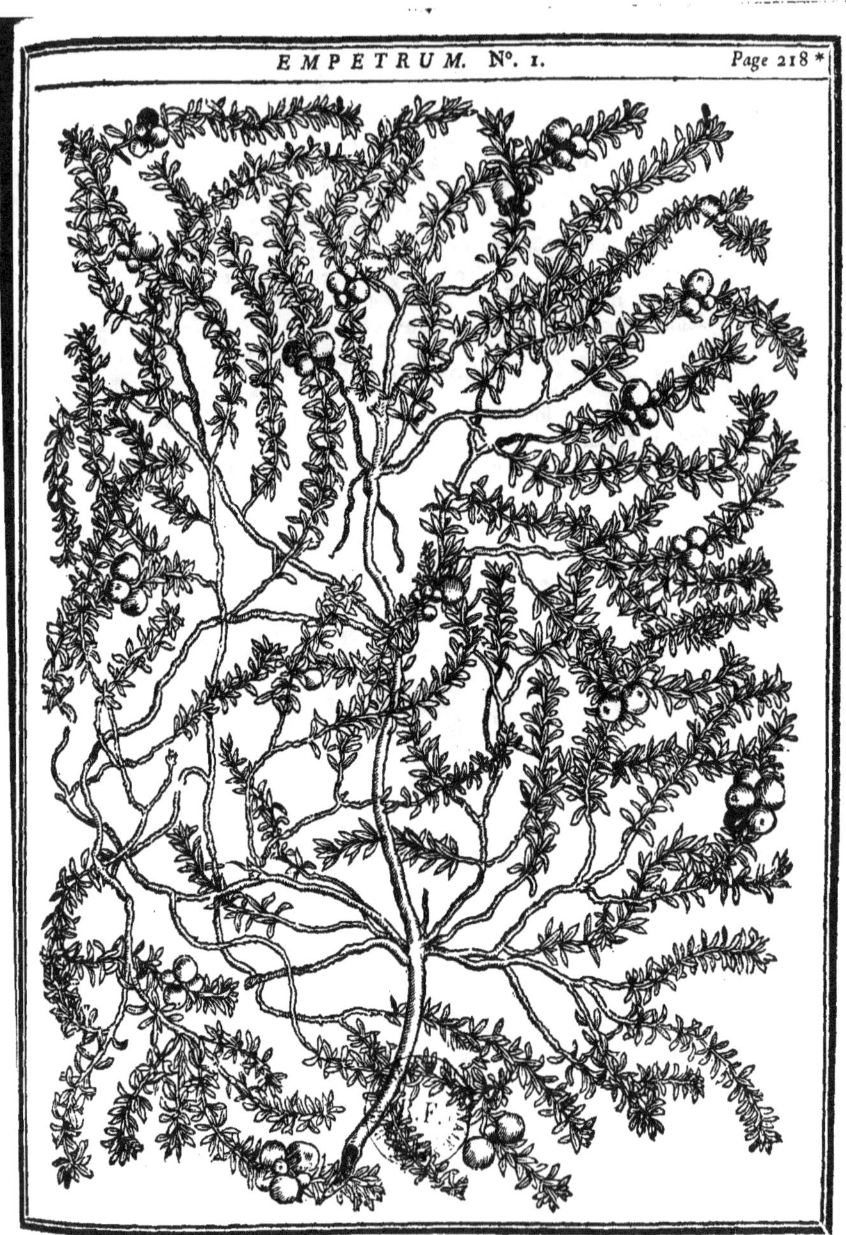

Tome I. Pl. 91.

EPHEDRA, Tournef. & Linn.

DESCRIPTION.

LES Ephedra font les uns mâles & les autres femelles : il y en a auſſi d'hermaphrodites.

Les parties des fleurs mâles (*a*) font, une enveloppe écailleuſe formée de pluſieurs petites feuilles qui font à-peu-près rondes & creuſées en cuilleron ; & un calyce d'une ſeule piece, diviſé en deux parties, qui font auſſi creuſées en cuilleron & terminées par une pointe obtuſe.

Dans l'intérieur on ne trouve point de pétales, mais ſeulement ſept ou huit étamines (*b*), qui rapprochées l'une de l'autre, forment une eſpece de colonne même plus longue que le calyce.

Entre les étamines, il s'en trouve trois plus longues que les quatre autres. Toutes font terminées par des ſommets arrondis qui s'ouvrent par le bas.

Les fleurs femelles (*c d e f*) different des mâles, en ce qu'on trouve dans leur calyce le piſtil qui eſt formé par deux embryons ovales applatis d'un côté, preſqu'entierement recouverts par le calyce, & ſurmontés de deux ſtyles qui ſe terminent par des ſtigmates obtus.

Les embryons deviennent des ſemences (*g h i*) figurées en larmes, & applaties du côté où elles ſe touchent; elles n'ont point d'autre enveloppe que le calyce, qui devient une ſubſtance charnue & ſucculente.

Les Ephedra ont de très-petites feuilles preſque cylindriques, & une grande quantité de rameaux d'un beau verd ſemblables à ceux du Genêt, & interrompus par des articulations. La fleur n'a aucun mérite ; mais le fruit en mûriſſant devient ſucculent comme une petite mûre : il a un goût aigrelet, ſucré & agréable.

E e ij

ESPECES.

1. *EPHEDRA, five ANABAZIS Bellon.* Inſt. *Mas & fœmina.*
EPHEDRA qui grimpe, ou RAISIN DE MER.

2. *EPHEDRA maritima major.* Inſt. *Mas & fœmina.*
Grand EPHEDRA.

3. *EPHEDRA maritima minor.* Inſt. *Mas & fœmina.*
Petit EPHEDRA.

4. *EPHEDRA Hiſpanica arboreſcens, tenuiſſimis & denſiſſimis foliis.*
Inſt. *Mas & fœmina.*
EPHEDRA d'Eſpagne qui forme un arbriſſeau, & qui a ſes rameaux
menus & très-touffus.

5. *EPHEDRA Cretica tenuioribus & rarioribus flagellis.* Cor. Inſt.
EPHEDRA de Crete, dont les rameaux ſont fort courts.

6. *EPHEDRA petiolis ſæpe pluribus, amentis ſolitariis.* Gmel. flor. Sib.
Petit EPHEDRA de Sibérie.

CULTURE.

L'Ephedra eſt un arbriſſeau qui vient au bord de la mer; il
s'éleve très-bien dans nos jardins, & il ſouffre d'être tondu au
ciſeau.

Il trace & produit beaucoup de jets enracinés, par leſquels
on le multiplie.

USAGES.

Quoique les Ephedra ne produiſent preſque point de feuilles,
ils ne laiſſent pas de faire un arbriſſeau toujours verd & très-
touffu, par la grande quantité de ſes branches; on doit donc
le mettre dans les boſquets d'hyver. En les tondant au ciſeau,
on en fait de belles boules. On peut auſſi leur former une
tige, en faire des tapis d'un pied & demi ou deux pieds de
hauteur, & les employer à différents uſages pour la décoration
des jardins.

L'eſpece n°. 6, eſt très-baſſe, & forme une ſorte de gaſon.

Les fruits mûrs de l'Ephedra ont, comme nous l'avons dit,
une acidité agréable; on les conſeille pour tempérer l'ardeur
de la bile.

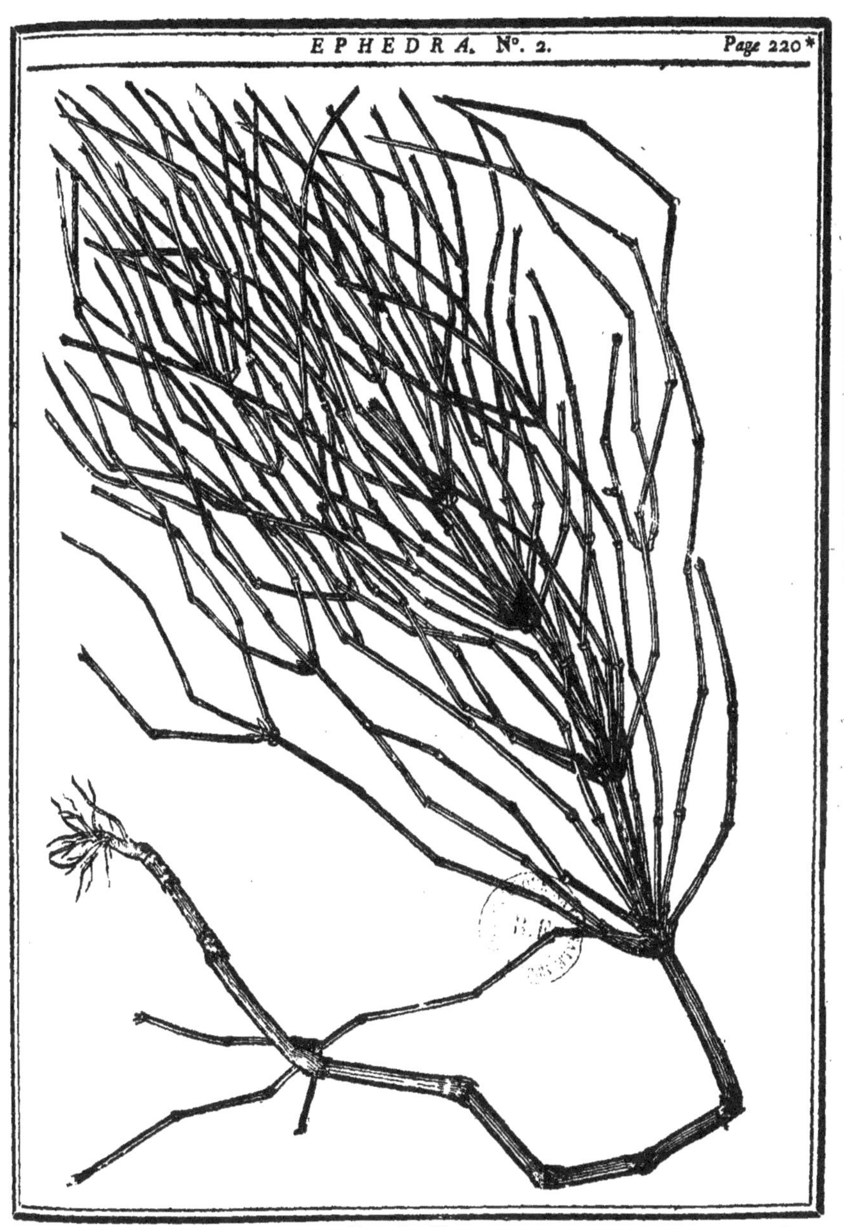

Tome I. Pl. 92.

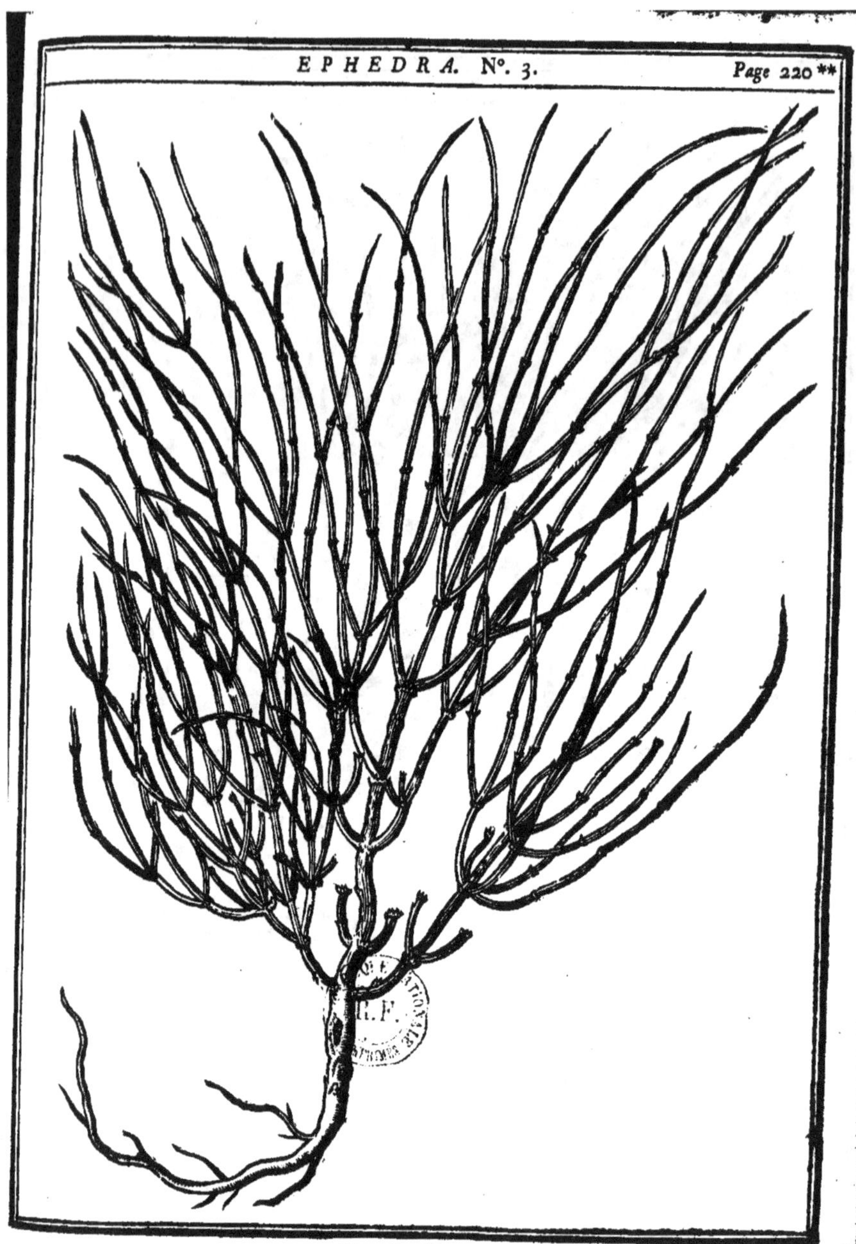

Tome I.   Pl. 93.

ERICA, TOURNEF. *&* LINN. BRUYERE.

DESCRIPTION.

LES fleurs (*ab*) de la Bruyere ont un calyce compofé de plufieurs petites feuilles colorées, & un pétale figuré en cloche ou en grelot divifé en quatre parties. On trouve dans l'intérieur huit étamines (*c*), & un piftil (*de*), qui eft formé d'un embryon terminé par un ftyle. L'embryon devient un fruit (*f*) arrondi, divifé en quatre loges (*gi*) remplies de femences fort menues (*h*).

Les feuilles font petites, étroites, pointues, & tantôt oppofées fur les branches, tantôt pofées alternativement, fuivant les efpeces.

ESPECES.

1. *ERICA vulgaris glabra.* C. B. P.
  BRUYERE ordinaire, dont les feuilles font liffes.

2. *ERICA vulgaris glabra flore albo.* C. B. P.
  BRUYERE ordinaire à feuilles liffes & à fleurs blanches.

3. *ERICA frutefcens peregrina.* C. B. P.
  BRUYERE en arbriffeau.

4. *ERICA major floribus ex herbaceo purpureis.* C. B. P.
  Grande BRUYERE à fleurs pourpres, tirant fur le verd.

5. *ERICA major fcoparia, foliis deciduis.* C. B. P.
  Grande BRUYERE à faire des balais, & qui quitte fes feuilles.

6. *ERICA ex rubro nigricans fcoparia.* C. B. P.
  BRUYERE à faire des balais, qui eft d'un rouge brun.

7. *ERICA humilis cortice cinereo Arbuti flore.* C. B. P.
  Petite BRUYERE à fleur d'Arboufier.

8. *ERICA hirfuta Anglica.* C. B. P.
  BRUYERE velue d'Angleterre.

CULTURE.

La plupart des Bruyeres viennent dans les plus mauvais terreins, fur-tout dans des fables arides; & elles fe multiplient par marcottes, par drageons enracinés, & par femences. Quand elles fe plaifent dans un endroit, on a bien de la peine à les détruire, ou à les empêcher de fe multiplier trop; mais il eft fouvent difficile de les y faire reprendre.

USAGES.

Toutes les efpeces de Bruyeres forment des arbuftes très-jolis dans les mois de Juin & Juillet, temps auquel ils font chargés de fleurs, les unes blanches & les autres pourpres. Mais il eft dangereux de les trop multiplier; parce qu'il n'eft pas aifé de les empêcher de s'étendre quand elles fe plaifent dans un terrein. La plupart des efpeces ne quittent point leurs feuilles; mais lorfque les fleurs font paffées, les tiges reftent chargées de follicules feches qui font défagréables à voir.

Les abeilles font d'amples récoltes fur les fleurs de Bruyeres; mais le miel qu'elles ramaffent fur cette plante n'eft pas eftimé; il eft jaune & fyrupeux. C'eft avec la Bruyere que l'on fait les petits balais qu'on préfente aux vers à foie, quand ils veulent monter pour fe métamorphofer & former leur coque.

La plus grande partie du charbon que l'on confomme à Bordeaux, eft fait avec les fouches & les groffes racines de la Bruyere.

Enfin on attribue aux feuilles de la Bruyere une vertu diurétique.

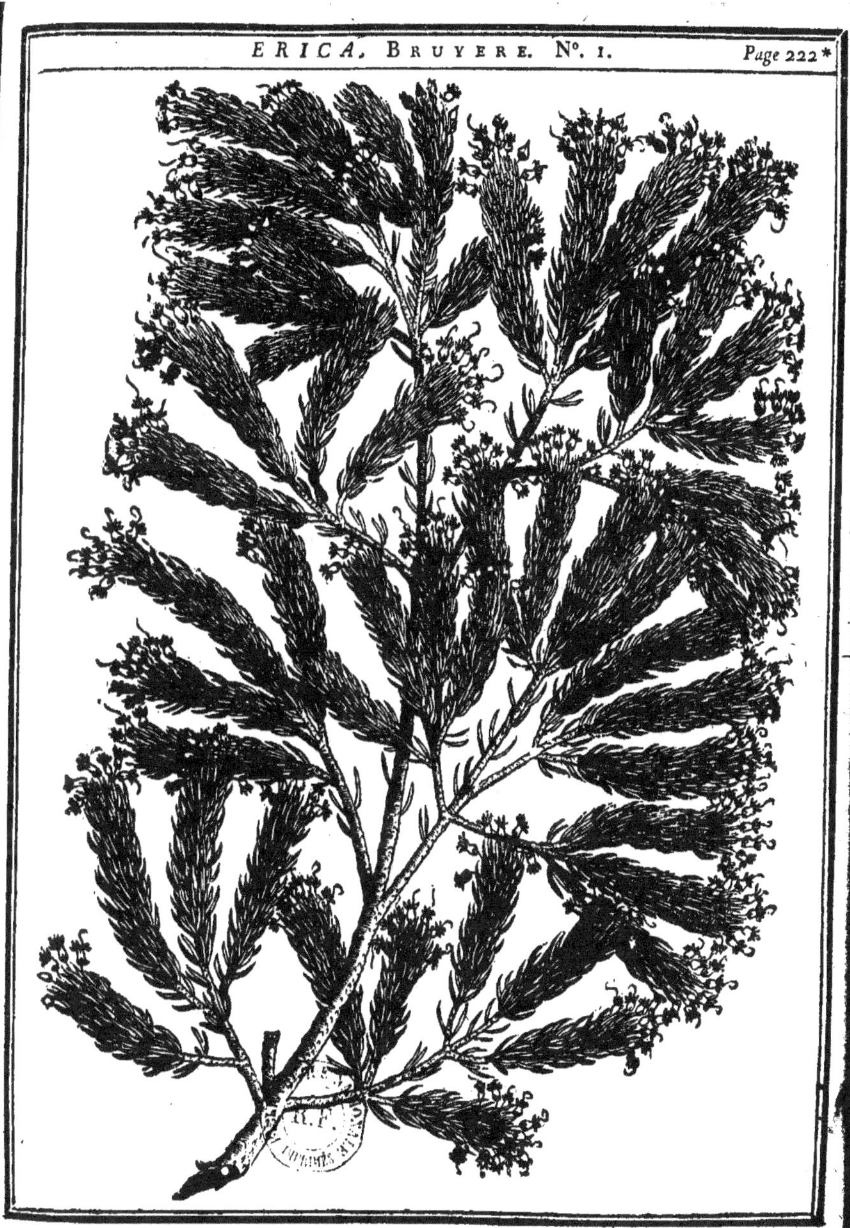

Tome I. Pl. 94.

EVONIMOÏDES, Act. Acad. R. P.
CELASTRUS, LINN.

DESCRIPTION.

LES fleurs (*a b c*) de l'Evonimoides font formées d'un calyce d'une feule piece, divifé en cinq parties. Ce calyce porte cinq pétales ovales (*e*), cinq étamines (*f*), & un
piftil (*d*), formé par un petit embryon, furmonté d'un ftyle
quelquefois fort court, qui eft terminé par un ftigmate arrondi.
L'embryon devient un fruit oblong (*g h i*) formant comme trois
côtes. On trouve dans l'intérieur (*l*) quelques femences
ovales (*m*).

Cette plante eft farmenteufe & grimpante; elle n'a point de
mains, mais elle s'entortille autour de ce qu'elle peut toucher:
elle porte des feuilles arrondies terminése en pointe, & des
épis de fleurs qui s'épanouiffent vers le milieu du mois de
Mai. Les feuilles font pofées alternativement fur les branches.

ESPECES.

1. *EVONIMOIDES Canadenfis fcandens, foliis ferratis.* Act. Acad. R. S.
EVONIMOIDES qui grimpe, & dont les feuilles font dentelées,
ou BOURREAU DES ARBRES.

2. *EVONIMOIDES Virginiana foliis non ferratis, fructu coccineo eleganter
bullato.* Act. Acad. R. S. ou *EVONIMUS Virginianus rotundifolius,
capfulis coccineis eleganter bullatis.* D. Banift. Pluk. Phytog.
EVONIMOIDES de Virginie, dont les feuilles ne font point dentelées, & dont les fruits font ronds & d'un beau rouge.

EVONIMOIDES Carolinienfis Ziziphi foliis. Act. Acad. R. S.
Voyez CEANOTHUS.

CULTURE.

L'Evonimoides, n°. 1, trace beaucoup ; & quand il eſt une fois bien repris dans un endroit, il ſe multiplie plus qu'on ne veut.

Nous n'avons point l'eſpece n°. 2 : elle vient en Canada : M. Sarrazin dit qu'elle s'éleve beaucoup en s'accrochant aux arbres voiſins.

USAGES.

L'Evonimoides peut ſervir à garnir des tonnelles & des terraſſes : ſes feuilles ſont d'un beau verd ; mais il ne s'éleve pas fort haut, & il a le défaut de tracer beaucoup, ce qui le rend incommode dans les jardins cultivés avec propreté.

On dit qu'en Canada il ſe roule autour de la tige des arbres, & qu'il les fait quelquefois périr ; c'eſt ce qui l'a fait appeller *le Bourreau des Arbres.*

L'eſpece, n°. 2, n'a point les feuilles terminées en pointe ; elles ſont ovales, allongées, & cette plante fait un fort bel effet ſurtout dans l'automne.

EVONMIUS,

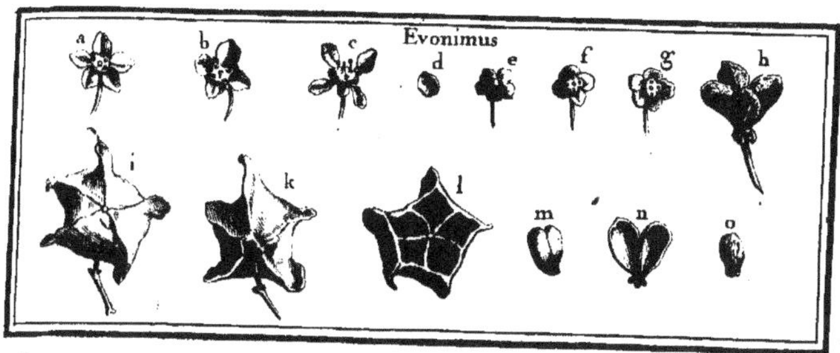

EVONIMUS, Tournef. & Linn. FUSAIN, *ou* BONNET DE PRESTRE.

DESCRIPTION.

LES fleurs (*a b c*) du Fufain font formées d'un calyce applati (*e f g*), divifé en quatre ou cinq parties. On apperçoit en dedans une efpece de rofette qui eft l'embryon ou la bafe du piftil; c'eft de cette rofette que partent quatre ou cinq pétales (*d*), un pareil nombre d'étamines & le ftyle (*h i k*).

L'embryon devient un fruit quarré ou pentagonal, qui eft divifé en quatre ou cinq loges (*l*), dans chacune defquelles eft une femence (*o*), qui eft enveloppée dans un peu de pulpe colorée (*n*), comme on le voit en (*m*).

Les feuilles de la plupart des Fufains font entieres, ovales, plus ou moins allongées, finement dentelées par les bords, & pofées deux à deux fur les branches.

Les Fufains forment d'affez grands arbriffeaux.

ESPECES.

1. *EVONIMUS vulgaris granis rubentibus.* C. B. P. Fusain des bois, dont les graines font d'un beau rouge. En quelques Provinces on le nomme GARAS.

Tome I.   F f

2. *EVONIMUS granis nigris.* C. B. P.
 F u s a i n dont les graines sont noires.

3. *EVONIMUS latifolius.* C. B. P.
 F u s a i n dont les feuilles sont grandes, & les fruits gros & pourpres.

4. *EVONIMUS Virginianus Pyracanthæ foliis, semper virens, capsula
 verrucarum instar asperata.* Pluk.
 F u s a i n de Virginie toujours verd, à feuilles de Pyracantha, dont
 les fruits sont couverts de petites bosses.

5. *EVONIMUS Virginianus folio ovato dentato, flore ex viridi rubello.*
 F u s a i n de Virginie à feuilles ovales dentelées, dont les fleurs
 sont vertes, teintes de rouge.

EVONIMUS Virginianus, &c. Pluk. Voyez *EVONIMOIDES.*

EVONIMUS Jujubinis foliis, &c. Pluk. Voyez *CEANOTHUS.*

C U L T U R E.

Le Fusain, n°. 1, vient naturellement dans les haies; & les
especes n°. 2 & 3 ne sont pas plus délicates.

Toutes les especes peuvent s'élever par semences & par
marcottes; quelquefois même elles tracent, & fournissent des
drageons enracinés.

U S A G E S.

Le Fusain fleurit à la fin de Mai. Ses fleurs, qui sont d'un
blanc verdâtre, ont peu de mérite; mais ses fruits rouges ou
violets qui conservent leur belle couleur jusqu'aux gelées, doivent engager à le mettre dans les bosquets d'automne & dans
les remises.

Le n°. 3, qui a de gros fruits pourpres, est garni de belles
& grandes feuilles.

L'espece, n°. 4, ne quitte point ses feuilles, & pourroit
être mise dans les bosquets d'hyver, si elle n'étoit pas sensible
aux grandes gelées.

L'espece, n°. 5, se cultive à Trianon.

Le bois du Fusain est assez dur. On s'en sert pour faire de
grosses lardoires & des fuseaux.

On en fait auſſi du charbon qui ſert aux Deſſinateurs. Pour cela on fend une tige de Fuſain par morceaux gros comme le doigt ; on en remplit un canon de fer que l'on bouche exactement par les bouts, & on le fait rougir au feu. Quand il eſt refroidi, on trouve dedans un charbon très-tendre & très-commode pour faire des eſquiſſes. Mais comme la circonférence de ces morceaux de bois ſe retire plus que le centre, on trouve ordinairement les charbons rompus ou très-courbés ; c'eſt pourquoi, au lieu de prendre des morceaux refendus, je préfere des baguettes de brin ; alors les crayons ſont fort droits ; mais il faut faire la pointe de ces crayons ſur un des côtés pour éviter la moëlle.

On dit que les fruits & les feuilles du Fuſain ſont pernicieux au bétail ; & que deux ou trois de ſes fruits purgent violemment.

F f ij

Tome I.   Pl. 96.

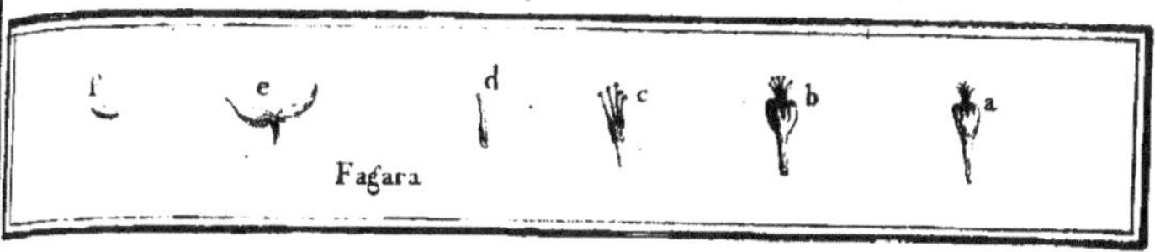

FAGARA, ZANTOXILUM, LINN.

DESCRIPTION.

LE Fagara porte, fur différens individus, des fleurs mâles & des fleurs femelles.

Les fleurs mâles ont un calyce découpé en cinq parties ovales & colorées, point de pétale, à moins qu'on ne veuille que le calyce foit le pétale. On apperçoit dans la fleur quatre, cinq, fix ou fept étamines.

Les fleurs femelles (*ab*) font entierement femblables aux mâles, excepté qu'au lieu d'étamines on apperçoit un piftil (*cd*) formé de quatre ou cinq embryons & d'autant de ftyles terminés par un ftigmate obtus. Tous ces embryons, qui font raffemblés en tête au fond du calyce, forment autant de capfules qui renferment chacune une femence ronde & brillante (*ef*).

Les feuilles du Fagara reffemblent beaucoup à celles du Frêne; mais il ne forme qu'un arbriffeau: il porte de groffes & courtes épines.

ESPECE.

FAGARA fraxini folio. Mas & fœmina.
FAGARA dont la feuille reffemble affez à celle du Frêne, ou FRESNE ÉPINEUX.

CULTURE.

Nous avons élevé cet arbriffeau par les graines qui nous font venues de Canada; mais la plus grande partie ne leve point.

Si on veut avoir des femences de cet arbriffeau en France, il eft néceffaire de planter les deux individus auprès les uns des autres.

Nous avons quelques pieds affez gros qui tracent, & fourniffent beaucoup de drageons enracinés.

U S A G E S.

Le Frêne épineux forme un joli arbriffeau par fon feuillage; mais fa fleur n'a aucun éclat: il eft fujet à être dépouillé par les cantharides. Il paffe en Canada pour être un puiffant fudorifique & diurétique. Ses graines & leurs capfules répandent une odeur affez agréable.

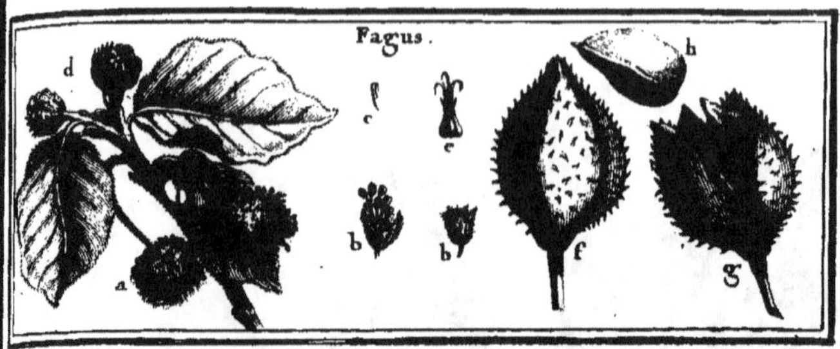

FAGUS, Tournef. & Linn. HESTRE.

DESCRIPTION.

LE Hêtre produit des fleurs mâles & des fleurs femelles. Les fleurs mâles (*b*) font attachées à un filet flexible, & forment par leur affemblage un chaton fphérique (*a*).

Chaque fleur eft compofée d'un calyce qui eft figuré en cloche, & découpé par les bords en cinq, fans pétale ni piftil ; on trouve dans l'intérieur environ douze étamines (*c*).

Les fleurs femelles (*d*) ont un calyce campaniforme découpé en quatre par les bords. On apperçoit dans l'intérieur le piftil (*e*) compofé de trois ftyles, dont la bafe ou le calyce devient un fruit (*f*) épineux, relevé de quatre côtes ou gaudrons ; il fe termine en pointe ; & l'on trouve dans l'intérieur (*g*) quatre femences triangulaires (*h*).

Les feuilles font ovales ; on apperçoit quelques dentelures fur les bords, & il y a des feuilles qui n'en ont prefque point : elles font toutes de médiocre grandeur, d'un beau verd, très-luifantes, & rangées alternativement fur les branches.

Cet arbre, qui eft un des plus grands & des plus beaux de nos forêts, a toujours fon écorce très-unie & blanchâtre.

ESPECE.

FAGUS. Dod. pempt.
HESTRE, FAU, FOUTEAU, ou FOYARD.

CULTURE.

Nous avons femé la Faine (ou Fouefne) qui eft la femence du Hêtre, dans l'automne & au printemps, avec un égal fuccès : néanmoins il eft mieux d'en conferver les femences dans du fable pendant l'hyver ; elles y font à couvert des mulots & de plufieurs autres animaux qui en font très-friands, & elles fe difpofent à lever plus promptement au printemps.

Quand on fait des femis en grand, on répand le fable avec la femence ; & fi le champ a été entretenu en bon labour, il fuffit d'y faire paffer la herfe pour que la Faine foit fuffifamment enterrée ; car elle réuffiroit mal fi on la mettoit à une trop grande profondeur.

Quand on veut femer du Hêtre, dans la vue de l'élever en pépiniere, on répand les femences fur des planches, avec les précautions que nous venons de rapporter ; & dans la feconde ou la troifieme année, lorfque les jeunes Hêtres ont fix ou huit pouces de hauteur, alors, au mois de Novembre, quand la terre eft bien pénétrée d'eau, on les arrache, ayant attention de ne point rompre les racines : on coupe la racine pivotante ; & l'on plante les jeunes arbres dans des rigolles à deux pieds de diftance les uns des autres.

On laboure ces pépinieres comme une jeune vigne : on élague de temps en temps les jeunes arbres ; & quand ils ont quatre ou cinq pouces de circonférence à un pied au-deffus de terre, on peut les arracher pour les planter en avenues.

Comme il leve beaucoup de Faine dans les forêts, on peut fe difpenfer d'en femer ; il fuffit d'en arracher de petits fous les grands arbres, & de les mettre auffitôt en pépiniere.

Les Hêtres ne réuffiffent point dans les terres qui ont peu de fonds ; le terrein qui leur convient le mieux eft un fable gras, ou qui eft mêlé d'un peu d'argille. On en voit d'affez beaux dans le fable pur, lorfque le terrein eft un peu humide. On dit que cet arbre croît naturellement à la Louyfiane,

USAGES.

On fait que le Hêtre eft un des plus beaux & des plus grands arbres de nos forêts. Son bois, comme nous le dirons
dans

dans la fuite, eſt propre à beaucoup de ſervices. Ainſi lorſque l'on ſe trouvera dans un terrein qui lui convient, on fera bien d'en élever de grandes futaies.

Il y a peu d'arbres qui ſoient d'une plus belle forme : ſes feuilles ſont d'un très-beau verd, brillantes, & aſſez fermes ; ce qui fait qu'elles ſont peu endommagées par les inſectes, & qu'elles ſubſiſtent ſur les arbres juſqu'aux gelées. Toutes ces raiſons doivent engager à en faire des ſalles d'automne & des avenues. Comme cet arbre ſouffre le croiſſant & le ciſeau, on pourra en former des paliſſades, qui ſeront au moins auſſi belles que celles de Charme.

Le bois de Hêtre eſt fendant & caſſant quand il eſt bien ſec ; mais tant qu'il conſerve un peu de ſéve, il eſt pliant & fait reſſort : c'eſt pourquoi on le préfere à tout autre bois pour les rames des bâtimens de mer, & l'on en fait encore de bons brancards pour les chaiſes de poſte. En Allemagne les Charrons en font des gentes de roues : & à Breſt on en fait quelquefois des affuts de canon, qui pourriſſent moins promptement dans les Vaiſſeaux que ceux que l'on fait d'Orme. Mais ce bois eſt plus ſujet à ſe fendre : & on ne l'employe guere pour les charpentes ni pour la conſtruction des Vaiſſeaux ; j'en ai ſeulement vu faire des palplanches pour des encaiſſemens autour des pilotis. Les Menuiſiers pour meubles en employent beaucoup, quoiqu'il ſoit ſujet à être piqué par les vers : on prévient en partie cet inconvénient en verniſſant ce bois après l'avoir employé.

Les Tourneurs en font pluſieurs petits ouvrages, comme des febiles ou gamelles, des ſaunieres, &c.

Les bâtieres des bêtes de charge, les attelles des colliers des chevaux de harnois, les pelles pour remuer le grain, pour les vendanges, pour les écuries, pour les travaux des terres, pour les Boulangers : toutes ces choſes ſont faites avec le Hêtre. On en refend à la ſcie des planches fort minces dont les Layetiers font une grande conſommation. C'eſt avec ce bois qu'on fait les copeaux pour éclaircir le vin, & pour les ouvrages de gaînerie ; les meilleurs ſabots, après ceux de Noyer, ſont ceux de Hêtre : & l'on choiſit ce bois par préférence à tout autre pour chauffer les appartemens.

Nous avons dit que le bois de Hêtre étoit sujet à être piqué des vers : néanmoins les sabots, les pelles, les attelles de collier, & quantité d'autres ouvrages, ne sont point sujets à la vermoulure ; ce qu'on doit, je crois, attribuer à la précaution qu'on a de passer ces ouvrages par la fumée : cette opération donne au bois une couleur assez agréable ; elle empêche que ces différents ouvrages, qui sont faits avec du bois verd, ne se fendent, & je crois qu'elle les préserve pour un temps de l'attaque des vers.

C'est encore avec ce bois qu'on fait les manches des couteaux que l'on nomme des jambettes. Quand le manche est dégrossi, on le met sous une presse dans un moule de fer poli, qu'on a fait chauffer & que l'on a frotté d'huile. Ce bois entre dans une espece de fusion : une portion du bois s'étend entre les deux plaques de fer qui forment le moule, comme si c'étoit une espece de métal ; & le manche sort du moule bien formé, très-poli, ayant acquis beaucoup de dureté, & pris une couleur assez agréable. En cet état il n'est plus possible de reconnoître le grain du bois de Hêtre.

Les amandes qui sont dans les semences sont presque aussi agréables à manger que les noisettes. On prétend qu'elles sont diurétiques. Les porcs les mangent avec avidité. On en tire par expression une huile fort douce, qui ressemble à celle de noisette. Cette circonstance qui établit une grande différence entre l'amande du Hêtre, & la Châtaigne, dont on ne peut tirer d'huile, nous a détourné de réunir ces deux genres, comme l'a fait M. Linneus, qui met les Châtaigniers au rang des Hêtres. D'ailleurs la forme des parties qui servent à la fructification, est bien suffisante pour distinguer ces deux genres. Et cette distinction se trouve encore confirmée par le peu de succès des tentatives qu'on a faites depuis quelque temps pour faire reprendre le Châtaignier sur le Hêtre.

M. d'Isnard prétend (Hist. de l'Acad. des Sciences 1726) que l'huile de Faine, nouvellement tirée, cause des pesanteurs d'estomach ; mais qu'elle perd cette mauvaise qualité en la conservant un an dans des cruches de grais bien bouchées que l'on enterre.

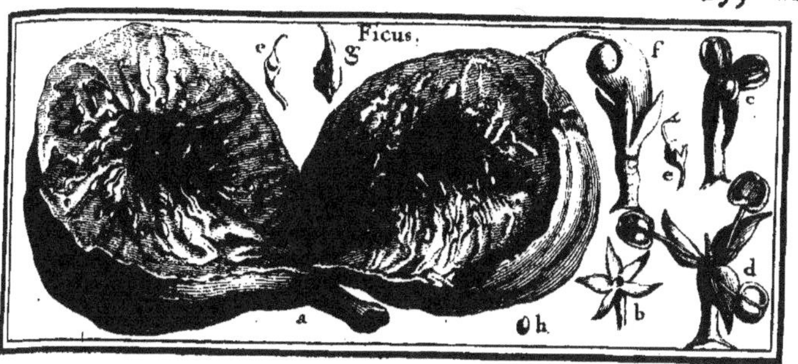

FICUS, Tournef. & Linn. FIGUIER.

DESCRIPTION.

ON a cru que le Figuier ne portoit point de fleurs ; mais maintenant les Botanistes sont assez d'accord que ce qui fait la chair de la Figue est un calyce commun & charnu qui forme une espece de bourse (*a*), où il ne reste qu'une petite ouverture qu'on nomme l'œil ou l'ombilic : encore cette ouverture est-elle presque entierement fermée par des écailles qui forment les bords du calyce. Ce calyce qui est, pour ainsi dire, caverneux, contient intérieurement une multitude de fleurs : celles qui sont assez proche de l'ombilic sont mâles (*cd*) ; elles contiennent trois, quatre ou cinq étamines supportées par un assez long pédicule & un calyce (*b*) : elles ne produisent point de graines. Les fleurs femelles (*ef*), qui sont aussi au bout d'un long pédicule, & que l'on trouve près de la queue de la Figue, renferment un pistil formé d'un embryon & d'un long style : l'embryon devient une semence lenticulaire (*h*) ; enfin proche l'ombilic de la Figue l'on découvre des écailles (*g*) qui ne renferment ni étamines ni pistil.

Les Figues qui sont formées par ces différents organes, sont des fruits plus ou moins gros & plus ou moins ronds, suivant les especes ; mais ils approchent toujours de la figure d'une poire ; lorfqu'ils font en parfaite maturité, ils doivent être fort mols & fucculens.

Les feuilles du Figuier font grandes, découpées plus ou moins profondément, fuivant les efpeces : elles font rudes au toucher, d'un verd affez foncé pardeffus, blanchâtres en deffous, & relevées de nervures affez faillantes. Elles font pofées alternativement fur les branches.

Les bords ne font point dentelés, mais ondés, & quelquefois échancrés.

Cet arbre répand une liqueur blanche quand on entame fon écorce ou fes feuilles.

E S P E C E S.

1. *FICUS fativa fruɛlu violaceo longo, intùs rubenti.* Inft.
   FIGUIER cultivé à fruit long, violet en dehors & rouge en dedans.

2. *FICUS fativa fruɛlu præcoci, albido, fugaci.* Inft.
   FIGUIER hâtif à fruit blanc.

3. *FICUS fativa fruɛlu globofo, albo, mellifluo.* Inft.
   FIGUIER à fruit blanc, rond & très-fucré.

4. *FICUS fativa fruɛlu parvo fufco, intùs rubente.* Inft.
   FIGUIER à petit fruit, jaune en deffus, rouge en dedans, ou FIGUE-ANGELIQUE.

5. *FICUS fativa fruɛlu longo majori nigro, intùs purpurafcente.* Inft.
   FIGUIER à fruit long, noir par deffus, & rouge dedans, ou FIGUE-POIRE.

6. *FICUS fativa fruɛlu globofo, intùs rubente.* M. C.
   FIGUIER à fruit rond, qui eft rouge en dedans, ou FIGUE DE BRUNSWICK.

7. *FICUS Orientalis foliis laciniatis, fruɛlu maximo albo.* M. C.
   FIGUIER du Levant à très-gros fruit, dont les feuilles font découpées en lanieres ; ou FIGUIER DE TURQUIE.

Il y a un grand nombre d'autres efpeces de Figuier qu'on peut chercher dans les Livres de Jardinage, & dont le détail feroit d'autant plus long ·& plus confus, que la plupart, ainfi que celles mêmes que nous venons de nommer, ne font que des variétés.

C U L T U R E.

Le Figuier s'accommode de toutes fortes de terres : j'en ai vu de très-gros dans des terres fubftantieufes; mais il fubfifte dans les plus mauvaifes, & fon fruit eft plus fucré, & a le goût plus fin, quand l'arbre eft planté dans un terrein fec, & même entre des rochers.

Comme cet arbre ne peut fupporter nos grands hyvers, pendant long-temps on l'a cultivé en caiffe; mais dans cet état il ne produit que très-peu de fruit. Il vaut mieux planter les Figuiers fur un côteau bien expofé au midi, & qui foit à couvert du nord & du couchant par le côteau même, ou par des murailles affez élevées.

Il eft préférable de planter les Figuiers en buiffon plutôt qu'en efpaliers; ils donnent alors plus de Figues, & elles mûriffent mieux.

Si l'on fe contente de tenir ainfi les Figuiers à une bonne expofition, il arrivera de temps en temps que les branches géleront : à la vérité la fouche repouffera; mais les nouveaux jets ne donneront des Figues que dans la troifieme année. Pour prévenir ces accidents, il faut tenir les Figuiers très-nains. Il y en a qui croyent y parvenir en rompant l'été l'extrêmité des jeunes pouffes : je ne blâme point cette pratique que j'ai éprouvée; mais le mieux eft d'abbatre tous les ans jufques fur la fouche quelques-unes des plus groffes branches. Pendant que les branches de médiocre groffeur donneront du fruit, la fouche produira de nouveaux jets, qui feront en état de fructifier quand les autres branches, ayant pris trop de force, feront dans le cas d'être retranchées. Par cette pratique on n'aura pas à la vérité autant de fruit que fi les arbres étoient grands; mais auffi on ne courra point le rifque d'en être entierement privé après les grands hyvers, pourvu toutefois qu'on ait l'attention de couvrir les arbres nains avec de la paille, des rofeaux ou des genêts.

Comme dans les Provinces maritimes, les gelées y font moins

fortes, j'ai vu à Breſt des Figuiers d'une groſſeur monſtrueuſe : mais il y fait rarement aſſez chaud pour que leur fruit mûriſſe parfaitement.

Nous avons fait remarquer que les Figuiers donnent des fruits plus ſucculents quand ils ſont plantés entre des rochers. Comme on eſt rarement dans le cas de ſe trouver pourvû d'un pareil ter-rein, qui ſoit bien expoſé, & à l'abri de la biſe, nous avons pris le parti de faire paver le deſſous de nos Figuiers. Par cette précaution l'on empêche l'eau des pluies de pénétrer juſqu'aux racines, & on augmente la réverbération du ſoleil qui contribue à faire mûrir les Figues.

Ce qui eſt le plus expéditif, & ce qui ſe pratique le plus communément, eſt de multiplier les Figuiers par des marcot-tes : elles pouſſent effectivement des racines avec beaucoup de facilité. Si-tôt qu'on a fait une entaille à une branche en la coupant en talut du tiers ou du quart de ſa groſſeur, il ne s'agit plus que de la paſſer dans un panier ou dans une caiſſe remplie de terre, ou de courber la branche pour couvrir de terre l'endroit entamé : on eſt ſûr d'avoir au bout d'un an un Figuier bien enraciné ; & pour peu qu'il ait de racines, la repriſe eſt cer-taine, puiſque les boutures de cet arbre réuſſiſſent aſſez bien.

On peut auſſi multiplier les bonnes eſpeces de Figues en les greffant ſur les eſpeces moins eſtimables ou plus commu-nes : la greffe qu'on nomme greffe en ſifflet, réuſſit mieux que toute autre.

Quand il ne s'agira que de multiplier les eſpeces connues, on fera bien de le faire par des marcottes ou par la greffe ; car ces moyens mettent en état d'avoir promptement du fruit : mais il y a des cas où l'on ſera forcé d'avoir recours aux ſemences. Si, par exemple, on deſiroit d'avoir des eſpeces d'Italie, d'Eſpagne, du Levant, on pourroit tenter de ſe les procurer en ſemant les graines qui ſe trouvent dans les Figues ſeches qu'on tire de ces pays ; car les ſemences ſe conſervent très-ſaines dans les fruits qui n'ont été deſſéchés que par l'ardeur du ſoleil.

M. l'Abbé Nollin, Chanoine de Saint Marcel à Paris, qui fait cultiver dans ſon jardin beaucoup d'arbres curieux, & qui ſe fait un plaiſir de tenter diverſes expériences propres à perfectionner leur culture, m'a fait voir des Figuiers d'un an qui avoient sept à huit pouces de hauteur, & qui provenoient de la graine de différentes especes de Figues seches qu'il avoit tirées de l'étranger.

Il est vrai que par les semences on ne peut pas compter avoir surement l'espece de Figue qu'on a semée ; cependant c'est le seul moyen de se procurer de nouvelles especes, & entre celles-là il peut s'en trouver de très-bonnes.

Si dans cette vue un curieux veut semer la graine des Figues de son jardin, il faut qu'il les laisse mûrir sur l'arbre jusqu'à ce qu'elles soient entierement flétries : il les cueillera en cet état, & il les écrasera dans un bassin rempli d'eau fraîche. Il ramassera la bonne graine qui tombe au fond de l'eau ; & après l'avoir un peu desséchée sur un linge, il la semera dans des terrines, en la répandant sur la superficie de la terre, & il ne la recouvrira qu'avec un peu de terre passée au crible. Si l'on tient ces terrines sur une couche chaude, & si on a l'attention de les défendre de la grande ardeur du soleil avec des paillassons, on aura la satisfaction de voir en peu de jours les jeunes Figuiers sortir de terre.

Nous ne parlerons point des industries qu'on peut employer pour hâter par des étuves la maturité de ces fruits, parce que nous n'avons pour le présent en vue que les arbres qui se peuvent élever en pleine terre.

On recommande dans quelques Livres d'Agriculture de mettre avec un pinceau un peu d'huile d'olive à l'œil des Figues, c'est-à-dire à cette ouverture que l'on apperçoit à l'extrêmité du fruit. J'en ai vû faire l'expérience à Bercy chez feu M. Geoffroy. On choisissoit sur une même branche deux figues de même grosseur, & qui étoient parvenues aux deux tiers de celle qu'elles devoient avoir. On mettoit avec un pinceau un peu d'huile d'olive à l'une des deux ; celle-là grossissoit plus que l'autre, & elle parvenoit plutôt à sa maturité sans rien perdre de sa bonté. Je crois que dans cette occasion l'huile fait à-peu-près le même effet que les insectes de la caprification, dont je vais parler. Nous sommes dans l'usage de faire cette opération à presque toutes nos Figues. Quelques Auteurs ont aussi conseillé de piquer l'œil de la Figue avec une plume ou une paille graissée d'huile,

Les Figuiers croiffent naturellement à la Louyfiane.

U S A G E S.

La Figue de bonne efpece, qui eft venue dans un terrein convenable, à une bonne expofition, & qui eft parvenue à une parfaite maturité, eft un des meilleurs fruits qu'on puiffe manger. Quelques-uns ont prétendu qu'il étoit mal-fain ; mais je crois que c'eft à tort, & que s'il a quelquefois caufé des indigeftions fàcheufes, il faut s'en prendre moins aux Figues qu'à l'intempérance de ceux qui mangent avec excès d'un fruit qui leur paroît délicieux.

En Languedoc, en Provence, en Efpagne, en Italie, & dans le Levant, on deffeche beaucoup de Figues au foleil ; cela fait une branche de commerce affez confidérable : car on en confomme beaucoup pour les aliments, dans les pays froids & tempérés.

La Figue feche eft regardée en Médecine comme un bon émollient, & on l'employe fur-tout pour avancer la maturité des abcès de la bouche & de la gorge. C'eft auffi un bon béchique : on en fait ufage pour appaifer les toux violentes. Comme fa décoction eft adouciffante, relâchante & incraffante, on l'ordonne pour la maladie des reins & de la veffie.

Le lait qui découle des feuilles & de l'écorce des Figuiers eft cauftique ; on s'en fert pour détruire les verrues.

Le bois de cet arbre eft tendre & fpongieux : je ne fache pas qu'on en faffe aucun ufage. Les Serruriers & les Armuriers s'en fervent ; parce qu'étant fpongieux, il fe charge facilement de beaucoup d'huile & de la poudre d'émeril qu'ils employent pour polir leurs ouvrages.

Comme le Figuier exige des précautions pour être confervé dans les grands hyvers, c'eft un arbre qui appartient uniquement aux jardins potagers, & qui ne peut fervir pour la décoration des bofquets. Ainfi il ne me refte plus pour terminer l'article du Figuier qu'à dire un mot de la caprification.

Les Habitans de l'Archipel font leur principale nourriture des Figues feches, qu'ils mangent avec un peu de pain d'orge.

Cette

Cette raiſon les engage à donner toute leur attention à ce qui peut augmenter la fructification des Figuiers.

Ceux que nous cultivons aux environs de Paris, la plupart des eſpeces qu'on éleve en Provence, ou dans l'Iſle de Malthe, & pluſieurs eſpeces qui ſe cultivent dans l'Archipel, donnent leur fruit ſans qu'on ſoit obligé d'avoir recours à aucune autre induſtrie que la culture ordinaire que l'on donne à tous les arbres fruitiers. Mais dans l'Archipel & à Malthe, il ſe trouve des eſpeces de Figuiers, tant ſauvages que domeſtiques, qui ont beſoin d'un ſecours bien ſingulier pour conduire leur fruit juſqu'à une parfaite maturité. Au moyen de ce ſecours, qu'on nomme *Caprification*, un de ces Figuiers qui donneroit à peine vingt-cinq livres de Figues mûres & propres à ſécher, en donne plus de deux cens quatre-vingt livres.

La caprification étoit connue dès le temps d'Ariſtote ; M. de Tournefort, dans ſon Voyage du Levant, nous inſtruit des circonſtances de cette opération ; & par les obſervations que M. le Commandeur le Godeheu a faites à Malthe, on a encore acquis des idées fort juſtes ſur la phyſique de la caprification. Je vais eſſayer de donner d'après ces deux Phyſiciens une idée abrégée d'une des plus ſingulieres pratiques d'agriculture.

On cultive dans l'Archipel deux eſpeces de Figuier, l'un domeſtique qui fournit les fruits, & l'autre ſauvage que l'on nomme *Caprifiguier* & dans le pays *Ornos* : celui-ci donne naiſſance à des inſectes qui ſervent à procurer aux Figues domeſtiques une maturité à laquelle elles ne parviendroient pas ſans ce ſecours.

On ſait que nos Figuiers produiſent des Figues au printemps & en automne. Les Caprifiguiers en produiſent trois fois dans le cours d'une année : les naturels de l'Archipel leur donnent des noms différents.

Les premieres Figues, qu'on nomme *Fornites*, & que nous appellerons *Figues d'automne*, paroiſſent en Août, & tombent ſans mûrir en Septembre & en Octobre. Les ſecondes Figues qu'on nomme *Cratitires*, & que nous appellerons *Figues d'hyver*, paroiſſent à la fin de Septembre, & reſtent ſur l'arbre juſqu'au mois de Mai. Alors paroît la troiſieme eſpece de Figue, qu'on nomme *Orni* dans le Levant, & que nous pouvons appeller *Figues printanieres*.

Aucune espece de ces fruits ne mûrit ; mais il s'engendre dans les Figues d'automne, de petits vers de la piquure de certains moucherons qui y déposent leurs œufs, & qu'on ne voit voltiger qu'autour des Caprifiguiers. Dans les mois d'Octobre & de Novembre, les moucherons qui proviennent des vers qui se sont élevés dans les Figues d'automne, piquent les Figues d'hyver, & alors les Figues d'automne tombent. Les Figues d'hyver renferment, jusqu'au mois de Mai, les œufs de ces moucherons : alors les Figues du printemps commencent à se montrer. Lorsqu'elles sont parvenues à une certaine grosseur & que leur œil commence à s'ouvrir, elles sont piquées en cet endroit par les moucherons qui se sont élevés dans les Figues d'hyver.

Les Figues du printemps sont beaucoup plus grosses que celles d'automne & d'hyver. Lorsqu'elles approchent de leur maturité, elles mollissent & deviennent jaunâtres ; mais dans leur plus grand degré de maturité, elles ne contiennent point de liqueur sucrée ; elles sont intérieurement seches & farineuses. Au reste, on apperçoit dans leur intérieur les fleurons & les graines, comme dans nos Figues ordinaires.

Dans les mois de Mai ou de Juillet, quand les vers qui se sont métamorphosés dans ces Figues, sont prêts à sortir sous la forme de moucherons, les Paysans les cueillent & les portent sur les Figuiers domestiques. C'est en cela que consiste le grand travail de la caprification ; car si l'on attend trop tard, les Figues printanieres tombent, & la plus grande partie du fruit des Figuiers domestiques ne fait que languir.

Quand on a transporté à temps les Figues du printemps sur les Figuiers domestiques, les moucherons qui sortent des Figues du printemps, entrent par l'ombilic dans les Figues domestiques, qui sont alors grosses comme des noix, & ils y déposent leurs œufs.

Si l'on ouvre en différents temps ces Figues, on voit d'abord les moucherons qui se promenent çà & là dans l'intérieur de la Figue. Quelque temps après, on apperçoit que tous les pepins sont extrêmement gros ; & si on les ouvre, on trouve (pour me servir de l'expression de M. le Godeheu) qu'elles contiennent des amandes vivantes, c'est-à-dire qu'il y a intérieurement des vers qui se nourrissent des amandes des Figues.

En ouvrant les Figues lorfqu'elles approchent de leur maturité, on voit les moucherons fortir des pepins; & bientôt après avoir defféché leurs aîles, ils s'envolent.

Quand les poires nouent, il y a quelquefois des moucherons qui dépofent leurs œufs dans l'œil de ces jeunes fruits. Les vers qui en naiffent entrent dans le fruit par le canal des piftils, & fe nourriffent de ce qu'ils rencontrent. Ces poires groffiffent beaucoup plus promptement que les autres, & elles tombent. Cette augmentation de groffeur vient-elle de ce que le ver ayant détruit les organes qui vont au pepin, les fucs nourriciers fe portent plus abondamment dans la chair du fruit ? ou cette groffeur dépend-elle d'une extravafation de fucs, comme il paroît par les galles qui viennent à l'occafion de la piquure des infectes ? c'eft ce qui n'eft point encore décidé : mais il femble qu'il y a quelque rapport entre ce qui arrive aux fruits véreux, & ce qui réfulte de la caprification, d'autant que les Figues caprifiées ne font jamais fi bonnes qne les autres. Le but de cette opération n'eft que d'obtenir une plus grande quantité de fruits. M. le Godeheu remarque pour Malthe, 1°. qu'il y a des Figuiers, qu'il nomme domeftiques, qui mûriffent leur premier fruit fans le fecours de la caprification, mais qui ne peuvent s'en paffer pour conduire à maturité leurs feconds fruits. 2°. Qu'il y a des Figuiers, qu'il nomme Sauvages, qui ne donnent du fruit que dans une faifon, & que ceux-là ne peuvent fe paffer de la caprification. 3°. Enfin que la caprification fatigue les arbres, & que les Figuiers, qui ont donné par ce moyen beaucoup de fruit dans une année, en donnent peu l'année fuivante.

La chaleur du foleil ne fuffit pas pour defſécher les Figues caprifiées ; il faut encore les paffer au four ; c'eft apparemment pour faire périr la femence vermineufe, car le four leur donne un goût defagréable.

Tome I. Pl. 99.

FRANGULA, Tournef. *Rhamnus*, Linn.
BOURDAINE.

DESCRIPTION.

LA fleur (*ab*) de la Bourdaine eft formée d'un calyce en godet découpé en cinq, & coloré au dedans. En ouvrant le calyce, on apperçoit de petites feuilles (*c*) ce font des pétales; l'on y voit encore cinq étamines & un piftil (*de*).

L'embryon, qui eft à la bafe du piftil, devient une baie fucculente (*f*) qui renferme deux femences (*gh*), plattes d'un côté, convexes de l'autre. Les baies commencent par être vertes, puis elles rougiffent, & enfin elles deviennent noires.

La Bourdaine forme un grand arbriffeau: fes feuilles font ovales, allongées, d'un affez beau verd. Elles font pofées alternativement fur les branches. L'écorce intérieure eft jaune; le bois eft blanc & tendre.

On voit ici, comme dans l'Alaterne, que les petits pétales du *Frangula* ont engagé M. Linneus à comprendre cette plante dans le genre des *Rhamnus*. Cependant nous avons jugé à propos de lui conferver le nom de *Frangula*, *Bourdaine*, pour ne point trop changer les noms établis par les anciens Botaniftes: nous nous contentons d'avertir que cet arbre a beaucoup de rapport avec le *Rhamnus*, & qu'il pourroit être rangé dans le même genre.

ESPECES.

1. *FRANGULA*. Dod. Pempt.
BOURDAINE, ou AUNE NOIR, bacciferæ.

2. *FRANGULA rugofiore & ampliore folio.* Inft.

Bourdaine à feuilles larges ; ou Aune noir, baccifere à grandes feuilles. Cet arbrilleau croît en Canada.

CULTURE.

La Bourdaine eft un grand arbriffeau qui vient fous les grands arbres de nos bois, principalement dans les terrains humides.

On peut le multiplier par les femences, par les marcottes & par des drageons enracinés, qui fe trouvent auprès des gros pieds.

USAGES.

La Bourdaine, qu'on nomme auffi l'*Aune noir*, ne peut guere fervir à la décoration des jardins : le feul ufage que je fache qu'on faffe de fon bois, eft de le réduire en un charbon léger, qui eft eftimé préférablement à tout autre pour la fabrique de la poudre à canon.

Pour cet effet, on coupe le Frangula par morceaux de quatre pieds de long ; & on en leve l'écorce dans le temps de la féve. Lorfque le bois eft à demi-fec, on l'arrange debout dans une foffe qu'on a creufée en terre : on le brûle à flamme vive ; & quand il eft fuffifamment confumé, on étouffe la braife avec de la terre, car l'on n'employe point d'eau pour l'éteindre. Un quintal de ce bois, qui coûte à peu près quatre livres, ne produit que douze livres de charbon.

Dans plufieurs Provinces, les Cordonniers n'emploient point d'autre bois pour faire les chevilles des talons des fouliers qu'ils fabriquent.

L'écorce des racines de cet arbriffeau purge fortement par haut & par bas. On l'emploie dans les campagnes contre les hydropifies, & on la prefcrit à la dofe d'une drachme & demie. On la fait auffi entrer dans les pommades contre la gale.

Tome I. Pl. 100.

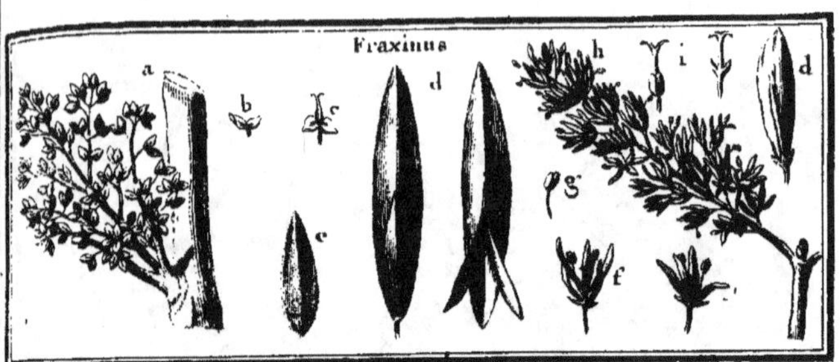

FRAXINUS, Tournef. & Linn. FRESNE.

DESCRIPTION.

LES fleurs du Frêne (*bf*) font raffemblées par bouquets ou en grappes (*ah*): elles font formées de deux étamines (*fg*) & d'un piftil cilindrique (*ci*), divifé en deux par fon extrêmité. Ce piftil devient un fruit, ou une follicule membraneufe, oblongue, formée en langue d'oifeau, platte, fort déliée dans fa pointe (*d*), & qui renferme dans fon milieu une femence oblongue ou prefque ovale, applatie (*e*), blanche, d'un goût âcre & amer : elle ne mûrit qu'en automne. La plupart des efpeces de Frêne portent des fleurs fans pétales (*b*): les efpeces (*f*) qui ont quatre pétales étroits, fe nomment *Frênes à fleur.*

Les feuilles du Frêne font compofées de fept & quelquefois de treize folioles dentelées plus ou moins profondément par les bords : elles font rangées par paires le long d'une côte qui eft terminée par une feule foliole.

Les feuilles font auffi oppofées deux à deux fur les branches.

ESPECES.

1. *FRAXINUS excelfior.* C. B. P.
Fresne de la grande efpece.

2. *FRAXINUS rotundiore folio.* J. B.
Fresne à feuilles rondes.

3. *FRAXINUS humilior, five altera Theophrafti, minore & tenuiore folio.* C. B. P.
Fresne nain qui a les feuilles fort petites, ou Fresne de Montpellier.

4. *FRAXINUS florifera bothryoides.* Mor. Hift. Ornus. Mich.
Fresne à fleurs en grappes.

5. *FRAXINUS Caroliniana latiori fructu.*
Fresne de Caroline ou de Canada, à feuilles de Noyer.

6. *FRAXINUS ex novâ Angliâ primis foliorum in mucronem productioribus.*
Fresne de la nouvelle Angleterre, dont les folioles font terminées par une pointe longue.

Nous avons encore plufieurs autres efpeces de Frêne : la plupart nous font venus de Canada & de la Louyfiane ; mais comme ces arbres font encore jeunes, nous ne les comprendrons point dans cette lifte. Ils font néanmoins différens les uns des autres, même par la qualité de leur bois.

CULTURE.

Le Frêne vient très-bien dans les terres aquatiques, & même fubmergées. Néanmoins nous avons planté les efpeces n°. 1, 2, 3, 4, fur des hauteurs, dans des terroirs fecs, où ils ont très-bien réuffi. Nous en avons même mis dans de fort mauvais terrains, & ils y ont mieux fubfifté que l'Orme & le Noyer que nous y avions auffi plantés.

L'efpece, n°. 5, ne fe plaît point dans ces fortes de terres; il lui faut néceffairement de l'humidité.

Quand on a des maffifs de Frêne, on ne manque pas de plant ; il en leve toujours beaucoup fous les vieux arbres. Mais quand on veut femer cet arbre, on fera bien de cueillir la graine après les premieres gelées d'automne, & de la mettre fur le champ, & toute verte, par couches avec de la terre, pour la femer dans le mois de Mars : de cette façon elle leve en très-peu de temps ; au lieu que fi l'on avoit confervé la graine dans un lieu fec, elle ne fortiroit de terre que dans la feconde année,

Au

Au bout de deux ans on les arrache pour les planter dans les maffifs, ou pour les mettre en pépiniere ; & comme on leur coupe le pivot, ils reprennent auffi aifément que les Ormes.

On ne les étête ordinairement point en les replantant ; on fe contente de les élaguer. Nous en avons tranfplanté ainfi qui avoient dix-huit pouces de circonférence, & ils ont très-bien repris.

Nous avons greffé en fente, les efpeces n°. 3 & 4, fur l'efpece n°. 1 ; & dès la premiere année, ils ont produit des jets de trois à quatre pieds de hauteur.

USAGES.

Le Frêne, n°. 1, forme un fort grand arbre. Sa tige eft droite ; fon écorce liffe & unie ; fes branches fe foutiennent bien ; fa tête prend prefque toujours une forme agréable ; fes feuilles font d'un beau verd : & comme d'ailleurs cet arbre s'accommode affez bien de toutes fortes de terrains, on peut en faire des futaies & de belles avenues. Nous confeillerions même d'en mettre dans les bofquets d'été & d'automne, s'il n'avoit pas le défaut d'être dévoré prefque tous les ans par les cantharides. Ces infectes paroiffent ordinairement vers le milieu de Juin : ils mangent toutes les feuilles des Chevre-feuilles, des Xyloftéons, des Lillacs & des Frênes. Ces arbres en repouffent à la vérité de nouvelles qui fubfiftent jufqu'aux gélées ; mais il eft defagréable de voir des arbres dépouillés comme en hyver dans la plus belle faifon de l'année, lorfque toutes les autres productions de la terre font dans leur plus grande beauté.

Le Frêne à fleur, n°. 4, eft abfolument exempt de ce défaut : jamais les cantharides ne l'endommagent. Ses feuilles font d'un très-beau verd ; & comme les pétales de fes fleurs font grands, il eft chargé à la fin de Mai de grandes & groffes grappes de fleurs qui font un très-bel effet. On doit conclure de ces avantages, qu'il faut beaucoup multiplier ces fortes de Frênes, pour en décorer les bofquets de la fin du printemps, & en former des maffifs & des avenues.

L'efpece, n°. 5, a les feuilles plus larges que les précédentes; mais elles ne font pas d'un auſſi beau verd; & cet arbre eſt plus délicat ſur la nature du terrain. D'ailleurs il eſt dépouillé par les cantharides ainſi que le n°. 1; mais ce défaut eſt commun à toutes les efpeces de Frêne, excepté au Frêne à fleurs.

Les Frênes, n°. 2 & 3, font probablement femblables à ceux qui donnent *la Manne de Calabre.* Voici les notions les plus certaines que nous avons à ce fujet.

Dans la Calabre la manne coule d'elle-même, quand le temps eſt ſerein, depuis le milieu de Juin juſqu'à la fin de Juillet: pendant la chaleur du jour on voit ſortir du tronc & des branches des Frênes une liqueur très-claire, qui s'épaiſſit en grumeaux. Ces grumeaux deviennent aſſez blancs; on les ramaſſe le lendemain matin en les détachant avec des couteaux de bois, pourvu qu'il ne foit point tombé d'eau: un brouillard humide ſuffit feul pour les fondre. On les étend au ſoleil pour achever de les deſſécher; c'eſt ce qu'on appelle *la Manne en larmes.*

Sur la fin de Juillet, lorſque cette liqueur ceſſe de couler d'elle-même, les Payſans font des inciſions dans l'écorce des Frênes, d'où il ſort pendant la chaleur du jour beaucoup de liqueur qui s'épaiſſit en gros floccons. On les laiſſe un ou deux jours ſe deſſécher. La couleur de cette manne eſt plus rouſſe que la précédente; c'eſt probablement *la Manne graſſe.*

Quelquefois dans les mois de Juin & de Juillet, les Payſans ajuſtent ſur les arbres des morceaux de paille ou de bois, ſur leſquels la manne ſe fige en forme de ſtalactites. C'eſt cette manne qui eſt la plus chere, la plus recherchée & la plus eſtimée.

La Manne de Perfe, ſuivant M. de Tournefort, eſt l'extravafation de la ſeve d'une efpece de Genêt qu'il nomme *Alhagi Maurorum. Rauvolf. & Cor. Inſt.* Il a trouvé cette plante en abondance dans l'iſle de Syra, le long de la mer. Voyez le Voyage du Levant, *in-8°. Tome II, p.* 4.

Cette Manne que M. de Tournefort paroît eſtimer moins que celle de Calabre, a la même vertu, c'eſt-à-dire qu'elle purge doucement.

La Meleze fournit auſſi une forte de Manne. Voyez *LARIX.*

Le bois de toutes les efpeces de Frênes eſt très-ferme &

liant, tant qu'il conferve un peu de fa feve. C'eft pour cela que l'on en fait un grand ufage pour le charronage. Les meilleurs brancards de Berline font de ce bois. Comme les jeunes Frênes s'élevent fort droits, on les dreffe à la plaine, & l'on en forme les perches que l'on emploie ordinairement pour faire ces fupports que l'on place le long des murs des efcaliers, & que l'on nomme Écuyers ; on en fait encore de petites échelles lege-res, des hampes d'efponton, enfin des manches pour différens outils, &c.

Les Tourneurs font avec ce bois plufieurs fortes d'ouvrages. On le débite auffi en planches ; & quelquefois on en fait des pieces decharpente ; mais il eft fujet à être piqué par les vers.

Les Frênes produifent le long de leur tronc des tumeurs ligneufes ou des exoftofes, dont le bois eft affez beau, mais diffi-cile à travailler.

La feconde écorce des branches du Frêne, ainfi que le fruit de cet arbre, font regardés en Médecine comme très-apéritifs.

Tome I. Pl. 101.

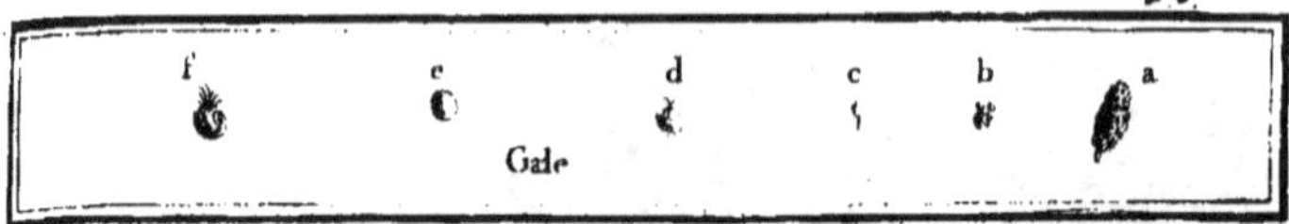

GALE, Tournef. *MYRICA*, Linn.
PIMENT-ROYAL.

DESCRIPTION.

LE Piment-Royal doit être diftingué en individus mâles & individus femelles. Ceux-ci portent des fruits, les autres des fleurs fécondantes.

Les fleurs mâles (*a*) font grouppées fur une petite branche qui eft roide, ou fur un poinçon ; ainfi elles forment par leur affemblage une efpece d'épi compofé d'écailles pointues (*b*) & creufées en cuilleron, fous lefquelles fe trouvent quatre étamines (*c*).

Les fleurs femelles (*df*) ont affez le port des mâles, & font grouppées de même ; mais au lieu d'étamines on trouve fous les écailles un piftil compofé d'un embryon qui eft de figure ovoïde, furmonté de deux ftyles. Cet embryon devient une capfule (*e*) qui ne contient qu'une femence. La plupart de ces petites baies font relevées de boffes.

Les feuilles, qui font ordinairement allongées, font pofées alternativement fur les branches. Celles de quelques efpeces font échancrées.

Les fruits des efpeces, n°. 2 & 3, qui fourniffent la cire dont nous parlerons, font raffemblés par bouquets, & attachés à des queues ; les arbres en font extrêmement chargés.

ESPECES.

1. *GALE frutex odoratus Septentrionalium Eleagnus cordo Chamaleagnus Dodonai.* J. B. *Mas & femina.* RHUS *Myrti folia Belgica.* C. B. P.
PIMENT-ROYAL, qui eft un arbufte odorant, individu mâle & femelle. Il en vient en Canada, en France & en Portugal.

2. *G A L E Myrtus Brabanticæ fimilis Carolinienfis baccata fruƐtu racemofo Jeffili Monopireno.* Pluk. *Mas & femina.*
   Grand P I M E N T - R O Y A L qui porte fes baies difpofées en grap-
   pes, ou L'A R B R E D E C I R E de la Louyfiane. C A N D E L B E R Y des
   Anglois, le mâle & la femelle.

3. *G A L E, quæ Myrtus Brabanticæ fimilis Carolinienfis humilior foliis la-*
   tioribus & magis ferratis. Catefb. *Mas & femina.*
   P I M E N T - R O Y A L nain à feuilles larges & profondément dentelées; ou L'A R B R E D E C I R E nain de Caroline & d'Acadie, le
   mâle & la femelle. Et en Canada fur la frontiere de l'Acadie,
   L A U R I E R   S A U V A G E.

   G A L E Mariana Afplenii folio Pet. Muf. ou *Myrti Brabanticæ affinis*
   Americana foliorum laciniis Afplenii modo divifis, julifera fimul & fruc-
   tum ferens, Pluk. M Y R I C A *foliis oblongis alternatim finuatis.* Hort.
   Cliff. & Linn. Voyez *L I Q U I D E M B A R foliis oblongis.*

   Cette plante porte, fur les mêmes pieds, des fleurs mâles &
   des fleurs femelles; au lieu que les *Gale* ont des individus mâles
   & des individus femelles.
   De plus cet arbriffeau a des ftipules à la naiffance des feuilles que
   les *Gale* n'ont point. Il paroît que M. Linneus n'a pas connu cette
   plante, puifqu'il la défigne encore fous le nom de *Liquidembar.*
   Nous fupprimons plufieurs efpeces de *Gale* qu'on ne peut
   élever en pleine terre. Tels font les *Gale* à feuilles de Chêne
   du Cap, &c.

C U L T U R E.

   Toutes les efpeces de Piment-Royal, comprifes dans ce dé-
   nombrement, font des arbriffeaux aquatiques.
   L'efpece, n°. 1, fe plaît dans les marais.
   L'Arbre de Cire, n°. 2, nous eft venu des graines qu'on
   nous a envoyées de la Louyfiane; & le n°. 3 nous eft parvenu de la Caroline par l'Angleterre. On affure que dans le
   pays ces arbres fe multiplient aifément de drageons enracinés.
   Je crois qu'il y a de ces efpeces de *Gale* qui viennent vers
   le haut du fleuve de Quebec; mais je n'ai pas encore pû en
   avoir des femences qui aient levé.

Quand on parviendra à avoir de bonnes graines des efpeces n°. 2 & 3, on fera bien de les femer dans des terrines ou dans des caiffes ; car les jeunes arbres craignent nos grands hyvers : ainfi il faut les renfermer dans les orangeries jufqu'à ce que les tiges foient un peu groffes. On pourra alors les mettre en pleine terre dans un lieu humide , avec la précaution de les couvrir d'un peu de litiere; & quand ils y auront paffé quelques années, il y aura lieu d'efpérer qu'ils y fubfifteront ; car nous en avons vu en Angleterre & à Trianon, qui étoient chargés de fleurs & de fruits. On nous affure que l'efpece de Canada eft la même que celle qui nous vient de la Louyfiane ; ce qui n'eft pas furprenant , car il y a des efpeces de plantes qu'on trouve dans les pays chauds & dans la partie froide de la Zone tempérée ; par exemple l'Epine blanche & le Piment-Royal, n°. 1, qu'on trouve en Efpagne, en Portugal & en Suede. D'ailleurs je crois que beaucoup de plantes fe naturalifent dans le pays où on les cultive ; de forte que je penfe que les Ciriers qui proviendroient de graines élevées dans ce pays , feroient moins tendres à la gelée que ceux qui viennent des femences qu'on envoie de la Louyfiane. Ce qui me confirme dans ce fentiment, c'eft que, fuivant les Voyageurs, on trouve les Ciriers à l'ombre des autres arbres , & que l'on en voit qui font expofés au foleil , d'autres dans les lieux aquatiques , d'autres dans les terrains fecs , enfin que l'on en trouve indifféremment dans les pays chauds , ainfi que dans les pays froids.

U S A G E S.

Les *Gale*, n°. 2 & 3 , produifent des baies qui font couvertes d'une efpece de cire, ou plutôt d'une forte de réfine qui a quelque rapport avec la cire.

Les habitans de la Louyfiane en ramaffent les fruits ou efpeces de baies ; ils les font bouillir dans l'eau , & ils en retirent les graines & les queues avec des écumoires ; alors la cire réfineufe qui revêt les capfules fe fond , & comme elle eft plus legere que l'eau , elle furnage , & fe fige : par ce moyen ils obtiennent une efpece de cire qui eft verte , & dont on peut faire des bougies.

Depuis quelque temps les habitans ont trouvé le moyen de

retirer cette cire affez blanche ou jaunâtre. Pour cela ils mettent les baies dans des chaudieres, & ils verfent deffus de
l'eau bouillante qu'ils reçoivent dans des baquets, après avoir
laiffé diffoudre la cire pendant quelques minutes. Quand
l'eau eft refroidie, on trouve deffus une cire réfineufe qui eft
jaunâtre.

Comme ce premier procédé n'épuife pas entierement la réfine de ces graines, on les fait enfuite bouillir dans l'eau :
cette derniere réfine qui furnage eft plus verte que fi l'on n'avoit
pas retiré en premier lieu la réfine jaunâtre.

La cire réfineufe qu'on retire du *Gale* eft feche. Elle fe
réduit aifément entre les doigts en poudre graffe. Pour lui donner plus de corps, j'y ai mêlé un peu de cire ordinaire, ou
une petite portion de fuif, & j'en ai fait faire des bougies
qui prenoient un peu de blancheur fur le pré, beaucoup moins
à la vérité que la cire : mais ces bougies ont l'agrément de
répandre une odeur agréable, & les égoutures de cette cire
font plus faciles à emporter de deffus les étoffes que celles du
fuif.

L'eau qui a fervi à retirer la cire eft fort aftringente : elle
arrête les diarrhées; & l'on prétend qu'en faifant fondre du fuif
dans cette eau, il acquerre prefqu'autant de confiftance que la
cire.

Quand on a enlevé la cire de deffus les baies, on apperçoit
à la furface des baies une couche d'une matiere qui a la couleur de la laque; l'eau chaude ne la diffout point ; l'efprit de
vin en tire une teinture; & quelques-uns croient qu'elle pourroit être de quelque utilité pour les arts.

Cet arbriffeau eft encore trop rare en France, pour qu'on
ait pû en reconnoître d'autres ufages que ceux que l'on a ap-
pris des habitans de la Louyfiane.

GENISTA;

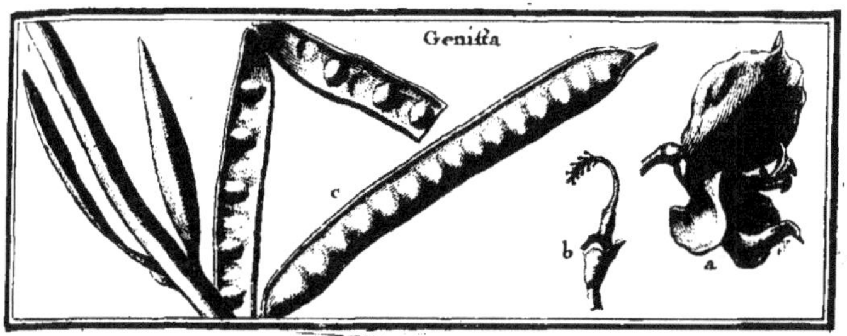

GENISTA, Tournef. *SPARTIUM*, Linn.
GENEST.

DESCRIPTION.

LES fleurs (*a*) du Genêt font légumineufes. Le calyce eft d'une feule piece ; on trouve dans l'intérieur de la fleur dix étamines réunies par le bas, & un piftil (*b*) qui devient une filique affez longue & applatie, dans laquelle font plufieurs femences qui ont la forme d'un Rein (*c*).

Les branches du Genêt font fort vertes, & peu garnies de feuilles qui font pofées alternativement.

ESPECES.

1. *GENISTA juncea.* J. B.
    GENEST qui a les branches comme le Jonc ; ou GENEST d'Efpagne.

2. *GENISTA Hifpanica pumila odoratiffima.* Inft.
    Petit GENEST d'Efpagne très-odorant.

3. *GENISTA humilior Pannonica.* Inft.
    Petit GENEST de Hongrie.

4. *GENISTA Lufitanica parvo flore luteo.* Inft.
    GENEST de Portugal à petites fleurs jaunes.

Tome I.   K k

5. *GENISTA juncea flore multiplici.*
GENEST à branches de Jonc & à fleurs doubles.

6. *GENISTA ramofa foliis Hyperici.* C. B. P.
GENEST branchu à feuilles de Mille-pertuis.

7. *GENISTA radiata, five ftellaris.* J. B.
GENEST étoilé.

8. *GENISTA, five Spartium purgans.* J. B.
GENEST purgatif odorant.

Les trois efpeces fuivantes ont les filiques & les fleurs du Genêt; mais comme elles font épineufes, elles feroient, fuivant M. de Tournefort, des *Genifta Spartium.*

9. *GENISTA fpinofa montis Ventofi.*
GENEST épineux du mont Ventou.

10. *GENISTA fpinofa minor Germanica.*
Petit GENEST épineux d'Allemagne.

11. *GENISTA fpinofa minor Anglica.*
Petit GENEST épineux d'Angleterre.

CULTURE.

Tous les Genêts s'élevent aifément de femences, & ils peuvent fe greffer les uns fur les autres par approche & en écuffon : c'eft la feule façon de multiplier le Genêt à fleurs doubles, qui ne porte point de graines. Quelques efpeces reprennent difficilement quand on les tranfplante.

Au refte ces arbuftes ne font point délicats fur la nature du terrain ; ils viennent fort bien par-tout.

USAGES.

Tous les Genêts font très-propres à décorer les bofquets printaniers. Le Genêt purgatif fleurit dans le mois de Mai ; les autres au commencement de Juin. Ils forment alors des buiffons très-agréables ; mais on doit cultiver par préférence les Genêts d'Espagne, n°. 2, qui répandent une odeur admirable. Le Genêt à fleur double est recherché, quoique sa fleur ne soit pas fort belle. Le petit Genêt purgatif répand aussi une très-bonne odeur.

Les fleurs de toutes les sortes de Genêt peuvent, ainsi que la Genestrolle, fournir une teinture jaune.

On confit au vinaigre les boutons de Genêt; & on les emploie dans les sauces comme les Câpres; mais ces boutons sont ordinairement durs, & n'ont point le goût relevé de la Câpre.

En Médecine on regarde le Genêt comme fort apéritif; & le sel lixiviel de cette plante a quelquefois produit de grands effets dans l'hydropisie.

En faisant brûler sur une assiette de jeunes branches de Genêt verd, on en tire une huile noirâtre fort caustique : on l'emploie contre les dartres.

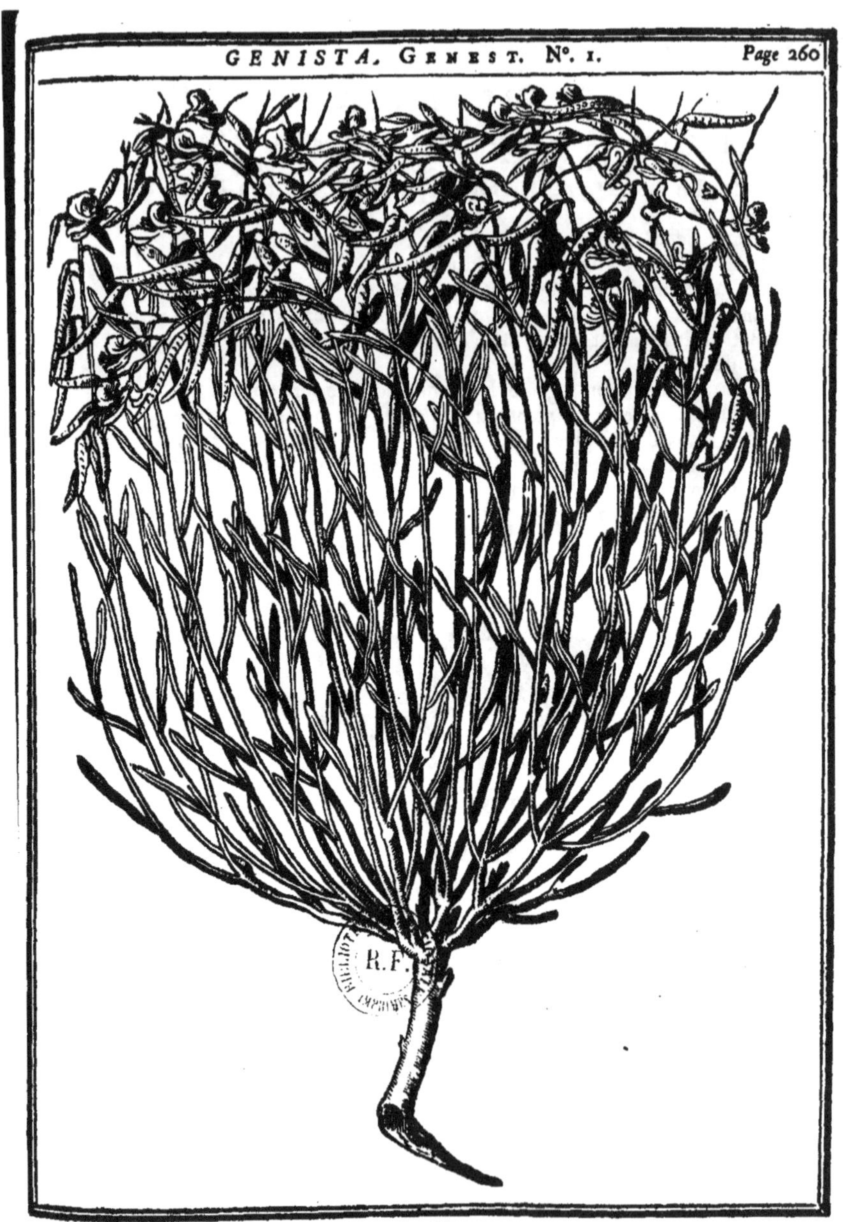

Tome I. Pl. 103.

GENISTA SPARTIUM, Tournef. ULEX, Linn.
GENEST EPINEUX, JONC MARIN, AJONC, ou Landes en Bretagne, & Brusque en Provence.

DESCRIPTION.

M. de Tournefort ne diftingue le *Genifta* du *Genifta Spartium*, que parce que celui-ci eft fort épineux. On pourroit établir cette différence fur la forme de la fleur, comme le fait M. Linneus. Car le calyce du *Genifta* eft d'une piece qui a la forme d'un tuyau divifé en deux levres principales ; & le calyce du *Genifta Spartium* paroît être formé de deux feuilles. Le pavillon (*vexillum*) des *Genifta* eft grand, prefque rond, relevé ; il fe termine par une pointe, & les bords font renverfés en arriere ; au lieu qu'au *Genifta Spartium* il eft ovale, couché fur les aîles qu'il enveloppe, & plié en forme de gouttiere. Les aîles (*alæ*) du *Genifta* font arrondies, échancrées en arriere, au lieu qu'au *Genifta Spartium* elles font ovales & pointues. Enfin la nacelle (*carina*), qui eft d'une piece, le piftil & les étamines, font plus recourbées dans le *Genifta* que dans le *Genifta Spartium*.

Un caractere diftinctif encore plus marqué, eft que la filique du *Genifta* eft longue & contient beaucoup de femences, au lieu que celle du *Genifta Spartium* eft beaucoup plus courte & plus renflée, & qu'elle ne contient qu'un petit nombre de femences ; de plus cette filique eft entierement recouverte par

le calyce qui eft affez grand, & qui refte fur la plante jufqu'à
la parfaite maturité des femences. Au refte il eft beaucoup plus
aifé de diftinguer le *Genifta Spartium* du *Genifta*, que du *Spar-*
tium.

Les tiges des Genêts épineux font garnies de petites feuilles
ovales, & de longues épines vertes très-pointues, d'où il en
part d'autres plus petites qui font encore garnies de plus petites
épines. Ces feuilles & ces épines font attachées alternativement
fur les branches.

ESPECES.

1. *GENISTA SPARTIUM fpinofum majus fecundum hirfutum.* C. B. P.
Grand GENEST ÉPINEUX velu, ou grand JONC MARIN.

2. *GENISTA SPARTIUM fpinofum majus, tenuius & glabrum.* H. R. P.
Grand GENEST ÉPINEUX qui n'a point de poils.

3. *GENISTA SPARTIUM majus aculeis brevioribus & longioribus.* Inft.
Grand GENEST ÉPINEUX qui a des épines fort longues & d'autres fort courtes. JONC MARIN, AJONC, LANDE, BRUSQUE,
fuivant les différens pays.

4. *GENISTA SPARTIUM fpinofum minus.* C. B. P.
Petit GENEST ÉPINEUX.

5. *GENISTA SPARTIUM minus faxatile, aculeis horridum.* Inft.
Petit GENEST TRÉS-ÉPINEUX qui vient fur les rochers.

CULTURE.

Les Genêts épineux fe multiplient très-aifément de femences.
En Normandie, en Bretagne, dans une partie du Poitou, on
feme des champs d'Ajonc, n°. 5, comme on feme du fain-
foin; mais ils ne viennent bien grands que dans les bonnes
terres. J'en ai femé dans des fables gras où ils font venus très-
gros; mais ils n'ont fait que languir dans les bonnes terres à
froment de la Beauce.

On les feme ordinairement avec de l'avoine ou du bled de
Mars; & quand on a fait la récolte de ces grains, le champ fe
trouve rempli de Genêts épineux.

On prétend que cet arbriffeau n'épuife point la terre, &
que le froment vient très-bien dans les champs qui ont produit du Genêt épineux.

Dans les pays de boccage cette plante fe feme d'elle-même,
& remplit toutes les Landes.

USAGES.

Comme le Genêt épineux forme des buiffons toujours verds,
on peut en mettre dans les bofquets d'hyver. Ils font fort
agréables dans les mois de Mai & de Juin, quand ils font
chargés de leurs fleurs qui font d'un jaune très-vif : on peut
donc les employer pour décorer les bofquets du printemps. Ils
feront auffi très-bien placés dans les bofquets d'automne ; car
fouvent ils produifent encore des fleurs dans cette faifon.

Les épines de cet arbriffeau étant très-fortes, on le feme
fur les berges des foffés pour tenir lieu de haie.

Dans les pays où le Genêt épineux vient naturellement, on
y a recours pour nourrir le bétail, quand les autres fourrages
font rares. Pour cela on coupe les jeunes pouffes de Genêt
épineux ; on les pille avec des maillets fur des billots ou pe-
lotons de bois ; & quand les épines font rompues, les bœufs
& les chevaux fe nourriffent très-bien de cette plante.

Dans les Provinces où le bois eft rare, on feme du Genêt
épineux dans les meilleures terres, & l'on en fait des fagots qui
fervent à chauffer les fours, à faire de la chaux ; & en Provence, à carener les bâtimens de mer.

En Bretagne on fait des tas d'Ajonc & de gazon, formés
par des couches alternatives de l'un & de l'autre. Ces tas
s'échauffent, le Jonc marin pourrit, & le tout fait un bon
fumier.

Tome I. Pl. 104.

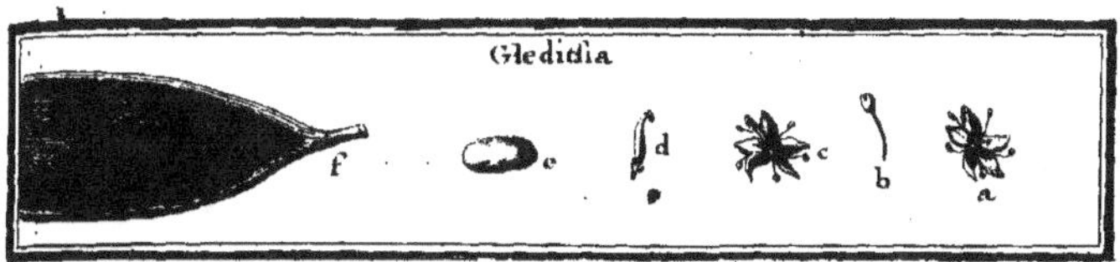

G L E D I T S I A, Linn. FÉVIER.

D E S C R I P T I O N.

IL y a des Féviers mâles & d'autres femelles. Néanmoins
on trouve très-fréquemment quelques fleurs mâles fur les individus femelles , & quelques fleurs hermaphrodites (*c*) fur les
individus mâles.

Les fleurs mâles (*a*) ont un calyce propre divifé en quatre
parties qui font creufées en cuilleron, quatre pétales étroits,
fix ou plus fouvent, huit étamines (*b*) : ces fleurs qui font attachées à un filet, forment des chatons en épi.

Les fleurs femelles different des mâles, en ce que les pétales
font plus grands, & qu'elles ont un piftil affez long (*d*), dont
la bafe, qui eft large, produit une grande filique un peu charnue (*f*), dans laquelle on trouve des femences (*e*) ovales : ces
fleurs font attachées à un filet comme les mâles ; mais les chatons font plus gros.

Les feuilles des *Gleditfia* font formées d'un filet principal,
d'où il en part d'autres latéraux qui font rangés à peu près deux à
deux, lefquels font chargés d'environ feize folioles un peu dentelées par les bords, & prefque ovales, terminées en pointe, &
rangées alternativement fur ces filets qui font terminés par une
feule foliole ; étant ainfi doublement compofées, elles reffemblent affez à celles du Bonduc. Mais fouvent les feüilles font
fimplement compofées, comme celles de l'Acacia, & elles n'ont
qu'un feul filet chargé de folioles.

Les feuilles font toujours placées alternativement fur les
branches.

Tome I.   I i

On remarque encore aux feuilles doublement compofées, qu'il part immédiatement de la groffe nervure une ou deux paires de grandes folioles.

Ces feuilles, comme toutes celles qui font empanées, fe replient vers le foir les unes fur les autres ; & elles s'ouvrent lorfque le jour paroît. Dans l'automne elles fe replient auffi ; mais c'eft pour ne plus s'ouvrir.

L'efpece n°. 2 n'a point d'épines ; mais celle du n°. 1 en a de très-fortes ; elles fortent des branches un peu au-deffus de l'aiffelle des feuilles : elles acquierent quelquefois trois à quatre pouces de longueur, & produifent fouvent fur les côtés des épines moins grandes. Toutes ces épines font dures, très-pointues & très-fermement attachées aux branches, & même au tronc.

E S P E C E S.

1. *GLEDITSIA fpinofa Linn. mas & femina*, ou *Acacia Americana Abrua foliis Triachantos, five ad alas foliorum fpina triplici donata.* Pluk. Mant.
   Févier d'Amerique à feuilles d'Acacia, qui a trois épines aux aiffelles des feuilles.

2. *GLEDITSIA inermis mas & femina*, ou *Acacia Javanica, non fpinofa, foliis maximis fplendentibus.* Pluk.
   Févier fans épines.

Les *Gleditfia* ayant des fleurs mâles & des fleurs femelles ; font très-différents des *Acacia* & des *Pfeudo-Acacia*. De plus, les *Pfeudo-Acacia* portent des fleurs légumineufes ; l'*Acacia* des tuyaux d'une piece divifés en cinq, & le *Gleditfia* des fleurs polypétales difpofées en rofe.

C U L T U R E.

On éleve les Féviers des femences qu'on nous envoie de Canada & de la Louyfiane dans de grandes filiques. Cet arbre qui devient affez grand, n'eft pas délicat : nous en avons planté dans quelques maffifs de bois où ils réuffiffent fort bien.

Dans la planche & dans la vignette, on a été obligé de

deſſiner la ſilique plus petite qu'elle n'eſt par ſa nature: la branche de la planche a été deſſinée au printemps, lorſque les fleurs n'étoient encore qu'en boutons.

U S A G E S.

Le Févier a un feuillage très-agréable qui a une petite odeur gracieuſe, auſſi-bien que ſa fleur qui n'a pas beaucoup d'éclat, & qui paroît dans le mois de Mai ou de Juin. La beauté de ſa feuille peut engager à en mettre dans les boſquets du printemps; mais ces arbres feront très-bien dans les boſquets d'été. Ils ont, comme le faux Acacia, le défaut de s'éclater par le vent, quand deux branches auſſi vigoureuſes l'une que l'autre forment un fourchet.

Si les eſpeces qui ont de grandes épines devenoient communes, on pourroit, en les étêtant, les employer pour former de bonnes haies; car leurs épines ſont très-fortes, & ces arbres produiſent beaucoup de branches.

M. Aimen, Médecin de Bordeaux, & bon Botaniſte, m'a aſſuré en avoir déja vu des haies auprès de Bordeaux.

Le bois du Févier paroît dur & fendant; c'eſt tout ce que je puis dire d'un arbre qui eſt encore rare en France.

Nous avons un Févier qui nous eſt, je crois, venu de la Louyſiane. Ses folioles ſont petites & ſerrées ſur les branches comme celles de l'Acacia. Ses épines ſont comme celles du n°. 1, mais plus rouges & plus petites. Il craint plus le froid que les autres; & il n'y a point d'hyver qu'il ne perde quelqu'une de ſes branches.

Nous en avons un, n°. 2, qui n'a point d'épines, & que nous croyons être l'*Acacia Javanica* de Pluknet. Néanmoins ſes feuilles ne ſont ni plus grandes ni plus brillantes que celles du n°. 1.

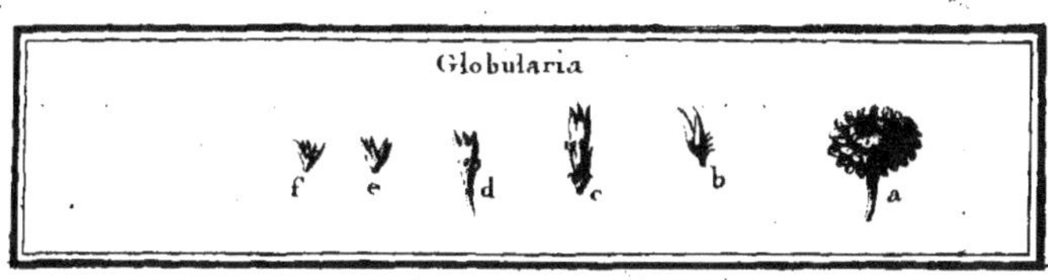

GLOBULARIA, Tournef. ALIPUM, Magn.
GLOBULAIRE.

DESCRIPTION.

LA fleur (*a*) de la Globulaire a un calyce commun composé de petites feuilles étroites (*b*), difposées en écailles. Dans le calyce font renfermées un grand nombre de petites fleurs (*c d*) qui ont chacune leur calyce propre formé de plufieurs petites feuilles, & un pétale figuré en tuyau, qui fe termine par plufieurs découpures irrégulieres.

On trouve dans l'intérieur environ quatre étamines terminées par de petits fommets noirâtres. Au milieu (*e f*) eft un piftil formé d'un ftyle qui fe termine en pointe, & d'un embryon qui devient une femence fine, laquelle eft recouverte par le calyce, dont les bords, quand ils font defféchés, paroiffent des poils.

Dans l'efpece dont nous parlerons, chaque branche eft terminée par une fleur qui a environ un pouce de diametre, & qui eft d'un beau violet.

Les feuilles qui font rangées fans ordre fur les branches, reffemblent aux feuilles du Myrte : néanmoins leur figure varie; il y en a qui fe terminent par une pointe, & d'autres par trois.

Ce petit arbufte s'éleve à la hauteur d'un pied & demi, ou deux pieds.

ESPECE.

GLOBULARIA *fruticofa Myrti, folio tridentato.* Inft. Ou *ALIPUM Monfpelianum, five frutex terribilis.* J. B.

GLOBULAIRE en arbufte à feuilles de Myrte qui a ordinairement trois pointes.

CULTURE.

Cette Globulaire croît en grande abondance auprès de Montpellier fur les montagnes arides. Nous l'élevons affez aifément en pot; mais on a peine à la faire fubfifter en pleine terre.

USAGES.

Cette Globulaire eft très-agréable dans le temps de fa fleur : on n'eft point encore parvenu à la naturalifer dans nos jardins.

Elle eft extrêmement purgative par haut & par bas, ce qui lui a fait donner le nom de *Frutex terribilis.*

Tome I. Pl. 106.

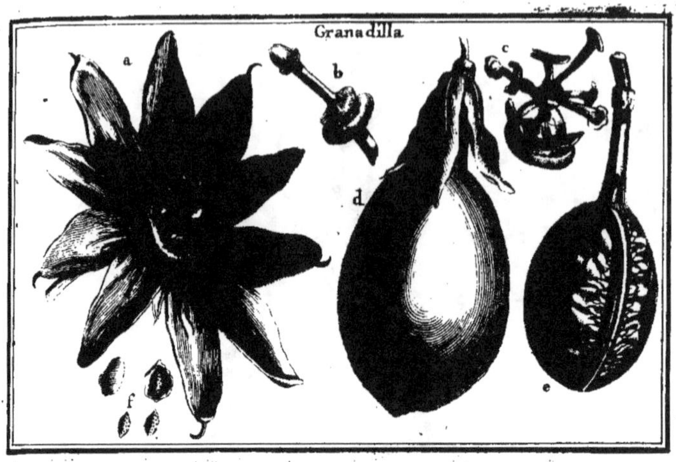

GRANADILLA, Tournef. *PASSI FLORA*, Linn.
FLEUR DE LA PASSION.

DESCRIPTION.

LA Fleur de la Paſſion (*a*) eſt compoſée d'un calyce fort
ouvert, diviſé en cinq, d'un pareil nombre de pétales,
& d'un piſtil qui reſſemble à une colonne (*b*). Chaque diviſion
du calyce eſt terminée par un petit crochet; & les pétales
ſont auſſi grands que les diviſions du calyce. La baſe du piſtil
eſt garnie d'une triple couronne de filets (*nectarium*) : elle porte
à ſon ſommet (*c*) cinq étamines & un embryon ſurmonté de
trois ſtyles qui ſont ſemblables à des clous. L'embryon devient
un fruit charnu & coriace (*d*), de la figure d'un petit Concombre, rempli d'un mucilage (*e*) tranſparent, liquide & aſſez
agréable au goût, ſur lequel ſont attachées pluſieurs ſemences (*f*)
qui ſont chacune enveloppées d'une membrane.

Les feuilles des Fleurs de la Paſſion ſont ordinairement découpées très-profondément, ou formées de longues digitations. Elles ſont poſées alternativement ſur les branches qui ſont flexibles.

ESPECES.

1. *GRANADILLA pentaphyllos flore cæruleo magno.* Boerh. Ind. Alt.
   ou *GRANADILLA polyphyllos fruĉtu ovato.* Inſt.
   FLEUR DE LA PASSION à grande fleur bleue & à cinq feuilles.

2. *GRANADILLA pentaphyllos anguſti folio, flore albo.* Boerh.
   FLEUR DE LA PASSION à fleur blanche & à cinq feuilles étroites.

3. *GRANADILLA pentaphyllos anguſtioribus foliis, flore minore purpuraſcente.* M. C.
   FLEUR DE LA PASSION à petites feuilles purpurines, & à cinq feuilles étroites.

Nous ſupprimons pluſieurs eſpeces qui ne peuvent ſupporter nos hyvers.

CULTURE.

On peut élever les différentes eſpeces de Fleurs de la Paſſion avec les ſemences qu'on tire d'Italie ou d'Eſpagne ; car ſes fruits ne mûriſſent guere dans nos provinces. Mais elles ſe multiplient aiſément par des drageons enracinés, qui ſe trouvent auprès des gros pieds. On peut auſſi en faire des marcottes.

La Fleur de la Paſſion, no. 1, qui mérite particulierement d'être cultivée, produit une tige aſſez groſſe. Néanmoins comme c'eſt une plante ſarmenteuſe il faut l'élever en eſpaliers, où elle ſupportera les hyvers ſi l'on a ſoin de la couvrir avec de la litiere.

J'en ai vu à Paris dans la cour de M. de Juſſieu, un très-beau pied qui y a ſupporté, ſans être couvert, l'hyver de 1753 : (on ſait qu'il a été aſſez rude ;) mais les tiges ont péri dans l'hyver de 1754 : on ſera donc bien de la défendre des grands froids, ſans quoi l'on courroit riſque de la perdre.

USAGES.

USAGES.

Les différentes eſpeces de Fleurs de la Paſſion ſont propres à garnir des tonnelles & des terraſſes. Mais l'eſpece, n°. 1, mérite ſingulierement d'être cultivée à cauſe de ſes belles & grandes fleurs qui ſont d'une forme des plus ſingulieres. Les n°. 2 & 3 en ſont des variétés.

Dans la nouvelle Eſpagne où le fruit de cet arbuſte parvient à maturité, les Eſpagnols & les Indiens l'ouvrent comme l'on fait les œufs pour y ſuccer le ſuc aigrelet qu'il contient, & qu'ils trouvent délicieux. A la Martinique on appelle ce fruit *Pomme de Liane.*

G R E W I A, Linn.

D E S C R I P T I O N.

LE calyce (*b*) de la fleur (*a*) du Grewia eſt compoſé de cinq grandes feuilles pointues, fermes, ſolides, recourbées & colorées au dedans.

Les pétales ſont au nombre de cinq, de même forme que les feuilles du calyce; mais leur extrêmité inférieure qui eſt recourbée, forme une cavité qui entoure la baſe du piſtil : on trouve ordinairement dans cette cavité une ſubſtance mielleuſe.

Le diſque de la fleur eſt occupé par un grand nombre d'éta-mines (*d*) aſſez longues, qui prennent naiſſance du deſſous de l'embryon ; elles ſont terminées par des ſommets arrondis.

Le piſtil (*c*) eſt formé d'un petit cylindre qui eſt ſurmonté d'un corps à cinq angles, du deſſus duquel les étamines pren-nent leur origine ; & au milieu de ces étamines eſt un embryon arrondi, ſurmonté d'un ſtyle menu, qui eſt terminé par un ſtigmate ordinairement diviſé en quatre.

L'embryon devient une baie anguleuſe (*f*), ou plutôt quatre baies réunies par leur baſe, dans chacune deſquelles on trouve un noyau (*e*) qui eſt diviſé en deux, & qui contient deux amandes.

Les fleurs qui ſont aſſez grandes & d'un beau violet, ſont parſemées çà & là ſur l'extrêmité des branches.

M m ij

Les feuilles font ovales, terminées par une pointe obtufe ; finement dentelées par les bords , & pofées alternativement fur les branches. Sur le deffous de ces feuilles on apperçoit trois nervures principales ; les deux latérales s'étendent prefque jufqu'à l'extrémité de la feuille.

E S P E C E.

GREWIA corollis acutis. Linn. Hort. Cliff.
GREWIA dont les pétales font pointus.

C U L T U R E.

Le Grewia fe multiplie par marcottes ; c'eft tout ce que je puis dire d'un arbriffeau qui eft encore fort rare ici.

U S A G E S.

Cet arbriffeau qui devient affez grand, eft fort joli au commencement de Juin , temps où il eft en fleur ; ainfi il peut fervir à la décoration des bofquets d'été.

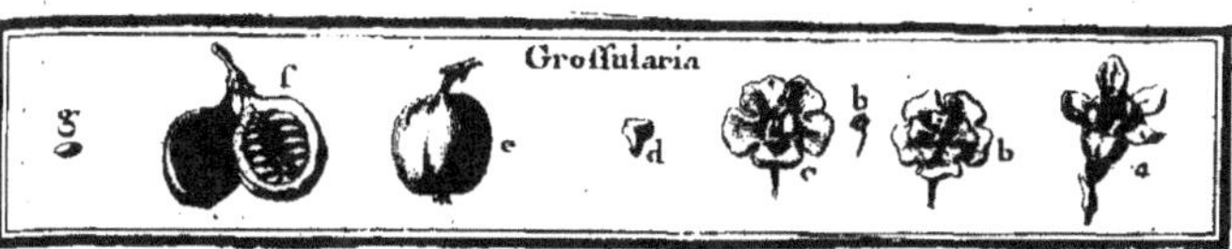

GROSSULARIA, Tournef. *RIBES*, Linn.
GROSEILLIER.

DESCRIPTION.

Les fleurs (*ab*) des Groseilliers font compofées d'un calyce (*c*) divifé en cinq, d'un pareil nombre de petits
pétales (*d*), & autant d'étamines. Le piftil eft formé d'un embryon arrondi, & d'un ou deux ftyles. L'embryon devient une
baie ronde fucculente (*e*), garnie d'un ombilic. On trouve
dans l'intérieur (*f*) plufieurs femences arrondies, un peu comprimées (*g*). Toutes les efpeces de Groseilliers peuvent fe
rapporter à deux genres affez différents l'un de l'autre.

Les uns qui font épineux, ont les feuilles arrondies, affez
petites & découpées prefque comme celles de l'Epine blanche :
ces Groseilliers portent leurs fruits un à un. Les épines partent une, deux ou trois du talon qui fupporte les feuilles.

Les autres n'ont point d'épines ; ils portent leurs fruits en
grappes. Leurs feuilles font grandes & figurées comme celles
de la Vigne, ou plutôt comme celles de *l'Opulus*. Elles font
échancrées, dentelées par les bords, & fupportées par de longues queues. Les feuilles de tous les Groseilliers font pofées
alternativement fur les branches, & les boutons font pointus.

Ce que nous venons de dire des Groseilliers épineux & fans
épines n'eft cependant pas fans exception. Car à la Galiffoniere
près de Nantes, on en a cultivé un qui étoit à grappes, dont
le fruit étoit rouge, & qui avoit des épines : il venoit de Canada.
M. Miller fait mention d'un Groseillier à un feul grain, qui n'a
point d'épines.

Si l'on vouloit diftinguer les efpeces des Groseilliers par leurs

fruits diſperſés un à un ou raſſemblés en grappe, on trouveroit
encore des exceptions ; car quelquefois les Groſeilliers épineux portent deux, trois & quatre grains raſſemblés en forme
de petites grappes ; ainſi il ne faut pas prendre trop rigoureu-
ſement la diſtinction des deux claſſes auxquelles nous allons
rapporter les diverſes eſpeces.

E S P E C E S.

GROSEILLIERS A UN SEUL GRAIN.

1. *GROSSULARIA ſimplici acino , vel ſpinoſa ſilveſtris.* C. B. Pin.
GROSEILLIER ſauvage , épineux.

2. *GROSSULARIA ſpinoſa ſativa.* C. B. Pin.
GROSEILLIER épineux, cultivé.

3. *GROSSULARIA ſpinoſa ſativa altera foliis latioribus.* C. B. Pin.
GROSEILLIER épineux cultivé à feuilles larges.

4. *GROSSULARIA ſpinoſa ſativa foliis ex luteo variegatis.* M. C.
GROSEILLIER épineux à feuilles panachées.

5. *GROSSULARIA ſpinoſa ſativa foliis flaveſcentibus.* M. C.
GROSEILLIER épineux à feuilles jaunâtres.

6. *GROSSULARIA, ſive uva criſpa alba, maxima, rotunda.* H. Edim.
GROSEILLIER épineux à gros fruit blanc.

7. *GROSSULARIA maxima, ſubflava, oblonga.* H. Edimb.
GROSEILLIER épineux à fruit long jaunâtre.

8. *GROSSULARIA fructu rotundo maximo vireſcente.* M. C.
GROSEILLIER à gros fruit rond verdâtre.

9. *GROSSULARIA Virginiana fructu ſpinoſo.*
GROSEILLIER de Virginie à fruit épineux.

10. *GROSSULARIA ſimplici acino caruleo ſpinoſa.* C. B. Pin.
GROSEILLIER épineux à fruit bleu.

11. *GROSSULARIA ſimplici acino caruleo foliis latioribus.*
GROSEILLIER à un ſeul grain violet & à feuilles larges.

12. *GROSSULARIA ſimplici acino caruleo, non ſpinoſa.* C. B. P.
GROSEILLIER à un ſeul grain violet & ſans épines.

GROSEILLIERS A GRAPPES.

13. *GROSSULARIA multiplici acino, sive non spinosa, hortensis, rubra, sive RIBES officinarum.* C. B. P.
GROSEILLIER à grappes rouges des Jardins.

14. *GROSSULARIA hortensis majore fructu rubro.* C. B. P.
GROSEILLIER à grappes & à gros grains rouges.

15. *GROSSULARIA hortensis majore fructu carneo.*
GROSEILLIER à grappes & à gros fruit couleur de chair.

16. *GROSSULARIA vulgaris fructu dulci.* C. B. P.
GROSEILLIER à grappes & à fruit doux.

17. *GROSSULARIA vulgaris foliis ex luteo variegatis.* M. C.
GROSEILLIER à grappes & à feuilles panachées de jaune.

18. *GROSSULARIA vulgaris foliis ex albo variegatis.* M. C.
GROSEILLIER à grappes & à feuilles panachées de blanc.

19. *GROSSULARIA hortensis majore fructu albo.* H. R. P.
GROSEILLIER à grappes & à gros fruit blanc.

20. *GROSSULARIA hortensis fructu margaritis simili.* C. B. P.
GROSEILLIER à grappes & à fruit semblable à des perles, ou Groseilles perlées.

21. *GROSSULARIA fructu albo, foliis ex albo variegatis.* M. C.
GROSEILLIER à fruit blanc & à feuilles panachées de blanc.

22. *GROSSULARIA non spinosa fructu nigro majore.* C. B. P.
GROSEILLIER à grappes & à gros fruit noir. CASSIS.

23. *GROSSULARIA Americana fructu nigro.*
GROSEILLIER d'Amérique à fruit noir.

Il ne faut pas s'étonner de cette longue liste: la plupart de ces especes ne sont que des variétés, entre lesquelles même plusieurs different peu les unes des autres.

CULTURE.

Les Groseilliers sont des arbrisseaux très-aisés à cultiver. Ils viennent mieux dans la bonne terre que dans la médiocre ; mais il faut qu'elle foit bien mauvaife pour qu'ils y périffent.

On pourroit les élever de graines ; mais ce moyen eft long, & il ne convient d'y avoir recours que quand on fe propofe d'obtenir des efpeces ou plutôt des variétés nouvelles. Si, par exemple, on femoit les pepins d'un Grofeillier blanc à fruit perlé, qui auroit été planté entre plufieurs Caffis ou Grofeilliers noirs à grappes, on pourroit avoir des Grofeilliers métis qui auroient du parfum & une couleur finguliere. Mais quand on ne fe propofe pas d'avoir des efpeces nouvelles, le plus expéditif eft de planter des drageons enracinés qui fe trouvent ordinairement au pied des forts Grofeilliers ; s'il ne s'en trouve point, on fait des marcottes ou des boutures. Cet arbriffeau reprend de toutes ces façons.

U S A G E S.

Lorfque la Grofeille épineufe eft verte, on l'emploie dans les cuifines comme le verjus ; il s'en faut cependant beaucoup qu'elle ait un goût auffi agréable. Elle a toujours quelque chofe d'herbacé qui ne fe remarque point dans le verjus.

‘ On trouve dans l'intérieur de la fleur de cette efpece, un ou plutôt deux piftils joints enfemble qu'on fépare facilement.

Lorfque ce fruit eft mûr, il n'eft pas mauvais à manger, fur-tout l'efpece n°. 10, dont le fruit eft violet. Sa chair eft moins molaffe, & fon goût approche de celui du Raifin.

Il eft rare que dans les haies & dans les brouffailles on ne trouve pas quelques pieds de Grofeilliers épineux ; on pourra en tranfplanter dans les remifes : cet arbufte y conviendra d'autant mieux qu'il a l'avantage de n'être point mangé par les lapins.

Le fruit du Grofeillier à grappes eft plus eftimé que celui de l'épineux. Il a un goût aigrelet qui eft agréable quand il eft corrigé par le fucre. On en fait des eaux rafraîchiffantes, de très-bonnes compotes, des confitures, des gelées, des firops.

On peut manger des Grofeilles fraîches jufqu'à la fin d'Octobre, fi l'on a foin de couvrir les Grofeilliers avec de la paille auffi-tôt que leur fruit eft rouge, pour empêcher qu'il ne foit defféché par le foleil, & pour le défendre des oifeaux.

En

En Médecine on fait plus d'usage de la Groseille à grappe qu'on nomme *Ribes*, que de l'épineuse à laquelle on conserve le nom de *Grossularia*. Toutes les deux font astringentes, rafraîchissantes, fortifiantes ; elles éteignent l'effervescence de la bile ; elles temperent les ardeurs du sang ; elles arrêtent les cours de ventre & les crachemens de sang.

On attribue de très-grandes vertus à l'espece n°. 10. On prétend que son fruit, qui a une odeur peu agréable, est purgatif. On a ordonné l'infusion de ses feuilles pour toutes sortes de maux ; mais il y a beaucoup à en rabattre : c'est un remede de mode dont on commence à ne plus parler. Dans l'intérieur de sa fleur on ne trouve qu'un pistil.

Nous en cultivons de deux especes, l'une qui vient plus grande que l'autre ; elle porte de plus gros fruits & de plus grandes feuilles.

Le n°. 23 porte de très-belles grappes de fleurs ; les pétales font plus longs que ceux des autres especes. On n'y trouve qu'un pistil.

Tome I. Pl. 109.

R.F.

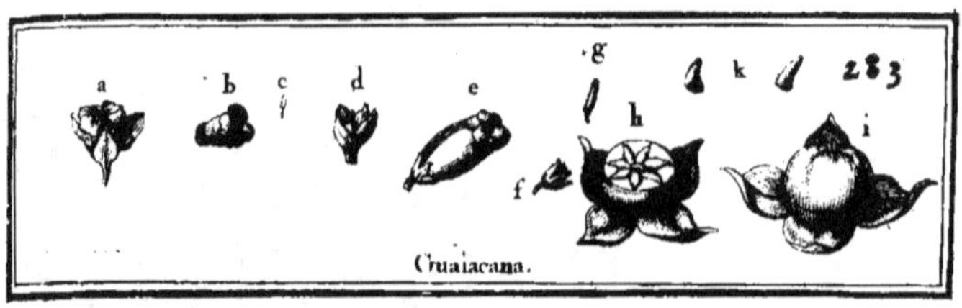

GUAIACANA, Tournef. DIOSPYROS. Linn.
PLAQUEMINIER ou PIAQUEMINIER.

DESCRIPTION.

LA fleur (*a* ou *e*) du Plaqueminier eſt formée d'un calyce plus ou moins grand diviſé en quatre parties qui ſont plus grandes que le pétale, & d'un pétale (*b* ou *e*) en forme de cloche plus ou moins allongée (*d f*). Il eſt diviſé en quatre, quelquefois ſi profondément qu'il paroît formé de quatre pétales aſſez grands. Le pétale tombe quand le fruit noue. On trouve dans l'intérieur huit petites étamines (*g*) attachées au pétale ; elles ont des pédicules très-courts & des ſommets allongés, & ne débordent point le pétale : on y voit encore un piſtil formé d'un embryon arrondi & de quatre ſtyles qui ſe réuniſſent en un. L'embryon devient un fruit ſucculent (*i*) qui reſte entouré du calyce, & dans lequel ſe trouvent (*h*) quelques ſemences ovales & pointues (*k*). Les feuilles qui ſont ovales, entieres & un peu velues, ſont poſées alternativement ſur les branches.

Les fleurs ſortent une à une des aiſſelles des feuilles, & paroiſſent dans le mois de Juin.

Ces arbres deviennent grands, & ont un beau feuillage.

Dans la vignette, la fleur (*a*) eſt de l'eſpece n°. 1, de même que le fruit (*i*). La fleur (*c*) eſt celle du n.° 3, & le fruit de cette eſpece eſt repréſenté dans la ſeconde planche.

ESPECES.

1. *GUAIACANA*. J. B.
    PLAQUEMINIER à petit fruit.

2. *GUAIACANA angustiore folio.* Inst.
PLAQUEMINIER à feuilles étroites & à petit fruit.

3. *GUAIACANA, five PISHAMIN Virginianum.* Park.
PLAQUEMINIER de Virginie nommé PISHAMIN, ou PLA-
QUEMINIER de la Louysiane, à gros fruit.

CULTURE.

Les Plaqueminiers s'élevent de femences. Celui défigné n°. 1
produit, quand il est un peu gros, des rejets enracinés.

Quoique ces arbres fupportent bien nos hyvers, nous avons
la précaution, quand ils font jeunes, de mettre vers la fin de
l'automne, un peu de litiere fur les racines.

USAGES.

Ces arbres fleuriffent vers le milieu de Juin. Leur fleur n'est
pas d'un grand éclat, mais leurs feuilles font belles, & l'on
fera bien d'en mettre dans les bofquets d'été ; ils deviennent
fort grands.

La décoction des feuilles paffe pour aftringente ; & l'on dit
que leur bois est dur & d'un bon ufage. Les nôtres font trop
jeunes pour que nous puiffions parler d'après nos obfervations.

A la Louyfiane on mange le fruit quand il est mol, comme
des Neffles. On fe fert de la pulpe pour faire des efpeces de
galettes fort minces qui ont un goût affez agréable, & qui
arrêtent les diarrhées.

Pour faire ces galettes, on écrafe les fruits dans des tamis
fort clairs qui féparent la chair de la peau & des pepins : la
chair étant ainfi réduite en bouillie épaiffe ou en pâte, on en
fait des pains longs d'un pied & demi, larges d'un pied, &
épais d'un doigt, que l'on met fécher au foleil ou au feu fur
un gril. Ces galettes ont meilleur goût quand on les a féchées
au foleil.

Les fruits des Piaqueminiers de la Louyfiane font gros comme
des œufs. Un Normand qui alla s'établir dans ce pays, parvint
à faire un bon cidre de ce fruit.

Tome I. Pl. III.

Tome I. Pl. 112.

GUALTERIA, Linn.

DESCRIPTION.

LA fleur (*a*) du Gualteria eft compofée de deux calyces qui fubfiftent jufqu'à la maturité du fruit.

Le calyce extérieur eft formé de deux petites feuilles obtufes, creufées en cuilleron.

Le calyce intérieur eft d'une feule piece, figuré en cloche, dont les bords font divifés profondément en cinq.

Cette fleur n'a qu'un pétale (*b*) qui a la forme d'un grelot, & dont les bords font découpés affez profondément en cinq parties renverfées en dehors.

Les étamines (*d*), au nombre de dix, prennent leur origine du fond de la fleur, vers la bafe du pétale (*c*): elles font plus courtes que le pétale, & terminées par des fommets allongés qui fe divifent en deux, fuivant la longueur : elles forment deux efpeces de cornes.

Le piftil (*efg*), qui occupe le centre de la fleur, eft formé d'un embryon arrondi, un peu applati par le haut & furmonté d'un ftyle qui eft terminé par un ftigmate obtus : il s'éleve un peu au-deffus des bords du pétale.

L'embryon eft entouré à fa bafe de dix petits corps pointus, (*nectarium*) qui font pofés entre chaque étamine, tout auprès de leur attache (*d*).

L'embryon devient une capfule arrondie, un peu comprimée par le haut: elle a cinq côtes peu fenfibles, & eft divifée intérieurement en cinq loges remplies de femences anguleufes.

Dans le temps de la maturité, cette capfule eft renfermée dans le calyce intérieur qui devient charnu, & forme une efpece de baie arrondie, ouverte par le haut.

Ce petit arbufte qui a prefque le port de la Pervenche, a de
même fes feuilles prefque ovales, fermes, luifantes & très-
légérement dentelées par les bords : elles font placées de même
que les fruits à l'extrêmité des petites branches : affez fouvent
elles font violettes par-deffous.

ESPECE.

GUALTERIA. Linn.

CULTURE.

Cet arbufte croît en Canada dans les terres feches & arides,
légeres & fabloneufes. Il fe multiplie par la femence & par
des drageons enracinés.

USAGES.

La racine de cet arbufte eft recommandée en infufion pour
arrêter les diarrhées.

En Canada & à l'Ifle-Royale, on prend cette infufion comme
le Thé : elle eft agréable, & elle fortifie l'eftomac.

Tome I. Pl. 113.

HAMAMELIS, Gronov. & Linn.

DESCRIPTION.

LA fleur (*a*) de l'Hamamelis a deux calyces.

Le calyce extérieur est composé de trois feuilles, dont une est beaucoup plus grande que les autres. La grande feuille se termine en pointe ; les autres sont obtuses.

Le calyce intérieur est d'une piece profondément découpée en quatre parties ovales qui sont légérement velues sur leurs bords.

Ce calyce porte quatre pétales fort longs, très-étroits & repliés en différens sens. Il y a à l'extrêmité de chaque pétale, près de leur insertion au calyce, une cavité qui est couverte par une écaille ou onglet (*nectarium*) ; & c'est entre cet onglet & le pétale qu'on découvre les sommets des étamines ; elles sont courtes & au nombre de quatre : ces sommets s'ouvrent de la base à la pointe.

Le pistil est formé par deux embryons ovales & velus, & deux styles qui sont surmontés de stigmates obtus.

Les embryons deviennent une capsule (*b*) à deux loges qui s'ouvrent par l'extrêmité supérieure ; chaque loge contient une semence ovale, oblongue, lisse & droite (*c*).

L'Hamamelis forme un arbrisseau de médiocre grandeur ; ses feuilles sont grandes, ovales, unies, d'un verd qui tire un peu sur le jaune, dentelées assez profondément par les bords ; ainsi elles ressemblent assez à celle du Noisettier : elles sont posées alternativement sur les branches.

Comme les fleurs sont rassemblées par bouquets, leurs pétales qui font longs & jaunes, reffemblent à des houppes d'une forme finguliere qui n'eft pas defagréable.

ESPECE.

HAMAMELIS. Gronov.

CULTURE.

Cet arbriffeau, qui nous vient de la Virginie & de la Louy-fiane, eft encore rare : néanmoins on le multiplie aifément par les marcottes, & il ne paroît pas délicat.

USAGE.

Comme l'Hamamelis fleurit dans l'automne, il doit fervir à la décoration des bofquets de cette faifon.

HEDERA;

Tome I. Pl. 114.

HEDERA, Tournef. & Linn. LIERRE.

DESCRIPTION.

LA fleur (*a*) du Lierre couronne l'embryon. Les parties qui la composent sont, un petit calyce divisé en cinq, un pareil nombre de pétales qui représentent une étoile, & cinq étamines avec un piftil (*c*) formé d'un embryon arrondi qui supporte la fleur, & d'un ftyle. L'embryon, qui d'abord eft godronné en deffus, devient enfuite une baie ronde (*d*), dans laquelle on trouve cinq femences (*e*) rondes d'un côté; les deux autres faces qui forment un coin, font applaties (*f*).

Les fleurs font raffemblées en bouquets qui ont la forme d'une ombelle.

Les feuilles du Lierre, qui font à l'extrêmité des branches, font à peu près ovales; les autres font prefque triangulaires, & en général la forme des feuilles varie beaucoup; mais elles font toujours fermes, luifantes, pofées alternativement fur les branches qui font farmenteufes & garnies d'une quantité de petites griffes qui les attachent fur tout ce qu'elles touchent. On croiroit volontiers que ce feroit des racines qui tirent une fubftance des mortiers des murailles & de l'écorce des arbres où ces griffes s'attachent; mais il eft aifé de s'affurer du contraire; car lorfqu'on coupe la tige d'un Lierre, tout le pied meurt & fe deffeche. Il pourroit cependant arriver que dans un vieux mur conftruit avec de la terre, la tige eût jetté quelques vraies racines. On apperçoit quelquefois des ftipules, des feuilles avortées à la naiffance des vraies feuilles, qui font portées par de longues queues.

ESPECES.

1. *HEDERA arborea.* C. B. P.
   LIERRE qui s'attache au tronc des arbres.

2. *HEDERA communis minor foliis ex albo variegatis.* M. C.
   Petit LIERRE ordinaire dont les feuilles sont panachées de blanc.

3. *HEDERA communis minor foliis ex luteo variegatis.*
   Petit LIERRE ordinaire dont les feuilles sont panachées de jaune.

4. *HEDERA Poëtica.* C. B. P.
   LIERRE des Poëtes, ou à fruit jaune.

   Ce qu'on appelle LIERRES DE CANADA sont des *Menispermum.*

CULTURE.

Le Lierre, n°. 1, peut s'élever de semences & de mar-cottes, & l'on greffe dessus les especes panachées. Elles repren-nent fort aisément par approche ; souvent sur les troncs d'arbres, les branches de Lierre se greffent les unes sur les autres, & elles forment ainsi une espece de réseau qui enveloppe le tronc.

USAGES.

Comme les Lierres panachés ou autres ne quittent point leurs feuilles l'hyver, il convient d'en mettre des buissons dans les bosquets de cette saison ; car quoique ce soit une plante sar-menteuse, on peut, en tondant les branches au ciseau, en for-mer des buissons, comme on en fait avec le Chevre-feuille.

Les Lierres sont très-propres à couvrir des murailles, où ils s'attachent d'eux-mêmes, sans qu'on soit obligé de les espalier : on peut aussi en faire des portiques qui font un bel effet sur-tout l'hyver : on en peut voir de cette façon à Paris dans le Cloître des Peres Capucins du Marais.

Les feuilles du Lierre passent pour être déterfives & vulnerai-res. On emploie leur décoction contre la teigne & contre la gale, & l'on prétend qu'elle noircit les cheveux.

Dans les Indes, en Italie, en Provence, en Languedoc ;

on fait des incifions au tronc des plus gros Lierres ; il en découle un fuc clair qui s'épaiffit en peu de temps ; c'eft ce qu'on
appelle *Gomme de Lierre*. Elle doit être d'un jaune rougeâtre ,
tranfparente , d'une odeur forte , d'un goût âcre & aromatique :
elle entre dans quelques onguents comme réfolutive : on prétend qu'elle eft un bon dépilatoire.

Lorfqu'on a de gros troncs de Lierre , on les travaille fur le
tour pour en faire des vafes.

Ce bois eft tendre , filandreux , poreux, & difficile à travailler. On lui attribue de grandes vertus ; mais ce font des
fables.

Tome I. Pl. 115.

Tome I. Pl. 116.

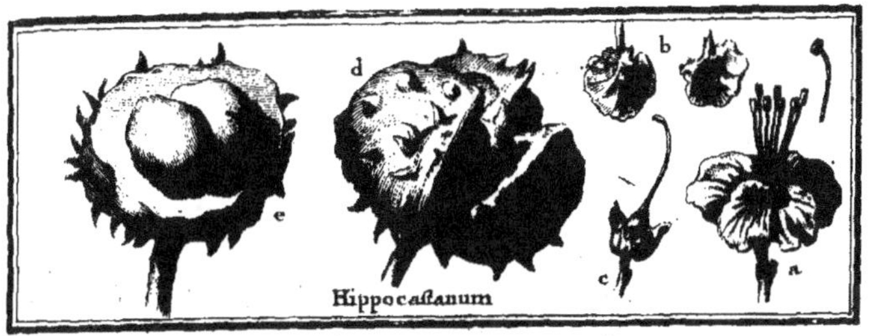

HIPPOCASTANUM, Tournef. *ESCULUS*, Linn.
MARONNIER d'Inde.

DESCRIPTION.

LE Maronnier d'Inde porte une très-belle fleur ; ou plutôt l'aſſemblage de ſes fleurs diſpoſées en pyramide ſur une branche commune, fait un très-bel effet.

Chaque fleur (*a*) eſt formée d'un calyce (*c*) diviſé en cinq, de cinq pétales (*b*) diſpoſés en roſe, de ſept étamines, & d'un piſtil (*c*) compoſé d'un embryon arrondi & d'un ſtyle long. Cet embryon devient un fruit charnu & épineux (*d*), qui contient une ou deux ſemences (*e*) aſſez ſemblables à la châtaigne.

Les feuilles ſont compoſées de cinq ou ſept grandes folioles qui ſont attachées en forme de main au bout d'une ſeule queue.

Les folioles ſoht relevées en deſſous de nervures aſſez ſaillantes, & creuſées en deſſus de ſillons : elles ſont plus étroites du côté où elles s'attachent à la queue : leurs bords portent de grandes dentelures, entre leſquelles on en apperçoit de plus fines qui ont été omiſes dans la figure. Les boutons ſont fort gros, & couverts d'une gomme très-gluante.

Les feuilles ſont oppoſées deux à deux ſur les branches.

E S P E C E S.

1. *HIPPOCASTANUM vulgare.* Inſt.
MARONNIER D'INDE ordinaire.

2. *HIPPOCASTANUM folio ex luteo variegato.* M. C.
MARONNIER D'INDE à feuilles panachées de jaune.

3. *HIPPOCASTANUM foliis ex albo variegatis.* M. C.
MARONNIER D'INDE à feuilles panachées de blanc.

Nous renvoyons le MARONNIER D'INDE à fleurs rouges , au
PAVIA.

C U L T U R E.

Le Maronnier d'Inde ordinaire s'éleve fort aiſément de ſemences. Il leve de lui-même en grande quantité ſous les gros
arbres.

Il eſt bon de le tranſplanter en pepiniere pour lui couper le
pivot quand il eſt fort jeune ; car alors il pouſſe des racines
latérales , & reprend fort aiſément.

Cet arbre aime les terrains un peu humides ; & il conſerve plus
long-temps ſa verdure quand il eſt à couvert du grand ſoleil.

Il paſſe pour certain que cet arbre a été apporté du Levant
en 1615 , par un Curieux de Paris, nommé Bachelier.

Cet arbre s'eſt prodigieuſement multiplié depuis dans les parcs ;
mais on n'en trouve point dans les forêts : nous en avons
planté dans des maſſifs de bois où ils ont péri. Néanmoins il
réuſſit très-bien en quinconces dans une terre fraîche & ſans
être cultivé.

Nous ſavons que cet arbre ſe trouve vers les Ilinois ; car
on en apporta des fruits à M. le Marquis de la Galiſſoniere ,
lorſqu'il étoit Gouverneur du Canada.

U S A G E S.

Le Maronnier d'Inde eſt un fort grand arbre qui fait l'agrément des Jardins pendant le mois de Mai. Il eſt alors garni de
belles & grandes feuilles qui ſont d'un très-beau verd, & chargé
de belles pyramides de fleurs blanches lavées de rouge : ſa tête
prend naturellement une très-belle forme.

On a été perfuadé pendant long-temps qu'on l'endomma-
geoit beaucoup en coupant fes branches ; mais on eft revenu
de cette erreur. On l'élague & on le tond au croiffant. C'eft
ainfi qu'on a formé ces belles allées qu'on ne peut s'empêcher
d'admirer dans les Jardins du Château des Thuilleries & du
Palais Royal.

Mais cet arbre n'eft agréable qu'au printemps ; les chaleurs
du mois de Juin jauniffent fes feuilles, dont une partie tombe
avec les fruits dès le mois de Juillet. Les hannetons, qui aiment fingulierement fes feuilles, le dépouillent auffi quelquefois avant la fin de Mai ; il y a encore une chenille à grands poils
qu'on nomme *la chenille du Maronnier*, qui dévore prefque tous
les ans toutes fes feuilles dans les mois de Juin & de Juillet.
Ces inconvéniens font qu'on n'en plante plus guere dans les
Jardins ; on fera cependant très-bien d'en mettre dans les bofquets du printemps ; car alors il n'a aucun des défauts qui le
font bannir des bofquets d'été & d'automne.

Son bois eft tendre, mollaffe, filandreux ; il pourrit très-
promptement quand on l'expofe à la pluie : ainfi il n'eft bon
qu'à faire des tablettes pour les lieux fecs. On s'en fert auffi
pour les fculptures communes, parce que le blanc dont on les
couvre avant de les dorer, en cache les défauts.

M. le Préfident Bon de Montpellier, eft parvenu à faire
perdre aux Marons leur amertume, & à en faire une pâtée qui
pourroit fervir à nourrir & engraiffer de la volaille.

Pour cet effet il faifoit une forte leffive de chaux & de cendre
ordinaire, en paffant de l'eau fur ce mêlange, comme on fait
quand on coule la leffive. Il mettoit tremper fes Marons dans
cette leffive après les avoir dépouillés de leur écorce. Il les
lavoit enfuite dans de l'eau fraîche. Enfin il les faifoit cuire
pour en faire une pâtée qui étoit douce, & dont la volaille s'ac-
commodoit bien. Le feul inconvénient eft que les cendres font
ordinairement fort cheres, & que leur prix joint aux frais de
la manipulation, rendent cette mangeaille d'un prix affez confidérable. Quoique ce fruit foit amer quand on ne lui a donné
aucune préparation, j'ai vu des vaches qui en mangeoient. M. de
Reaumur m'a dit que les poulles en mangent auffi ; mais que
cette nourriture les maigrit, & fait qu'elles ceffent de pondre.

On affure que l'eau de chaux fuffit pour faire perdre aux Marons une grande partie de leur amertume, en les y jettant coupés par morceaux: fi cela eft, on pourroit en faire une mangeaille pour les cochons.

On peut faire de très-bel amidon avec les Marons d'Inde; pour cela il faut les rapper, & laver la *fécule* ou farine dans beaucoup d'eau. Elle devient ainfi fort blanche, & perd fon amertume. Mais fi l'on vouloit faire cette opération en grand, il faudroit fe placer près d'un ruiffeau qui pût fournir l'eau néceffaire, & qui pût faire jouer des machines propres à broyer promptement les Marons.

Comme les Marons d'Inde ne coûtent que la peine de les ramaffer, M. Languet, Curé de S. Sulpice, s'en fervoit à chauffer les poëles dans la maifon de l'Enfant Jefus.

L'amertume de ce fruit a engagé quelques Médecins à en donner, au lieu de Quinquina, dans les fievres intermittentes; & l'on affure que ç'a été avec fuccès. Les Maréchaux prétendent que cette poudre eft bonne pour la pouffe des chevaux.

Quoique les fleurs & les fruits ne fe trouvent pas dans le même temps fur les arbres, on les a néanmoins repréfentés dans la planche fur une même branche: mais il eft bon d'avertir que la grappe de cette figure n'eft pas affez chargée de fleurs.

HYDRANGEA;

Tome I. Pl. 117.

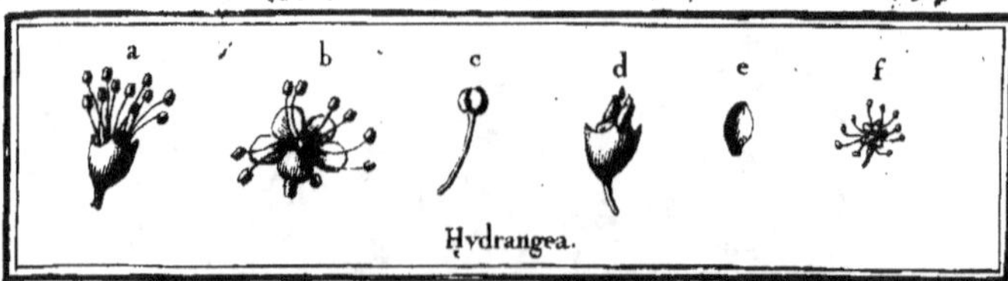

HYDRANGEA, GRON. & LINN.

DESCRIPTION.

LA fleur (*f*) de l'Hydrangea eft compofée d'un petit calyce qui eft d'une feule piece divifée en cinq (*a d*) : d'entre
les découpures du calyce partent cinq pétales arrondis & creufés en cuilleron (*b e*).

De l'intérieur du calyce s'élevent dix étamines dont les pédicules font affez longs ; les fommets font formés de deux corps
arrondis qui font divifés par une rainure fuivant leur longueur (*a b c*).

Le piftil eft formé d'un embryon arrondi qui fait partie du
calyce, & de deux ftyles courts, affez gros, dont l'extrêmité
eft tronquée (*d*).

L'embryon ou la bafe du calyce devient une capfule arrondie, terminée par deux becs ou cornes, qui font formés par
les ftyles : elle eft ftriée & couronnée par les échancrures du
calyce ; elle eft intérieurement divifée en deux loges par une
cloifon. Cette capfule s'ouvre par fon extrêmité près des cornes
qui la terminent. Elle contient grand nombre de femences
menues, pointues & anguleufes.

Les fleurs (*f*) qui font fort petites, font raffemblées en
efpece d'ombelle branchue, ou en grappe qui s'épanouit en
parafol.

Les feuilles de cet arbriffeau font d'un verd tendre, grandes,
ovales, terminées en pointe, dentelées par les bords, oppofées
fur les branches, peu épaiffes, relevées en deffous d'arêtes
faillantes, creufées en deffus de gouttieres affez profondes, &
relevées de petites boffes comme les feuilles de l'Ortie.

Tome I.   P p

Cet arbuste fleurit à la fin de Juillet.

ESPECE.

HYDRANGEA foliis oppositis, floribus in cymam digestis. L. S. P.
HYDRANGEA à feuilles opposées & dont les fleurs font rassemblées en maniere de parasol.

CULTURE.

Cet arbrisseau n'est point délicat : il pousse autour de lui
quantité de drageons enracinés qui servent à le multiplier.

USAGE.

L'Hydrangea peut servir à la décoration des bosquets d'été :
ce n'est pas que sa fleur soit fort brillante ; mais c'est qu'il y a
peu d'arbres qui, comme celui-ci, soient en fleur dans cette
saison.

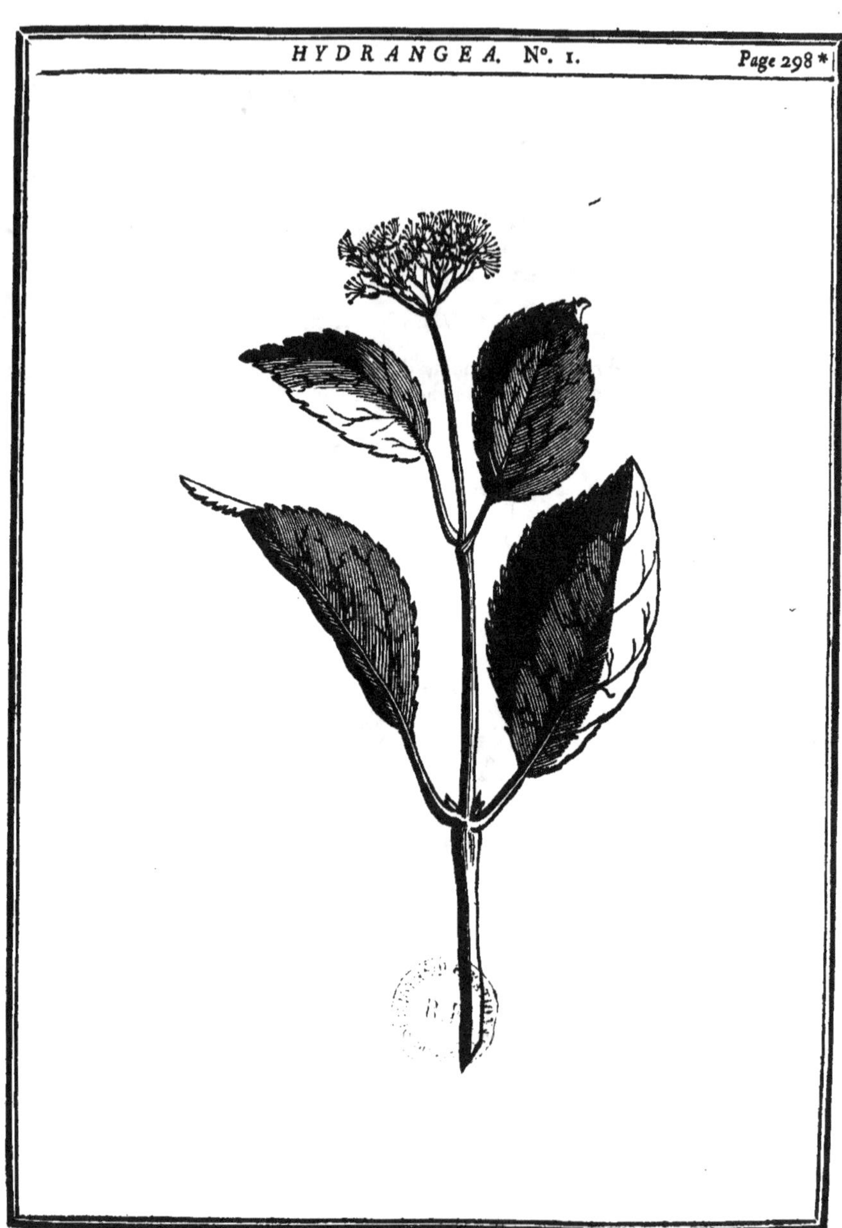

Tome I. Pl. 118.

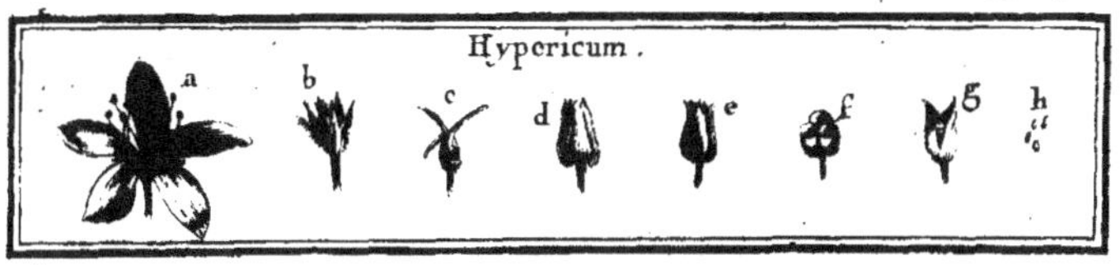

HYPERICUM, Tournef & Linn.
MILLE-PERTUIS.

DESCRIPTION.

LE calyce (*b*) du Mille-pertuis eft divifé en cinq parties ovales creufées en cuilleron. Il fubfifte jufqu'à la maturité du fruit.

La fleur (*a*) eft formée de cinq pétales ovales, oblongs, obtus, difpofés en rofe.

On apperçoit dans le difque grand nombre d'étamines qui fe réuniffent par le bas à cinq corps diftinéts, au milieu defquels eft le piftil (*c*) qui eft compofé d'un embryon arrondi ou oblong, furmonté de deux, trois ou cinq ftyles (*de*).

L'embryon devient une capfule qui a autant de loges qu'il y avoit de ftyles (*fg*); on trouve dans l'intérieur de cette capfule un nombre de graines affez menues & oblongues (*h*).

Nous avons fuivi M. Linneus en joignant à l'*Hypericum*, l'*Afcyrum* & l'*Androfœmum* de M. de Tournefort. Il nous a paru que dans un Traité d'Arbres & d'Arbuftes, on devoit réunir ces trois fortes de plantes qui fe reffemblent beaucoup. Mais fi l'on vouloit, comme M. de Tournefort, en faire trois genres, on pourroit établir leur différence fur ce que les pétales de l'*Androfœmum* font prefque ronds, & ne font pas plus grands que les échancrures du calyce. L'embryon n'eft furmonté que de deux ftigmates. Le fruit eft affez court, arrondi, ayant à l'extérieur la figure de trois côtes de Melon réunies. Il forme une feule capfule dans laquelle on apperçoit trois placentas chargés de femences ovales. Ce fruit eft fucculent.

Pp ij

Les pétales de l'*Hypericum* & de l'*Ascyrum* font beaucoup plus grands que les divifions du calyce.

L'embryon de l'*Hypericum* eft furmonté de trois ftyles : celui de l'*Ascyrum* en a cinq. Le fruit de l'un & de l'autre fe termine en pointe. Celui de l'*Hypericum* eft divifé en trois loges : on en trouve cinq dans celui de l'*Ascyrum*. Les femences de l'un & de l'autre font plus allongées que celles de l'*Androfœmum*.

Les feuilles de ces trois plantes font longues, pointues ; plus larges du côté de leur infertion que par-tout ailleurs, oppofées fur les tiges & fans queues. Si on les oppofe à la lumiere, elles paroiffent percées de petits trous. Celles de l'*Androfœmum* deviennent d'un fort beau rouge dans l'automne. Voyez *Androfœmum* & *Ascyrum*.

ESPECES.

1. *HYPERICUM fœtidum frutescens.* Inft.
   MILLE-PERTUIS en arbriffeau, qui a une odeur defagréable.

2. *HYPERICUM flore pentagino foliis ovato, oblongis, glabris-integerrimis.* Linn. Hort. Cliff. ou *Ascyrum magno flore.* C. B.
   MILLE-PERTUIS à grandes fleurs, dont le fruit eft divifé en cinq loges.

3. *HYPERICUM floribus triginis, fructu baccato, foliis ovatis pedunculo longioribus.* Linn. Hort. Cliff. ou *Androsoemum maximum frutescens.* C. B.
   MILLE-PERTUIS en arbriffeau, dont le fruit eft obtus & charnu, ou TOUTE-SAINE.

4. *HYPERICUM floribus pentaginis, foliis & ramis verrucofis.* Linn. Hort. Cliff. ou *Ascyrum Balearicum foliis crifpis, five Myrto-Ciftus Pinnœi.* Cluf. Hift.
   MILLE-PERTUIS de Majorque toujours verd, à feuilles crépues.

Nous fupprimons plufieurs efpeces qui ne font point des arbuftes, puifqu'elles perdent leurs tiges les hyvers.

CULTURE.

Ces différentes efpeces de Mille-pertuis fe multiplient aifément de femences & de drageons enracinés.

USAGES.

Ces petits arbuftes produifent de jolies fleurs jaunes dans les mois de Juin & de Juillet : ainfi on peut les employer pour la décoration des bofquets d'été.

On emploie les Mille-pertuis, l'Afcyrum & la Toute-faine, comme de bons vulnéraires & comme apéritifs.

Tome I. Pl. 119.

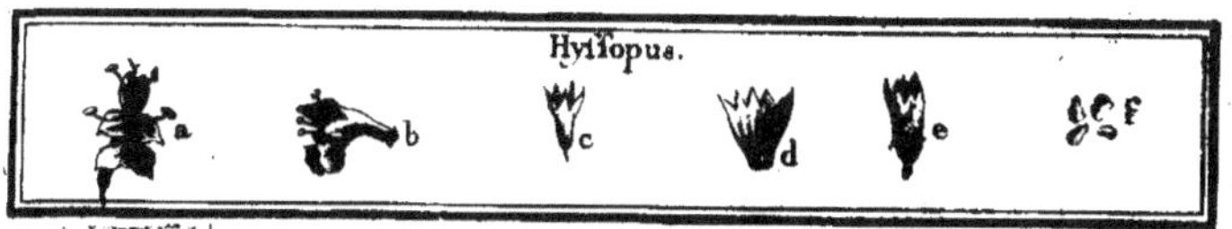

HYSSOPUS, Tournef. & Linn. HYSOPE.

DESCRIPTION.

LE calyce (*c*) de la fleur (*a*) de l'Hyſope eſt un cornet d'une ſeule piece, qui eſt diviſé à ſon extrêmité en cinq parties pointues. Il ſort de ce calyce un pétale (*b*) figuré en gueule. La levre ſupérieure eſt de moyenne grandeur, plate, ouverte, relevée & échancrée dans ſon milieu: la levre inférieure eſt diviſée en trois; la diviſion du milieu, plus grande que les autres, eſt creuſée en cuilleron, & ſubdiviſée en deux parties qui ſe terminent en pointe.

On apperçoit dans l'intérieur de la fleur quatre étamines, dont deux, plus courtes que les deux autres, ſe replient dans la levre ſupérieure, & les deux autres accompagnent la levre inférieure; elles ſont chargées de ſommets.

Le piſtil (*d*) eſt compoſé d'un embryon qui eſt diviſé en quatre, & d'un ſtyle qui ſe recourbe dans la levre ſupérieure, & qui eſt terminé par un ſtigmate fourchu.

De l'embryon ſe forment quatre ſemences (*f*) qui ont pour enveloppe le calyce de la fleur (*e*).

L'Hyſope eſt un petit arbuſte qui pouſſe pluſieurs tiges à la hauteur d'un pied & demi; elles ſont revêtues de bas en haut de feuilles longues, étroites, non dentelées, rangées par étage le long des tiges qui ſont terminées par des épis de fleurs.

Toutes les parties de cette plante ont une odeur aſſez agréable.

E S P E C E S.

1. *HYSSOPUS officinarum cærulea feu fpicata.* C. B. P.
Hysope des Droguiftes à fleurs bleues difpofées en épi,

2. *HYSSOPUS vulgaris alba.* C. B. P.
Hysope ordinaire à fleur blanche,

3. *HYSSOPUS rubro flore.* C. B. P.
Hysope à fleur rouge.

4. *HYSSOPUS humilior Myrti folio.* C. B. P.
Petite Hysope à feuille de Myrthe.

C U L T U R E.

Cet arbufte n'eft point délicat; il vient dans toute forte de terre, & il fe multiplie aifément par des drageons enracinés qui fe trouvent auprès des gros pieds.

U S A G E S.

Cette plante eft affez jolie dans le temps de fa fleur.

On l'emploie intérieurement comme incifive & apéritive; on l'ordonne pour l'afthme & les autres maladies de la poitrine. On l'applique extérieurement comme déterfive, vulnéraire & fortifiante,

JASMINOIDES;

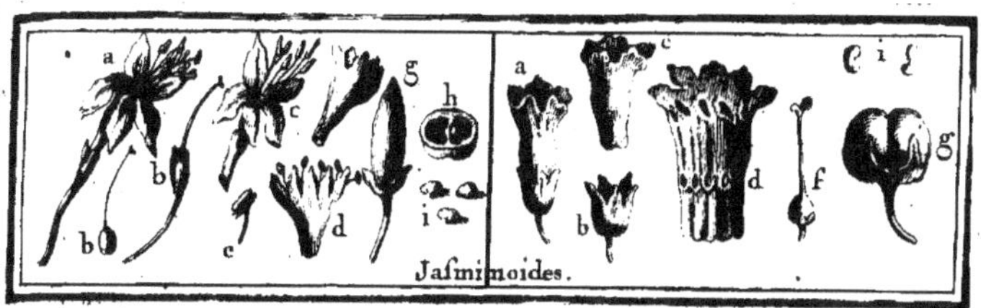

JASMINOIDES, Tournef. LYCIUM, Linn.

DESCRIPTION.

LE calyce (*b*) des fleurs (*a*) des Jasminoïdes est divisé en cinq pieces qui ne sont pas pointues comme au Jasmin. Le pétale (*c*) forme un tuyau dont l'extrêmité est aussi divisée en cinq parties qui, se renversant en dehors, forment un disque qui représente une étoile. On trouve dans l'intérieur un pareil nombre d'étamines (*d*) dont les sommets (*e*) sont deux capsules en forme d'Olive, & un pistil (*bf*) qui est composé d'un embryon arrondi & d'un style obtus. Cet embryon devient une baie (*g*) qui renferme (*h*) plusieurs semences (*i*) figurées comme un rein.

Les fruits de l'espece n°. 2 sont petits, mais d'un très-beau rouge : ceux du n°. 3 sont beaucoup plus gros, & d'une couleur des plus éclatantes.

Les feuilles sont d'un verd blanchâtre, épaisses, non dentelées, unies, ovales, plus ou moins allongées; elles sont posées alternativement sur les branches. Il y a quelques especes sur lesquelles on trouve des épines qui partent des aisselles des feuilles, qui s'allongent quelquefois de trois ou quatre pouces, & qui produisent d'autres feuilles çà & là. L'écorce extérieure des Jasminoïdes est blanchâtre.

On a représenté sur le côté gauche de la vignette, le détail de la fleur & du fruit du Jasminoïdes de la Chine, n°. 3, qui differe des autres principalement par le calyce, qui n'est divisé qu'en deux,

Tome I. Qq

ESPECES.

1. *JASMINOIDES, five Rhamnus spinis oblongis, flore candicante.* C. B. P.
Jasminoides qui a de longues épines & la fleur blanchâtre.

2. *JASMINOIDES Africanum aculeatum, Rhamni aculeati folio & facie.* Act. Acad. P. *Lycium foliis linearibus.* Hort. Cliff.
Jasminoides d'Afrique qui a de grandes épines & des fleurs purpurines.

3. *JASMINOIDES Sinenfe Halimi folio & facie.* Act. Acad. R. Par.
Jasminoides de la Chine qui a les feuilles comme le Pourpier de mer.

4. *JASMINOIDES Sinenfe Halimi folio longiore & angufliore.*
Jasminoides de la Chine qui a des feuilles comme le Pourpier de mer, mais plus longues & plus étroites.

5. *JASMINOIDES fpinofum foliis rotundioribus, floribus fubceruleis Lilae fpirantibus.*
Jasminoides du Pérou à feuilles rondes & à fleurs rouges qui fentent le Lila.

6. *JASMINOIDES, five Hediunda Jafmineo flore fœtida.* Cestrum, Linn.
Jasminoides du Pérou, qu'on a appellé Hediunda, à fleur de Jafmin, & qui fent mauvais.

CULTURE.

Le Jafminoïdes peut s'élever de femences; mais il fe multiplie aifément par marcottes.

Cet arbriffeau craint un peu le froid; c'eft pourquoi on fera bien de le tenir en efpalier, ou de le couvrir l'hyver avec un peu de litiere: au refte il n'eft point du tout délicat fur la nature du terrein.

USAGES.

Cet arbriffeau eft affez joli à caufe de fes feuilles argentées. Il pouffe de grandes baguettes menues & pliantes; & on peut le tondre au ciſeau pour lui donner une forme plus agréable.

Ses fleurs qui paroiſſent au commencement de Juin, ſont aſſez jolies. Les deux premieres eſpeces en produiſent encore quelquefois l'automne : celui de Chine eſt dans cette ſaiſon chargé de petits fruits, rouges comme du corail. Comme ces arbriſſeaux conſervent leurs feuilles juſqu'aux gelées, on peut les mettre dans les boſquets d'été & d'automne. On peut auſſi en former de jolies paliſſades. En Provence on trouve communément l'eſpece n°. 1 dans les haies.

Les deux eſpeces, n°. 5 & 6, cultivées au Jardin du Roi, ſont venues des ſemences qui y avoient été envoyées du Pérou par M. Joſeph de Juſſieu.

On a repréſenté dans la planche l'eſpece du n°. 2, & celle du n°. 3.

Tome I. Pl. 120.

Tome I. Pl. 121.

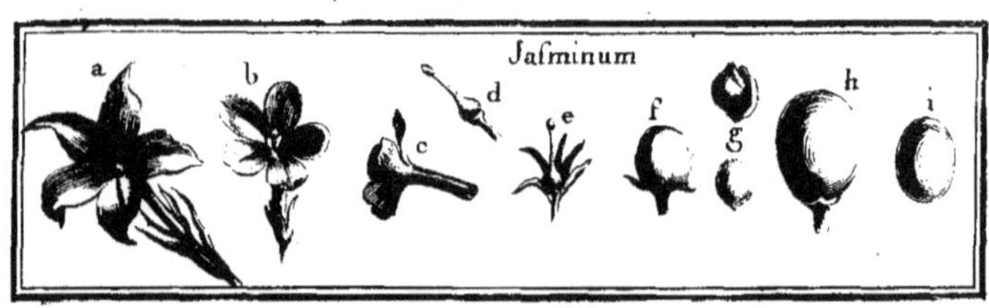

JASMINUM, Tournef. & Linn. JASMIN.

DESCRIPTION.

LE calyce (*e*) de la fleur (*ab*) du Jafmin eſt diviſé en cinq parties fort pointues; il ne tombe point. Le pétale (*c*) qui eſt en forme de tuyau, eſt auſſi diviſé en cinq pieces ovales, terminées en pointe & recourbées en deſſous. On trouve dans l'intérieur deux étamines chargées de ſommets fort longs, & un piſtil (*d*) qui eſt compoſé d'un embryon arrondi & d'un ſtyle. L'embryon devient une baie (*fh*) dans laquelle on trouve deux ſemences ovales (*g*), oblongues, plates d'un côté, convexes de l'autre.

Les feuilles du Jafmin ſont de figures très-différentes ſur les différentes eſpeces ; mais preſque toujours oppoſées ſur les branches, & le plus ſouvent compoſées de folioles qui ſont rangées par paires & attachées à un filet commun terminé par une ſeule.

ESPECES.

1. *JASMINUM vulgatius flore albo.* C. B. P.
Jasmin ordinaire à fleur blanche.

2. *JASMINUM, ſive Gelseminum luteum.* J. B.
Petit Jasmin jaune.

3. *JASMINUM luteum vulgò dictum bacciferum.* C. B. P.
Jasmin jaune des bois.

Nous supprimons plusieurs belles especes de Jasmin, parce qu'elles ne peuvent être élevées qu'en serre.

Ce qu'on appelle Jasmin de Virginie, est un *Bignonia.*

CULTURE.

Les Jasmins se multiplient aisément de marcottes, de drageons enracinés qu'on trouve auprès des gros pieds, & même de bouture. On peut aussi multiplier les especes rares en les greffant sur les Jasmins communs. C'est ainsi que les Génois nous fournissent beaucoup de Jasmins d'Espagne jaunes & blancs, des Jasmins d'Arabie & des Azors : ils les greffent en fente.

Les trois especes que nous avons nommées supportent nos hyvers, & ne sont point délicates sur la nature du terrein ; le n°. 3 se trouve même dans les bois.

USAGES.

Le Jasmin blanc , n°. 1 , est un arbrisseau sarmenteux qui peut servir à garnir des tonnelles, des terrasses. On en fait aussi, en le tondant au ciseau, de jolis buissons. Il porte dans le mois de Juin des bouquets de fleurs blanches, qui sont fort jolis , & qui répandent une odeur très-agréable.

Ces fleurs ne fournissent point d'eau odorante par la distillation ; ainsi ce qu'on appelle *essence de Jasmin* qu'on nous apporte d'Italie, est une huile tirée par expression, & aromatisée par les fleurs du Jasmin.

Voici comment on la fait. On imbibe des morceaux de coton avec de l'huile de Ben, qui a la propriété de ne point rancir. On arrange sur des tamis de crin une couche de fleurs de Jasmin, une couche de petits morceaux de coton imbibés d'huile, une couche de fleurs, puis une couche de coton, jusqu'à ce que le tamis soit plein, & on le couvre bien. Vingt-quatre heures après on ôte les fleurs & les morceaux de coton pour les remettre dans le même état avec de nouvelles fleurs ; & on répete cette opération jusqu'à ce que les cotons sentent le Jasmin comme la fleur même. Alors on les passe à la presse pour en retirer l'huile qui est fort aromatique ; & elle conferve affez long-temps cette odeur, pourvu que les flacons foient bien bouchés.

On fait prendre auffi au fucre une petite odeur de Jafmin, en mêlant de même des couches de fucre en poudre & de fleurs de Jafmin. On met les tamis fur des vafes dans une cave, & on les couvre avec des linges mouillés : alors l'humidité de la cave fait couler le fucre en firop qui a contracté une agréable odeur de Jafmin.

L'efprit-de-vin n'acquerroit pas l'odeur des fleurs du Jafmin par la diftillation ; mais on peut lui donner cette odeur par un tour de main fort fimple. Pour cela, il n'y a qu'à verfer de l'efprit-de-vin fur de l'huile de Ben aromatifée, comme nous l'avons dit, & fecouer la bouteille où l'on a fait le mêlange. Auffi-tôt l'odeur du Jafmin abandonne entiérement l'huile graffe, & paffe dans l'efprit-de-vin qui, fur le champ, fe charge d'une forte odeur de Jafmin ; mais elle fe diffipe facilement ; & quelque foin qu'on prenne de boucher les flacons, l'efprit-de-vin perd peu à peu tout fon aromat.

Les fleurs du Jafmin, n°. 2 & 3, n'ont point d'odeur. Ces efpeces forment de jolis buiffons qu'on peut mettre dans les bofquets d'été ; & comme celle du n°. 3 ne quitte point fes feuilles, on peut la mettre dans les bofquets d'automne & d'hyver.

En Médecine on ordonne les fleurs du Jafmin, n°. 1, pour faciliter l'expectoration. On prétend que les feuilles appliquées en cataplafmes, amolliffent les tumeurs fquirreufes.

Tome I. Pl. **122.**

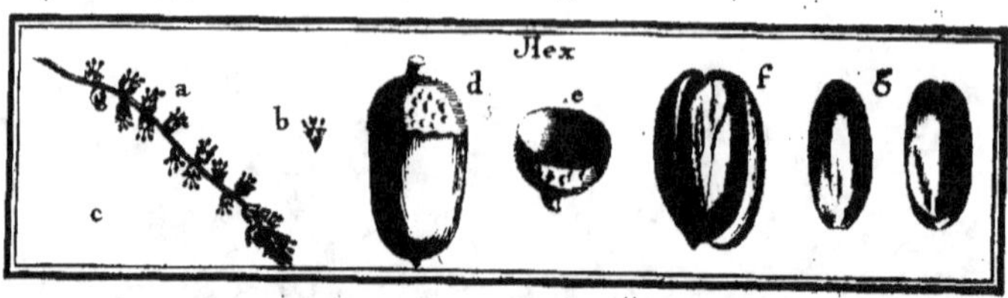

ILEX, Tournef. *QUERCUS*, Linn.
CHESNE-VERD.

DESCRIPTION.

LE Chêne-verd porte des fleurs mâles & des fleurs femelles fur les mêmes individus.

Les fleurs mâles (*b*) font formées d'un calyce d'une feule piece découpée en quatre ou cinq, dans lequel on apperçoit plufieurs étamines fort courtes. Ces fleurs qui font attachées fur un filet fouple forment des chatons en grappe (*a*).

Les fleurs femelles (*c*) paroiffent dans le bouton immédia-tement attachées à la branche.

Le calyce qui eft peu apparent dans le temps de la fleur, devient dans la fuite très-fenfible. Il eft d'une feule piece hé-mifphérique, plus ou moins raboteux en deffus, charnu en dedans & coriacé.

On n'apperçoit dans l'intérieur ni pétales ni étamines, mais un piftil compofé d'un embryon ovale & de plufieurs ftyles.

L'embryon eft d'abord couvert par le calyce: peu à peu il fe dégage par le haut du calyce qui s'eft auffi beaucoup étendu; & il devient un fruit (*d*) figuré en olive, enchâffé par le bas dans le calyce (*e*) qui a alors la forme d'une coupe.

Le fruit, qu'on nomme *Gland*, eft couvert d'une enveloppe coriacée (*f*) qui contient une amande divifée en deux lobes (*g*).

Les feuilles du Chêne-verd font fermes, plus ou moins dentelées & piquantes par les bords, d'un verd foncé & un

Tome I.   R r

peu terne, la plupart un peu velues & blanchâtres par-deſſous ;
toutes ſont poſées alternativement ſur les branches.

Quelque méthode que l'on ſuive, nous croyons, ainſi que
M. Linneus le penſe, que le Chêne-verd (*Ilex*) & le Liege (*Suber*)
ſont de vrais Chênes (*Quercus*). Pour conſerver des noms qui
ſont connus de tout le monde, nous avons parlé des *Ilex* &
des *Suber* dans des articles ſéparés du *Quercus*; mais on ne peut
diſtinguer les Chênes-verds des Chênes ordinaires, que par la
forme des feuilles qui reſſemblent aſſez à celles du Houx, &
qui ne tombent point l'hyver : & le Liege eſt un véritable Chêne-
verd, dont l'écorce eſt épaiſſe & ſouple.

Il faut donc regarder ces trois genres comme un ſeul, quoique
nous ayons conſervé la diſtinction que nous avons trouvé établie.

Il eſt bon cependant d'être prévenu que les *Ilex* de M. Linneus
ſont des *Aquifolium.*

E S P E C E S.

1. *ILEX oblongo ſerrato folio.* C. B. P.
   CHESNE-VERD à feuilles oblongues & dentelées.

2. *ILEX folio anguſto non ſerrato.* C. B. P.
   CHESNE-VERD à feuilles étroites & non dentelées.

3. *ILEX folio rotundiore molli modicéque ſinuato; SMILAX Theophraſti.* C. B. P.
   CHESNE-VERD à feuilles rondes, qui n'a que peu d'épines, qui
   ſont molles.

4. *ILEX folio Agrifolii.* Bot. Monſp.
   CHESNE-VERD à feuilles de Houx.

5. *ILEX folio utrinque lanato Monſpeliaca.* H. R. Par.
   CHESNE-VERD dont les feuilles ſont velues deſſus & deſſous.

6. *ILEX aculeata cocciglandifera.* C. B. P.
   Petit CHESNE-VERD à feuilles très-piquantes, & qui porte le
   Kermès. On l'appelle en Provence ſimplement KERMÈS.

7. *ILEX media cocciglandifera Ilici planè ſuppar, folio Aquifolii.* Adv.
   Petit CHESNE-VERD à feuilles de Houx, & ſemblable à celui
   qui porte le Kermès.

8. *ILEX, folio non ſerrato in ſummitate quaſi triangulo Quercus*... Cateſb.
   CHESNE-VERD dont les feuilles ne ſont point dentelées.

CULTURE.

On trouve des Chênes-verds dans des pays affez chauds ; & les petits qui produifent le Kermès, croiffent par-tout fur les montagnes d'Efpagne, d'Italie, du Languedoc & de la Provence. M. de Tournefort dit avoir vu des Chênes-verds très-grands dans l'ifle de Candie au pied des montagnes couvertes de neige : l'on en trouve auffi dans des pays affez froids & fur des montagnes où ils font expofés au Nord. Dans nos climats ils fe plaifent beaucoup à cette expofition. Néanmoins les jeunes Chênes-verds fupportent difficilement nos grands hyvers : celui de 1754 les a beaucoup fatigués ; ils ont perdu plufieurs jeunes branches & toutes leurs feuilles.

Les Chênes-verds peuvent reprendre de marcottes ; mais la meilleure maniere de les multiplier, eft d'en femer les Glands. On peut auffi greffer les efpeces rares fur celles qui font plus communes. On fera bien de tirer les Glands des pays froids plutôt que des climats chauds : les arbres qui en viendront feront plus en état de fupporter nos hyvers.

Il faut prendre, pour élever les Chênes-verds, les mêmes précautions que pour les Chênes ordinaires : ainfi voyez à cet égard l'article *QUERCUS.*

Comme les Chênes-verds s'élevent ordinairement de femences, il s'en trouve une prodigieufe quantité de variétés que nous n'avons pas cru devoir faire entrer dans notre Catalogue.

USAGES.

Toutes les efpeces de Chêne-verd confervent leurs feuilles pendant l'hyver ; ainfi il convient d'en mettre dans les bofquets de cette faifon. Ils croiffent lentement ; mais à la fin ils parviennent à former d'affez gros arbres : j'en ai vu des madriers qui avoient treize à quatorze pouces de largeur, fur dix à douze pieds de longueur ; & comme ce bois eft d'un excellent ufage, on feroit bien d'en femer des bois entiers.

Le bois de Chêne-verd eft lourd, très-dur, extrêmement fort, & il pourrit difficilement. On prétend que la feve eft âcre, & qu'il fait rouiller les clous & les chevilles de fer qu'on

y enfonce. Mais il y a apparence que cela lui eſt commun
avec tous les Chênes dont le bois eſt fort dur, tels que ſont
ceux des pays chauds.

On ſe ſert du bois de Chêne-verd dans la Marine pour faire
des eſſieux de poulies; & on le préfere à tout autre dans les
endroits qui doivent éprouver beaucoup de frottement.

On en fait auſſi des leviers ou épars pour l'Artillerie; &
comme il a beaucoup de reſſort, on le préfere à tout autre
bois pour les manches de mail.

Enfin il y a des Chênes-verds dont le Gland eſt doux &
peut ſe manger comme les Châtaignes. Dans les années de
diſette leur fruit pourroit ſervir pour la nourriture des hommes comme pour celle des animaux.

L'écorce & les feuilles du Chêne-verd ſervent dans quelques
Provinces à tanner les cuirs.

Le Chêne-verd eſt commun à la Louyſiane vers le bord de
la mer : auprès de l'iſle Barataria, entre la mer & les lacs,
on en voit une liſiere d'un quart de lieue de largeur.

Les eſpeces, 6 & 7, ſont des arbriſſeaux qui ne ſont propres qu'à faire de petits buiſſons fort jolis; leurs feuilles ſont
très-petites, très-luiſantes & d'un très-beau verd.

Les Glands du n°. 6 ſont fort gros, & leur cupule eſt couverte extérieurement de petites écailles terminées par des pointes rouges qui font un joli effet.

Il y a en Provence, en Languedoc, en Eſpagne & en Portugal, certains inſectes qu'on peut comparer aux punaiſes des
Orangers. Ces inſectes s'attachent aux petites branches du petit
Chêne-verd n°. 6; & comme ils trouvent en cet endroit tout
ce qui eſt néceſſaire pour leur nourriture, ils reſtent toute leur
vie à l'endroit où ils ſe ſont attachés; ils y groſſiſſent & forment une petite boule d'un beau rouge, groſſe comme un
pois, qui reſſemble plutôt à ces productions qu'on nomme des
gales qu'à un inſecte : c'eſt pour cela que M. de Reaumur les a
nommés *Gale-inſectes.*

Quand la Gale-inſecte eſt parvenue à ſa groſſeur, & pour
ainſi dire à ſa maturité, elle devient d'un très-beau rouge qui
eſt couvert d'une eſpece de fleur blanche comme les Prunes.
Alors les Payſans la détachent de l'arbre pour la vendre fraîche

aux Apothicaires, qui en tirent le fuc pour faire le firop de Kermès, ou bien ils la font fécher après l'avoir tenue quelque temps
dans du vinaigre pour faire périr les vers qui, venant à éclorre,
ne manqueroient pas d'altérer la graine d'écarlate ou le Kermès qu'on nomme auffi *Coccus infectoria.*

Quand les Teinturiers ont developpé la couleur du Kermès
par la diffolution d'étain, ils en font d'auffi belle écarlate
qu'avec la cochenille.

On emploie en Médecine cette poudre & le firop pour fortifier l'eftomac & réparer les forces abattues.

Nous avons, depuis plufieurs années, plufieurs Kermès qui
fe plaifent beaucoup dans notre bofquet d'arbres verds; mais
il ne s'eft jamais trouvé fur eux une feule Gale-infecte: il eft
vrai que nous n'avons pas effayé de faire venir cet infecte de
Provence. Peut-être que notre climat feroit trop froid pour
qu'il pût réuffir dans nos jardins.

On trouve fur les montagnes de Provence le Chêne-verd,
n.° 7, mêlé avec le n°. 6; & quoique ces deux arbriffeaux fe
reffemblent de telle forte qu'on a peine à les diftinguer, jamais
on ne trouve la Gale-infecte fur le n°. 7.

Tome I. Pl. 124.

Tome I.　Pl. 125.

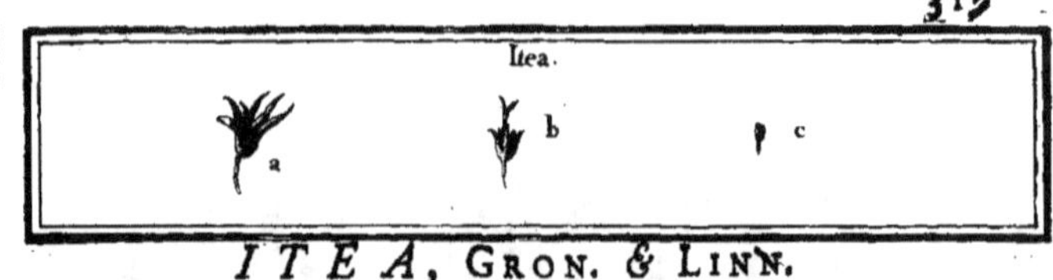

ITEA, Gron. *& Linn.*

DESCRIPTION.

LE calyce de la fleur (*a*) de l'Itea eſt petit, d'une ſeule piece, diviſé en cinq.

Le pétale eſt auſſi diviſé en cinq parties étroites, longues, pointues, & qui font un diſque ouvert.

On trouve dans l'intérieur cinq étamines aſſez longues, ter-minées par des ſommets en olive (*c*).

Le piſtil (*b*) eſt compoſé d'un embryon ovale qui eſt ſur-monté d'un ſtyle aſſez gros qui ne tombe point. Le ſtigmate eſt obtus.

L'embryon devient une capſule fort longue, terminée par le ſtyle. Elle eſt diviſée & s'ouvre en deux : elle contient beau-coup de ſemences menues. Les feuilles de l'Itea ſont ovales, finement dentelées & poſées alternativement ſur les branches. La partie la plus large de ces feuilles eſt du côté du pédicule qui eſt aſſez court ; l'autre extrêmité eſt fort en pointe, le deſſus eſt creuſé de ſillons peu profonds, & le deſſous relevé d'arêtes peu ſaillantes.

ESPECE.

ITEA. Gronov.

CULTURE.

L'Itea n'exige aucune culture particuliere : il ſe multiplie aiſément par marcottes.

USAGES.

Cet arbriſſeau eſt encore trop rare en France pour que nous puiſſions rien dire de ſes uſages ; il croît en Canada & à la Louy-ſiane.

JUNIPERUS, Tournef. *&* Linn. GENEVRIER.

DESCRIPTION.

LES Genevriers portent fur différents individus des fleurs mâles & des fleurs femelles.

Les fleurs mâles (*a b*) étant raffemblées fur un filet, forment toutes enfemble un petit chaton conique & écailleux ; chaque fleur contient trois étamines (*c d*) qui s'apperçoivent mieux dans le fleuron qui termine le chaton.

Les fleurs femelles font formées d'un calyce divifé en trois, de trois pétales dures & piquantes , & d'un piftil qui eft compofé d'un embryon arrondi & de trois ftyles.

L'embryon qui fait partie du calyce, devient une baie ronde (*e*), charnue, couronnée par trois petites pointes.

On trouve dans cette baie trois femences dures (*g*), voûtées d'un côté & applaties fur les autres faces (*f h*).

Les feuilles du Genevrier font étroites, applaties, pointues; piquantes, rangées affez près l'une de l'autre fur les branches, & oppofées deux à deux, trois à trois, ou quatre à quatre; elles ne tombent point pendant l'hyver. Les jeunes branches font auffi oppofées fur les groffes.

Comme il n'y a point de différence affez marquée entre les *Juniperus*, les *Cedrus* & les *Sabina*, pour en faire trois genres féparés, M. Linneus a compris les Cedres & les Sabines dans le genre des Genevriers. Néanmoins nous avons confervé la diftinction que nous avons trouvé établie.

ESPECES.

1. *JUNIPERUS vulgaris fruticofa.* C. B. P.
 GENEVRIER ordinaire & qui forme un arbriffeau.

2. *JUNIPERUS vulgaris arbor.* C. B. P.
GENEVRIER ordinaire qui forme un arbre.

3. *JUNIPERUS minor montana folio latiore fructuque longiore.* C. B. P.
Petit GENEVRIER de montagne qui a les feuilles larges & le fruit allongé.

4. *JUNIPERUS major baccâ cæruleâ.* C. B. P.
Grand GENEVRIER à fruit bleu.

5. *JUNIPERUS major baccâ rufescente.* C. B. P.
Grand GENEVRIER à fruit rougeâtre, ou CADE.

6. *JUNIPERUS Virginiana, foliis inferioribus Juniperinis superioribus Sabinam vel Cupressum referentibus.* Boerh. Ind. Alt.
GENEVRIER dont les premieres feuilles ressemblent à celles du Genievre, & les autres à celles de la Sabine ou du Cyprès, ou CEDRE ROUGE de Virginie.

7. *JUNIPERUS Bermudiana.* H. L.
GENIEVRE, ou CEDRE de Bermude.

8. *JUNIPERUS Virginiana,* H. L. *folio ubique juniperino.* Boerh.
GENEVRIER, ou CEDRE de Virginie.

9. *JUNIPERUS Cretica ligno odoratissimo.* Cor. Inst.
GENEVRIER de Crete dont le bois est très-odorant.

10. *JUNIPERUS latifolia, arborea, Cerasi fructu.* Cor. Inst.
GENEVRIER à feuilles larges qui s'éleve en arbre, & dont le fruit est comme une Cerise.

11. *JUNIPERUS Orientalis vulgari similis, magno fructu nigro.* Cor. Inst.
GENEVRIER du Levant dont le fruit est gros & noir.

Comme M. Linneus n'a fait qu'un genre des Genevriers & des Cedres, voyez pour la suite des Genevriers. Linn. au mot CEDRUS.

CULTURE.

Quelques especes de Genevriers reprennent de bouture ; mais toutes peuvent s'élever de semences. La semence ne leve quelquefois que la seconde année.

Les especes, n°. 1, 2 & 3, viennent dans les plus mauvais terreins où aucun arbre ne peut subsister, & je suis parvenu à en garnir des côtes où à peine on trouvoit des Chiendents.

Il n'a fallu pour cela que femer des baies de Genievre comme on feme le grain, & remuer legérement la fuperficie de la terre pour enterrer un peu la femence. Il eft vrai que ce procédé qui ne coûte prefque rien, eft fort long; car ces petits Genevriers font long-temps à prendre le deffus de l'herbe. Pour jouir plu-tôt, nous avons fait arracher en motte dans les bois de petits Genevriers qui étoient levés d'eux-mêmes; & nous les avons fait planter dans le mois de Mars. Il ne nous en a prefque pas péri, & les Genevriers font venus affez bien fans qu'on leur ait donné aucun labour.

USAGES.

Tous les Genevriers peuvent être mis dans les bofquets d'hy-ver. Les efpeces communes font d'une grande reffource pour garnir les côteaux des mauvaifes terres, & pour former des ga-rennes. Les merles & les grives fe nourriffent de leur fruit; mais alors leur chair n'eft pas fi agréable que quand ces ani-maux fe font engraiffés de Raifin.

Les Genevriers ordinaires ne forment point de grands ar-bres, fur-tout quand ils font plantés dans de mauvais terreins. Ils pouffent à droite & à gauche de longues branches menues d'où pendent encore d'autres branches plus menues qui font chargées de feuilles; ainfi cet arbre a un port fort bizarre. Néan-moins une côte plantée en Genevriers eft bien préférable à ce qu'elle feroit fi elle étoit toute nue; ainfi on peut regarder les Genevriers comme très-précieux pour garnir les terreins les plus mauvais. Quand ces arbres font plantés en bonne terre, ils de-viennent plus gros. J'en ai vu des buches qui avoient fept à huit pouces de diametre fur dix à douze pieds de longueur.

Ce bois eft fort tendre & léger. Il eft gris quand il eft frai-chement coupé; mais lorfqu'il eft fort fec, il eft d'un rouge clair affez agréable, & il répand une très-bonne odeur. En un mot c'eft un bois de Cedre dont les Ebéniftes font quantité de jolis ouvrages. Il eft vrai qu'il y a des efpeces de Cedres ou de Genevriers qui ont leur bois un peu plus folide que d'autres.

Quand on brûle dans les appartemens un peu de bois de

Genievre, ils font parfumés d'une odeur plus gracieufe que quand on en brûle la femence.

Il s'amaffe fouvent auprès des nœuds, & entre le bois & l'écorce, une réfine fort claire & de bonne odeur.

On prétend qu'en Afrique on fait des incifions pour retirer cette réfine qu'on appelle *le Vernis* ou *le Sandaraque des Arabes.*

Toutes les efpeces de Cedre & de Genievre ne donnent pas cette réfine également belle. Il faut la choifir en larmes claires, luifantes, diaphanes, blanches & nettes.

On prétend qu'elle eft réfolutive, & on la fait entrer dans quelques onguents : mais un de fes principaux ufages eft de fervir à faire les vernis blancs. Pour cela on fait diffoudre cette réfine dans l'efprit-de-vin très-rectifié. Ce vernis eft très-blanc & brillant ; mais il eft fort tendre, il s'égratigne aifément. Pour lui donner plus de corps, on y mêle de la laque & une très-petite quantité de gomme élemi : alors le vernis eft plus folide ; mais il a perdu une partie de fa blancheur.

Le fandaraque fert auffi à vernir les papiers fur lefquels les Maîtres à écrire font leurs exemples, ou pour empêcher qu'un endroit qu'on a gratté ne boive quand on paffe la plume deffus. Pour cet effet on fe contente de réduire le fandaraque en poudre fine, & on en frotte le papier avec une patte de lievre.

On dit que l'efpece n°. 5, qui croît en Languedoc, fournit ce qu'on appelle *le Baume de Cade* dont fe fervent les Maré-chaux.

L'efpece, n°. 6, qui eft le Cedre rouge de Virginie forme un bel & grand arbre qui foutient bien fes branches, & qui eft d'un beau verd. On ne doit pas négliger d'en mettre dans les bofquets d'hyver.

Une grande propriété du bois de tous les Cedres & de tous les Genievres, eft d'être prefque incorruptible. On en fait de très-bons échalats ; & fi on en avoit de gros, on pourroit en faire des paliffades qui dureroient fort long-temps.

En Médecine on fait ufage de toutes les parties du Genie-vre : fon bois paffe pour diurétique & fudorifique. On en ordonne l'infufion dans les maladies de la veffie.

Les baies font ftomachiques ; quelques-uns les avalent avant le repas pour faciliter la digeftion : ou bien ils en prennent

l'infufion comme du Thé. On en fait auffi un extrait & des ra-
tafias dont on fait ufage pour faciliter la digeftion. Quelques-uns
rempliffent un petit baril avec partie égale de baies de Genievre & de Pruneaux, & ils prétendent que l'eau qu'on retire
de cette efpece de rapé foulage les Afthmatiques.

Les baies de Genievre entrent dans les parfums qu'on emploie pour purifier l'air.

Enfin dans les pays remplis de forêts, lorfque le vin eft rare, les
habitans, en verfant de l'eau fur un rapé de baies de Genievres,
fe font une boiffon qu'on trouve agréable lorfqu'on y eft ac-
coutumé. Je crois que cette liqueur feroit beaucoup meilleure
fi l'on y ajoutoit de la melaffe , & fi l'on la traitoit comme
nous avons dit qu'on faifoit à l'égard de l'Epinette en Canada,
Voyez *ABIES.*

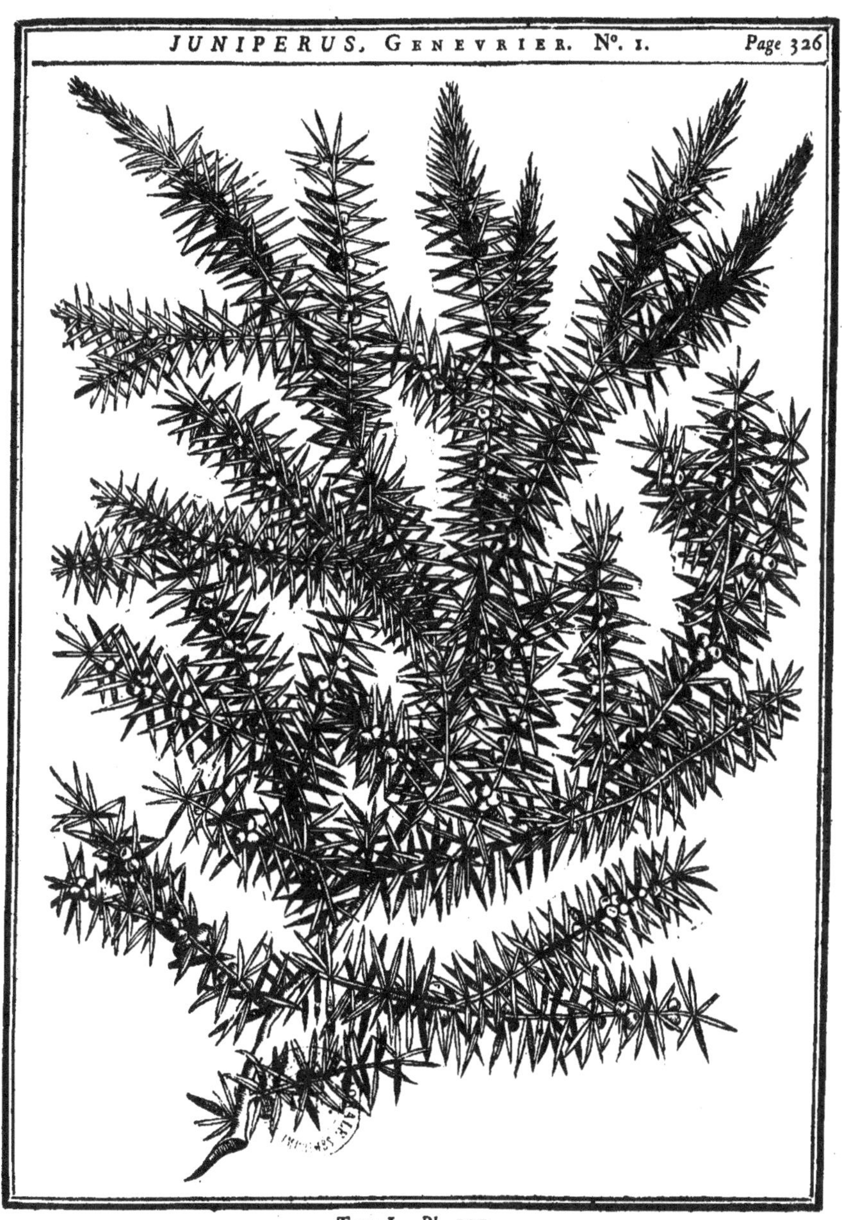

Tome I.　Pl. 127.

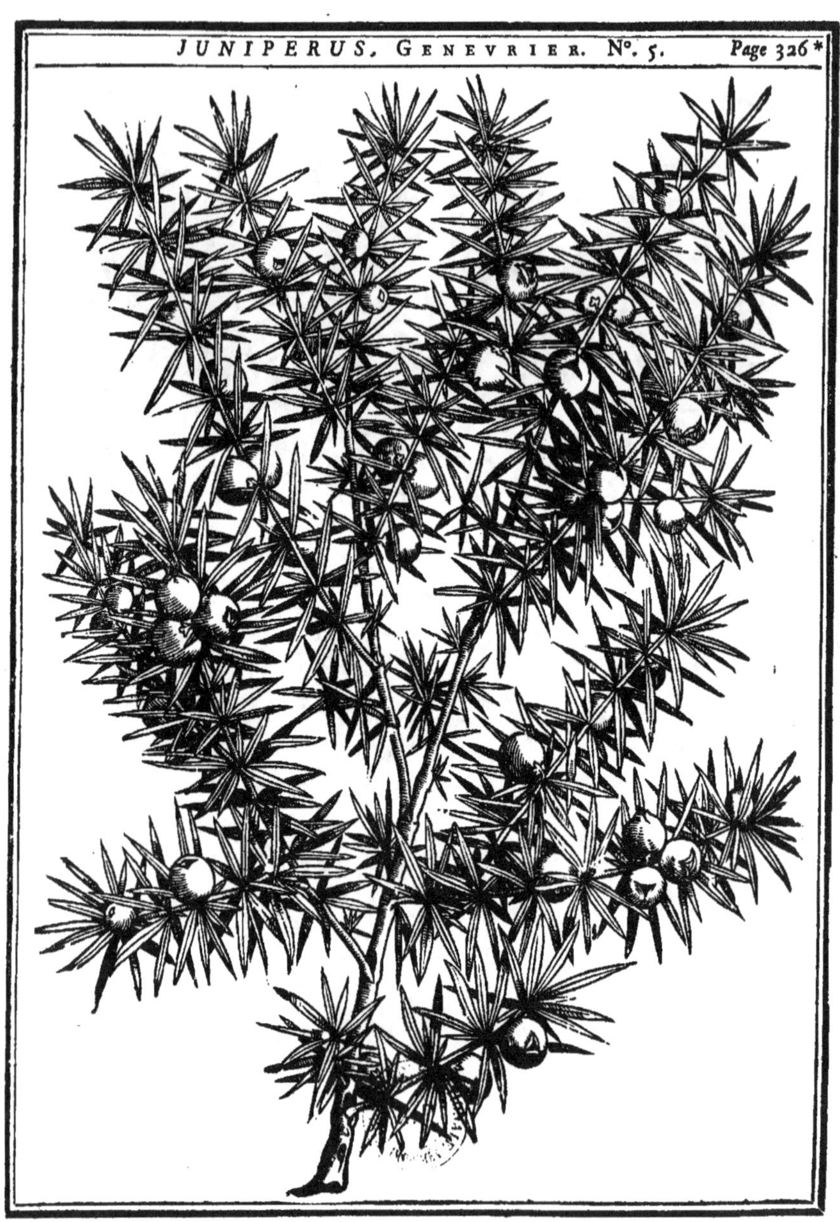

Tome I. Pl. 128.

KALMIA, LINN.

DESCRIPTION.

LE calyce (*b*) de la fleur du Kalmia eft petit, divifé en cinq parties ; les fegments font ovales & terminés en pointe.

Le pétale (*a*) eft unique, figuré en tuyau qui s'évafe en forme de foucoupe un peu profonde ; les bords font découpés en cinq parties, ou comme godronnés. Au deffous du pavillon de l'entonnoir, on apperçoit dix efpeces de mamelons formés par des cavités qui font à la partie fupérieure du pavillon.

Dans l'intérieur on voit dix étamines affez courtes, qui font divergentes, & qui fe replient fur le pavillon pour placer leurs fommets dans les cavités dont on vient de parler.

Le piftil eft compofé d'un embryon arrondi & d'un ftyle long & menu qui eft terminé par un ftigmate obtus.

L'embryon devient une capfule (*c*) ronde, applatie ; elle eft divifée en cinq loges, & s'ouvre en cinq parties : ces loges renferment de menues femences.

Le *Kalmia* differe fi peu du *Chamærhododendros* que nous avons cru qu'on pouvoit, fans inconvénient, le comprendre dans ce genre. Ainfi voyez *CHAMÆRHODODENDROS*.

Tome I. Pl. 129.

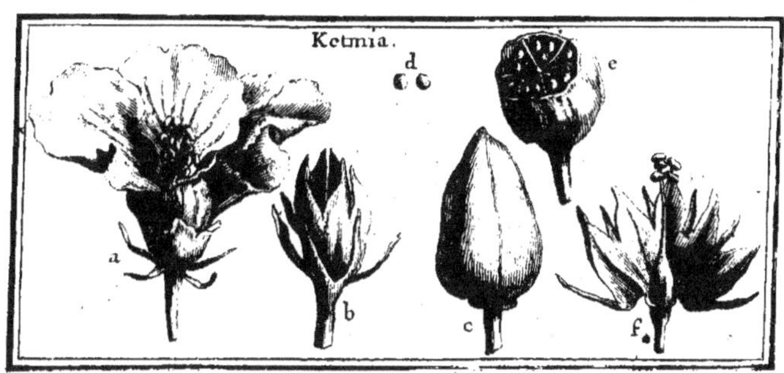

KETMIA, Tournef. *HIBISCUS*, Linn.
ALTHEA FRUTEX des Jardiniers.

DESCRIPTION.

LA fleur (*a*) de cette plante eft compofée de deux calyces (*b*) qui fubfiftent jufqu'à la maturité du fruit.

Le calyce extérieur eft formé au moins par huit feuilles qui
font fort étroites. Le calyce intérieur eft d'une feule piece découpée en cinq parties.

Ces calyces fupportent cinq grands pétales difpofés en rofe.

On apperçoit dans l'intérieur de la fleur grand nombre d'étamines réunies enfemble par leur bafe, & furmontées de fommets qui ont la forme d'un rein. Au milieu d'un tuyau formé
par les étamines, on découvre le piftil (*f*) compofé d'un embryon arrondi & d'un ftyle qui fe divife en cinq.

Cet embryon devient un fruit ovale (*c*), divifé en cinq
loges (*e*), dans lefquelles on trouve un nombre de femences (*d*)
qui reffemblent à un rein.

Les feuilles qui font affez grandes font découpées profondément, terminées en pointe, & pofées alternativement fur
les branches.

Tome I.   T t

ESPECES.

1. *KETMIA Syrorum quibufdam.* C. B. P.
   KETMIA à fleur rouge, ou ALTHEA FRUTEX des Jardiniers.

2. *KETMIA Syrorum, flore purpuro-violaceo.* Inft.
   KETMIA à fleur violette tirant fur le pourpre.

3. *KETMIA Syrorum flore albo.* Boerh. Ind.
   KETMIA à fleur blanche.

4. *KETMIA Syrorum foliis ex albo eleganter variegatis.* M. C.
   KETMIA à feuilles panachées de blanc.

5. *KETMIA Syrorum foliis ex luteo variegatis.*
   KETMIA à feuilles panachées de jaune.

6. *KETMIA Syrorum flore variegato.*
   KETMIA à fleurs panachées.

Nous fupprimons les efpeces qui ne font point des arbriffeaux de pleine terre.

CULTURE.

Le Ketmia fe multiplie très-facilement par les femences; on peut auffi en faire des marcottes & même des boutures qui pouffent aifément des racines.

Cet arbriffeau fe plaît dans les terres fubftantieufes; lorfque le terrein eft trop fec, l'arbufte fe charge de mouffe & ne fait que languir.

USAGES.

Le Ketmia eft un arbriffeau d'une forme très-jolie. Ses grandes fleurs qui font violettes, rouges ou blanches, font un fort bel effet: elles s'épanouiffent en grand nombre dans le mois de Septembre; ainfi cet arbriffeau doit être mis dans les bofquets d'automne.

Il eft employé en Médecine comme un bon émollient, ainfi que les autres plantes malvacées.

Peut-être qu'en continuant de le multiplier par femences, on parviendra à en avoir à fleurs doubles; ce qui formeroit des fleurs d'une grande beauté.

Tome I. Pl. 130.

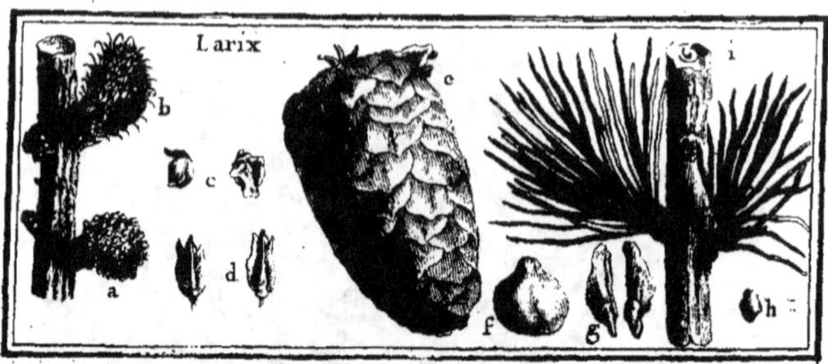

LARIX, Tournef. *ABIES*, Linn. MELESE.

DESCRIPTION.

LE Mélese produit des fleurs mâles & des fleurs femelles. Les fleurs mâles étant attachées à un filet commun, forment de petits chatons écailleux (*a*).

Sous les écailles (*c*) on trouve des étamines surmontées de sommets allongés qui sont partagés par une rainure.

Les fleurs femelles (*b*) qui paroissent à d'autres endroits du même arbre, se montrent sous la forme d'une petite pomme de Pin ovale, longuette & écailleuse, d'une belle couleur pourpre-violette.

Les écailles couvrent de petits embryons (*d*) surmontés d'un style. Le fruit grossit & devient un cône écailleux (*e*). On trouve sous ses écailles (*f*) les semences (*h*) qui sont aîlées ou garnies d'une membrane (*g*) mince & transparente.

Jusqu'ici l'on voit que les Méleses ne different point des Sapins, & qu'on pourroit, à l'exemple de M. Linneus, réunir ces deux genres; mais si l'on veut les distinguer, comme le fait M. de Tournefort, il faut avoir recours aux feuilles qui, dans les Méleses, sortent en grand nombre & par houppes (*i*), d'une espece de tubercule.

Les feuilles des Méleses sont filamenteuses. L'espec, n°. 1, quitte fes feuilles ; mais elles font au printemps la plus bellé verdure qu'on puiffe defirer : elles font molles & non piquantes.

Cet arbre devient fort grand & répand fes branches de côté & d'autre ; elles font flexibles & panchées vers la terre.

Le Cedre du Liban, n°. 2, étend beaucoup fes branches ; mais fes feuilles, qui ne tombent point, font d'un verd terne.

E S P E C E S.

1. *LARIX folio deciduo conifera.* J. B.
　　MÉLESE qui quitte fes feuilles l'hyver. ÉPINETTE rouge de Canada.

2. *LARIX Orientalis fructu rotundiore obtufo.* Inft.
　　MÉLESE du Levant à gros fruit rond & obtus, ou CEDRE du Liban.

3. *LARIX Canadenfis longiffimo folio Sarraceni.* Inft. Voyez *PINUS foliis quinis.*

C U L T U R E.

Dans le Dauphiné, & en général dans les Alpes de France, de Savoie, des Grifons, de Stirie & de Carinthie, même fur le mont Apennin, il y a de grandes forêts de Mélefes, n°. 1, où les arbres fe multiplient d'eux-mêmes par les femences qui tombent à terre.

On prétend même que les arbres deviennent plus beaux quand ils fe trouvent fur de vieilles fouches pourries ; & que les cônes mis tout entiers en terre, à deux ou trois pouces de profondeur, réuffiffent mieux que les femences feules.

La végétation fe fait toujours lentement dans les terreins froids & couverts de neige ; c'eft pourquoi les Mélefes qui fe trouvent dans cette fituation, n'ont à l'âge de cinquante ans guere que huit pouces de diametre auprès de la fouche.

Si la forêt eft expofée au Nord en bon terrein, & que la neige y féjourne long-temps, les Mélefes, qui n'ont que trois pieds de circonférence par le bas, s'élevent droit à quatre-vingts pieds de hauteur ; après quoi ils groffiffent & ne s'élevent plus : enfuite ils tombent en retour, & fechent à la cime. Si on les coupe alors, le cœur eſt plus rouge que le reſte: & ſi on les laiſſe ſur pied, leur bois s'altere; il devient ſemblable au Liege qui amortit le tranchant de la coignée, & il ceſſe d'être réſineux.

Les Méleſes donnent quelquefois des rejettons de leurs racines; mais on eſtime mieux ceux qui viennent de ſemences.

Si l'on veut élever des Méleſes dans nos Provinces, il faut cueillir les cônes vers le commencement de Mars, les expoſer au ſoleil & à la roſée dans des caiſſes, les remuer, les agiter & les ſecouer de temps en temps; les écailles s'ouvrent, les graines en ſortent & ſe trouvent au fond de la caiſſe.

Comme cette graine eſt fine, il ne faut pas la mettre avant en terre, elle y périroit: j'avoue que dans quelques tentatives que nous avons faites pour avoir des ſemis conſidérables de Méleſes, nous n'avons pas réuſſi; ce que nous attribuons à ce que le ſoleil brûle les jeunes plantes lorſqu'elles ſortent de terre; en effet ſi on les ſeme dans des terrines, tout périt ſi on les laiſſe expoſées à l'ardeur du ſoleil.

Nous avons réuſſi à élever les Méleſes en les ſemant dans des terrines que nous enterrions dans des couches: nous les couvrions ſoigneuſement avec des paillaſſons lorſque le ſoleil étoit un peu ardent, & nous les découvrions la nuit, & lorſque le ciel étoit couvert.

Il faut préſerver de la gelée les jeunes plantes, ſoit en renfermant les terrines dans une ſerre, ſoit en les couvrant ſur les couches. Dans la troiſieme année, vers le mois de Mars, on tranſporte les jeunes Méleſes en pleine terre, faiſant en ſorte qu'il reſte un peu de terre à leurs racines, & on les défend du ſoleil juſqu'à ce qu'ils aient pouſſé: alors les Meleſes n'exigent plus de ſoin particulier; ils ſe gouvernent comme les autres arbres; & même, quand on les tranſplante, ils reprennent plus aiſément que les Pins & les Sapins.

Les Méleſes ſe plaiſent dans les pays froids, ſur le revers des montagnes du côté du Nord; ce qui prouve combien il eſt néceſſaire de les préſerver de la grande ardeur du ſoleil.

La culture du Cedre du Liban, n°. 2, eſt la même que celle des Méleſes, n°. 1.

U S A G E S.

Le Cedre du Liban devient un arbre d'une groffeur prodigieufe; il étend fes branches horizontalement à plus de quatre
toifes de fon tronc, & il forme par fon feuillage une ombre fi
épaiffe, qu'en plein jour on a peine à lire une lettre fous les
branches d'un grand Cedre.

Je n'en connois que de jeunes en France; mais j'en ai vu
quatre fort gros aux angles d'une piece d'eau dans le Jardin
de Chelfea près Londres.

Comme cet arbre ne quitte point fes feuilles, on doit le
mettre dans les bofquets d'hyver.

Le bois de cet arbre paffe pour être d'un bon fervice; mais
il eft encore trop rare en Europe pour que nous puiffions
parler d'après nos propres obfervations. Des voyageurs m'ont
affuré qu'il répand un fuc réfineux qui eft d'une odeur très-
agréable.

Le Mélefe, n°. 1, eft un arbre très-beau & très-grand, qui
reffemble à un Pin par fes feuilles étroites & filamenteufes;
mais comme il les quitte l'automne, il ne convient point dans
les bofquets d'hyver.

On peut, à caufe de la beauté de fa verdure, le mettre dans
les bofquets du mois de Mai; d'ailleurs à la fin de ce mois,
fes cônes qui font d'une belle couleur pourpre, font prefque
un auffi bel effet que des fleurs.

A l'égard du bois de Mélefe qu'on nomme *Mefle* dans
quelques endroits, on le diftingue en Mélefe rouge & Mélefe blanc. Sont-ce deux efpeces d'arbres? ou la couleur rouge
que prennent quelques Mélefes, vient-elle d'une maladie qui
affecte ces arbres comme les Piceas, ainfi que nous l'avons
remarqué dans l'article de l'*Abies*? Nous n'oferions le décider;
tout ce que nous pouvons dire fur cela, c'eft que nous avons
vu en Provence du bois de Mélefe qui étoit rouge, & d'autre
qui étoit blanc. Le rouge eft plus eftimé: il m'a femblé plus
réfineux; fi cela eft, la couleur rouge de ce bois n'eft pas un
indice de maladie comme au Sapin.

M. Brunet de Briançon, qui a bien voulu répondre aux

queſtions que nous lui avons faites à ce ſujet, nous aſſure qu'il n'y a qu'une eſpece de Mélese, & que la différente couleur du bois dépend de l'âge de l'arbre, comme nous l'avons dit plus haut.

En général le bois de Mélese eſt bon : les Menuiſiers le préferent au Pin & au Sapin ; on en fait de bonne charpente ; & dans la conſtruction des petits bâtimens de mer, on l'emploie pour les dernieres allonges & pour les bordages des ponts.

Les réponſes de M. Brunet de Briançon & de M. le Clerc, Chirurgien dans le Comté de Neufchatel, me mettent en état d'expliquer aſſez exactement les uſages qu'on fait des Méleſes dans le Briançonnois & le Valais.

Dans ces pays où les Méleſes ſont ſi abondans qu'on n'y trouve preſque pas d'autres arbres, on apperçoit pendant la belle ſaiſon une prodigieuſe quantité de baquets aux pieds de ces arbres où tombe la réſine des Méleſes, qui coule par de petites gouttieres de bois ajuſtées à des trous de tariere qu'on a faits aux troncs des Méleſes environ à deux pieds au deſſus du niveau de la terre, & ces petits baquets ſe rempliſſent en fort peu de temps.

Les arbres trop jeunes ou trop vieux ne donnent que peu de térébenthine ; ainſi on ne s'attache qu'à ceux qui ſont dans leur plus grande vigueur.

Quoiqu'il ſuinte quelques gouttes de térébenthine de l'écorce dans la ſaiſon où la ſeve eſt la plus abondante, il paroît que ce ſuc eſt répandu dans le corps ligneux, puiſqu'en coupant par tronçons l'arbre le plus ſain, on trouve dans l'intérieur du bois à cinq ou ſix pouces du cœur & à huit ou dix pouces de l'écorce, des dépôts de cette réſine liquide, qui ont quelque-fois un pouce d'épaiſſeur, trois ou quatre pouces de largeur & autant de hauteur. Dans un tronc de quarante pieds de longueur, on trouve quelquefois juſqu'à ſix de ces principaux réſervoirs, & quantité de petits. Si on les entame avec la coignée, la térébenthine en coule abondamment ; & les Scieurs de long redoutent beaucoup ces réſervoirs qui empêchent la ſcie de couler.

M. Brunet m'a envoyé, avec des branches de Mélese, un petit pot qui contenoit environ deux onces de très-belle térébenthine qui avoit été tirée d'un Mélese de dix-huit pouces de diametre, qu'on avoit coupé, & où cette liqueur se trouvoit renfermée dans une espece de cavité ovale située à six pouces de l'écorce & à trois pouces du cœur, à la hauteur de quatre pieds au dessus des racines.

Les Méleses jeunes & vigoureux n'ont presque jamais les réservoirs dont nous venons de parler: ces dépôts ne se forment que dans le tronc des gros arbres qui commencent à entrer en retour; & ils sont situés à six ou huit pieds de terre entre les couches ligneuses, ordinairement plus près de l'axe de l'arbre que de l'écorce; plus les cavités sont près du centre, plus elles sont grandes & remplies de térébenthine.

Une preuve encore que ce bois est extrêmement gras & résineux, c'est que dans le pays on bâtit des maisons ou cabanes en posant de plat, les unes sur les autres, des pieces de bois quarrées qui ont un pied de face. Dans les encoignures, & vis-à-vis les refends, les poutres sont entaillées à mi-bois pour former les liaisons.

Ces maisons sont blanches quand elles sont nouvellement bâties; mais au bout de deux ou trois ans elles deviennent noires comme du charbon, & toutes les jointures sont fermées par la résine que la chaleur du soleil a attirée hors des pores du bois. Cette résine qui durcit à l'air, forme un vernis luisant & poli, qui est fort propre.

Ce vernis rend ces maisons impénétrables à l'eau & au vent; mais aussi très-combustibles; c'est ce qui a obligé les Magistrats d'ordonner, par un réglement de Police, qu'elles seroient bâties à une certaine distance les unes des autres.

Aux environs de Briançon, où il ne paroît pas qu'on fasse de commerce de la térébenthine que produit le Mélese, les Paysans qui en ramassent pour leur usage, font avec la coignée, au pied de ces arbres, des entailles de six pouces de profondeur, & ils ramassent la térébenthine qui coule sur le plan horizontal de la plaie.

Mais dans la vallée de Saint Martin, près celle de Luzerne, pays de Vaudois, les Paysans se servent de tarieres qui ont jusqu'à un pouce de diametre, & ils percent les Méleses vigoureux en différens endrotis, commençant à trois ou quatre

pieds

pieds de terre, & remontant jufqu'à dix ou douze. Ils choifif-
fent l'expofition du midi & les nœuds des branches rompues,
où ils voient fuinter de la térébenthine; & ils ont foin que le
trou foit un peu en pente, & qu'il ne pénetre pas jufqu'au
centre de l'arbre.

A ces trous ils ajuftent des gouttieres faites de bois de Mélefe, qui ont un pouce & demi de groffeur fur quinze à vingt
de longueur; une des extrêmités de ces gouttieres fe termine
en forme de cheville dont le centre eft percé d'un trou qui
peut avoir fix à huit lignes de diametre : on foure cette extrêmité dans les trous faits aux Mélefes, & la térébenthine coule
par l'ouverture du bout de cette gouttiere, d'où elle fe répand
dans des auges de bois préparées pour la recevoir.

Les foirs & les matins, depuis la fin de Mai jufqu'à la fin
de Septembre, chaque Payfan vifite fes auges, & ramaffe la
térébenthine dans des fceaux ou baquets de bois pour la tranfporter à la maifon.

Ils bouchent avec des chevilles les trous qui n'ont point
donné de liqueur & ceux qui ceffent d'en fournir; & ils ne
les rouvrent que douze ou quinze jours après Alors ces trous
fourniffent ordinairement beaucoup plus de réfine que les autres, & ils en donnent toujours de plus en plus, jufqu'à ce
que le froid refferre le bois & arrête tout écoulement.

Un Mélefe bien vigoureux peut fournir tous les ans fept
à huit livres de térébenthine pendant quarante ou cinquante ans.

S'il s'eft mêlé quelques feuilles ou autres immondices dans
les auges, on paffe la térébenthine dans des tamis de crin fort
groffiers; & l'on en remplit des outres, qu'on porte à Briançon, ou à Lyon, pour la vendre aux Marchands.

Cette térébenthine refte toujours coulante & de la confiftance
d'un firop bien cuit.

La réfine ou la térébenthine de Mélefe, qui coule dans les
baquets, fe met quelquefois dans de grandes cucurbites de
cuivre : on y ajoute de l'eau; & par la diftillation, on retire avec
l'eau une huile effentielle qui n'eft pas cependant fi eftimée
que celle qu'on retire de la térébenthine du Sapin, quoiqu'on
l'emploie aux mêmes ufages.

On trouve au fond de la cucurbite, après la diftillation, une réfine épaiffe ou une efpece de colophone graffe qu'on emploie comme celle du Pin, & avec laquelle on peut faire du braî gras, comme nous le dirons dans la fuite. Voyez *Pinus.*

Les Mélefes qui ont fourni beaucoup de réfine par les moyens que nous venons de détailler, ne font pas eftimées pour les bâtimens civils; on ne les emploie guere qu'à brû-ler, ou pour faire du charbon, qui eft même plus léger & moins bon que celui qu'on fait avec les arbres qui n'ont point fourni de réfine.

Ordinairement on n'abat, pour employer dans les ouvrages de charpente & pour refcier en planches, que les Mélefes jeu-nes & vigoureux ; parce qu'outre que leur bois eft plus fain, on n'y trouve point les cavités dont nous avons parlé. Mais fi l'on eft obligé d'employer des arbres qui entrent en retour, alors quand l'arbre eft abattu, on voit, à l'infpeftion des fou-ches, s'il y a dans la piece de grandes ou de petites cavités: fi les cavités font petites, on fait qu'elles fe fermeront à me-fure que l'arbre fe defféchera; mais fi elles font grandes, on retranche le gros bout qui ne fert qu'à brûler, & l'on équarrit le refte, car il eft rare qu'on trouve les cavités ont il s'agit au deffus de huit pieds de terre.

Je crois qu'on pourroit retirer des Mélefes du godron fort gras, en fuivant les procédés que nous décrirons au mot *Pinus.*

La térébenthine du Mélefe (*refina larigna*) qui eft, je crois, celle qu'on appelle à Paris *la térébenthine de Venife,* quoiqu'elle ne vienne point de cet endroit, doit être nette, claire, tranfparente, de confiftance de firop épais, d'un goût amer & d'une odeur forte, & affez defagréable. On l'emploie comme celle du Sapin, appellée *térébenthine claire,* pour les ma-ladies des reins & de la veffie, & pour déterger les ulceres intérieurs; mais elle eft plus âcre, & elle eft irritante. Elle entre dans la compofition de beaucoup d'emplâtres & dans celle de plufieurs vernis.

De toutes les térébenthines que nous ne tirons point de l'Etranger, la plus douce eft celle qu'on nous apporte de l'A-mérique feptentrionale, & qu'on nomme *le Baume blanc de Canada*: après elle eft la térébenthine claire du Sapin, puis celle du Larix ; & la plus âcre eſt celle qu'on retire des Pins.

Quand les Payſans des environs de Briançon ont mal aux reins, ou lorſque quelque effort ou une chûte leur fait ſentir des douleurs internes, ils prennent une cuillerée, & quelquefois même deux, de cette térébenthine dans un bouillon.

L'écorce des jeunes Méleſes ſert, ainſi que celle du Chêne, à tanner les cuirs. Les fruits & les feuilles du Méleſe ſont aſtringents.

Les Méleſes des Alpes portent vers la fin de Mai & dans le mois de Juin, après que les feuilles ſont développées, & dans le fort de la ſeve, de petits grains blancs de la groſſeur des ſemences de Coriandre, auſſi faciles à écraſer que des particules de crême fouettée, un peu gluantes, & d'un goût fade comme la Manne de Calabre. Les jeunes Méleſes en ſont tous blancs avant qu'ils aient été frappées du ſoleil, qui diſſipe bientôt tous les grains qu'on n'a pas ramaſſés. Les Pâtres qui ſe plaiſent à ſuccer ces grains, en ſont purgés. C'eſt-là *la Manne de Briançon* dont les anciens Hiſtoriens du Dauphiné ont fait une merveille, & qu'on connoît ſous le nom de *Manna Laricea*. Quand il s'éleve un vent froid pendant la nuit, & que le ciel eſt couvert, on ne trouve point de Manne ſur les arbres ; mais plus la roſée eſt forte, plus les arbres ſont chargés de Manne le matin ; elle ſe trouve auſſi plus abondante ſur les arbres jeunes & vigoureux ; les vieux n'en ont que ſur les branches nouvelles qui partent du tronc ou des groſſes branches. Cette Manne cependant ne fait point un objet de commerce.

M. le Marquis de la Galiſſoniere, Gouverneur du Canada, m'a rapporté de ce pays une réſine ſeche & concrete, qui vient d'un Larix : elle a cela de ſingulier, que quand on la brûle, elle répand une odeur fort agréable de Benjoin ou de *Stirax*.

Tome I. Pl. 131.

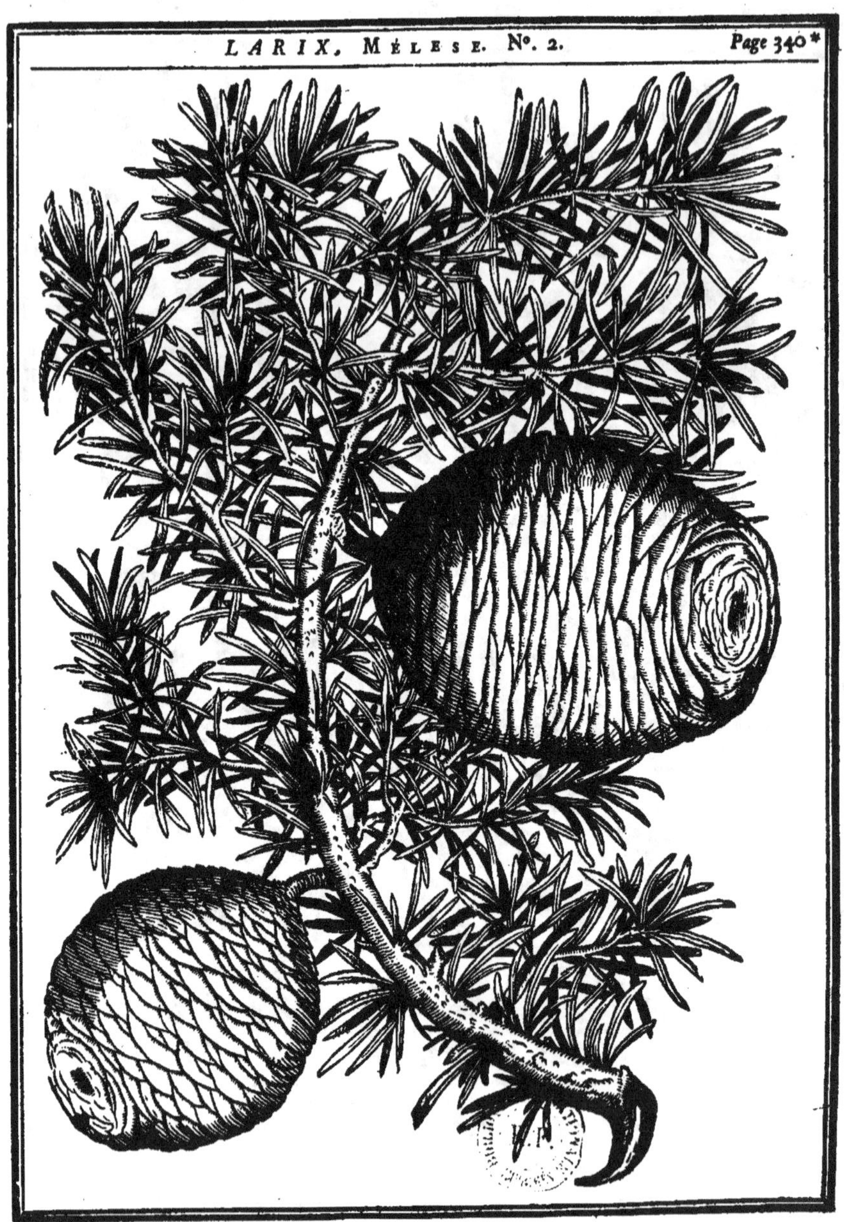

Tome I. Pl. 132.

LAVANDULA, Tournef. & Linn. LAVANDE.

DESCRIPTION.

LA Lavande porte des fleurs (*a*) labiées, dont le calyce (*c*) eſt court, renflé, finement dentelé par les bords, & d'une forme preſque ovale.

Le pétale (*b*) eſt diviſé en deux levres principales, la ſupérieure eſt relevée, arrondie & échancrée dans ſon milieu ; l'inférieure eſt diviſée en trois parties qui ſont preſque égales & arrondies.

On trouve dans l'intérieur du pétale quatre petites étamines terminées par de petits ſommets ; il y en a deux qui ſont plus courtes que les deux autres.

Le piſtil (*e*) eſt formé d'un embryon qui eſt diviſé en quatre parties, & ſurmonté d'un ſtyle menu qui ſe termine par un ſtigmate obtus, & qui n'excede pas le pétale.

De l'embryon ſe forment quatre ſemences (*g*) preſque ovales, qui n'ont pour enveloppes que le calyce (*f*), au fond duquel elles ſe trouvent.

La Lavande eſt une ſorte d'arbuſte qui pouſſe des verges dures, ligneuſes, quarrées à la hauteur de deux ou trois pieds ; elles ſont chargées dans toute leur longueur de feuilles longues, étroites, blanchâtres, & ſont terminées par des épis de fleurs ; toutes les parties de la plante ont une odeur aromatique & agréable.

Comme les parties de la fructification des *Stæchas* ſont ſemblables à celles des Lavandes, M. de Tournefort n'établit la différence de ces deux genres que ſur ce que les fleurs des Lavandes viennent par épis, & celles des *Stæchas* en forme de tête. Mais cette circonstance ne nous paroissant pas suffisante pour établir deux genres, nous comprenons les *Stæchas* avec les Lavandes, comme l'a fait M. Linneus.

E S P E C E S.

1. *LAVANDULA latifolia.* C. B. P.
 LAVANDE à feuilles larges. On l'appelle aussi ASPIC.

2. *LAVANDULA angustifolia.* C. B. P.
 LAVANDE à feuilles étroites.

3. *LAVANDULA Indica latifolia subcinerea spicâ, breviori.* H. R. P.
 LAVANDE des Indes à feuilles larges de couleur cendrée, & dont les épis des fleurs sont courts.

4. *LAVANDULA Hispanica tomentosa.* Inst.
 LAVANDE d'Espagne à feuilles couvertes de duvet blanc.

5. *LAVANDULA latifolia flore albo.*
 LAVANDE à larges feuilles & à fleurs blanches.

6. *LAVANDULA foliis crenatis.* Inst.
 LAVANDE à feuilles dentelées.

7. *LAVANDULA foliis pinnato-dentatis.* Linn. Hort. Cliff. STÆCHAS *folio serrato.* C. B. P.
 LAVANDE à feuilles dentelées, & dont les fleurs sont rassemblées en forme de tête.

8. *LAVANDULA foliis lancedato-linearibus, spicâ comosâ.* Linn. Hort. Cliff. STÆCHAS *purpurea.* C. B. P.
 LAVANDE à feuilles étroites, & dont les fleurs purpurines sont rassemblées en forme de tête.

C U L T U R E.

La Lavande n'est point délicate ; elle vient par-tout, & elle se multiplie par des drageons enracinés qui se trouvent auprès des gros pieds. Il est bon de transplanter les gros pieds tous les trois ou quatre ans pour les planter plus avant en terre.

U S A G E S.

Cette plante est fort belle dans le mois de Juin, quand elle

eſt chargée de ſes épis de fleurs bleues ou blanches; elle répand une odeur très-agréable. On diſtille ſes fleurs avec le vin
& l'eau-de-vie pour faire *l'eſprit de Lavande* qu'on emploie
pour parfumer l'eau dont on ſe lave.

Ses fleurs rendent beaucoup d'huile eſſentielle de bonne
odeur. Le bois & les feuilles ſans les fleurs en rendent auſſi,
mais en moindre quantité & d'une odeur moins gracieuſe. Pour
avoir de l'eſprit de Lavande très-agréable, il faut mêler de
l'huile eſſentielle très-rectifiée & nouvellement diſtillée, avec
de bon eſprit-de-vin, & y ajoûter, ſi l'on veut, une très-
petite quantité de ſtirax ou de benjoin.

L'huile eſſentielle qu'on retire de l'eſpece n°. 1, ſe nomme
Huile de Spique, ou communément *d'Aſpic*; elle eſt d'une odeur
pénétrante, fort inflammable. On la recommande pour tuer
les vers: les Peintres en émail en font uſage.

Cette plante paſſe pour réſolutive, céphalique, antihyſtérique.

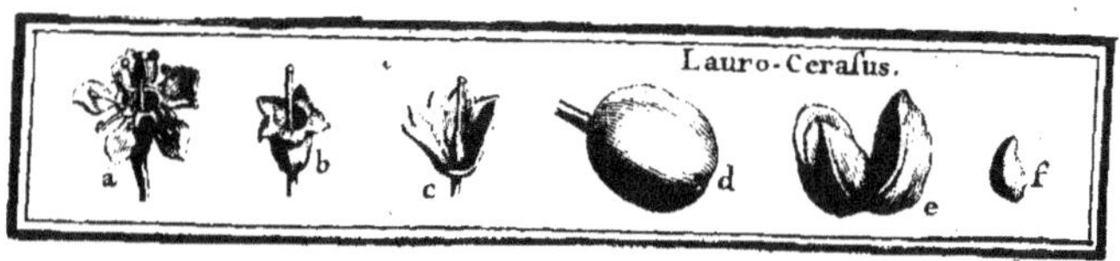

LAURO-CERASUS, Tournef. *PADUS*, Linn.
Gen. Plant. *PRUNUS*, Linn. Sect. Plant.
LAURIER-CERISE.

DESCRIPTION.

LA fleur (*a*) des Lauriers-Cerifes eft formée d'un calyce (*b*) qui eft d'une feule piece, figurée en cloche ouverte dont les bords font divifés en cinq ; ce calyce porte cinq pétales arrondis, difpofés en rofe. On apperçoit dans l'intérieur vingt ou trente étamines furmontées de fommets arrondis ; elles prennent leur origine du calyce : le milieu de la fleur eft occupé par un piftil (*c*), qui eft formé d'un embryon arrondi & d'un ftyle terminé par un ftigmate obtus. L'embryon devient une baie ovale (*d*), prefque ronde, charnue, dans laquelle on trouve un noyau fragile, ovale (*ef*), terminé un peu en pointe, & fillonné.

Les feuilles des Lauriers-Cerifes font fimples, entieres, ovales, oblongues, plus épaiffes & plus luifantes que celles de l'Oranger, & pofées alternativement fur les branches ; elles ont à leurs bords de petites dentelures qui font éloignées les unes des autres.

M. Linneus, dans fes *Genera plant.* a fait un genre particuculier des *Padus*, dans lequel il a compris les Lauriers-Cerifes & plufieurs efpeces de Cerifiers qu'on trouve au mot *Cerafus*. Mais dans fes *Spec. plant.* il a réuni aux Pruniers les *Armeniaca*, les *Cerafus*, les *Padus*, & par conféquent les *Lauro-Cerafus*.

E S P E C E S.

1. *LAURO-CERASUS.* Cluſ. Hiſt.
L a u r i e r - C e r i s e ordinaire.

2. *LAURO-CERASUS foliis ex luteo variegatis.* M. C.
L a u r i e r - C e r i s e ordinaire à feuilles panachées de jaune.

3. *LAURO-CERASUS foliis ex albo variegatis.* M. C.
L a u r i e r - C e r i s e ordinaire à feuilles panachées de blanc.

4. *LAURO-CERASUS Luſitanica minor.* Inſt.
Petit L a u r i e r - C e r i s e de Portugal, ou A z a r e r o des Portugais.

5. *LAURO-CERASUS Americana amygdali odore.*
L a u r i e r - C e r i s e de la Louyſiane, dit L a u r i e r A m a n d é.

C U L T U R E.

Les eſpeces, nᵒ. 1, 2 & 3, ſupportent aſſez bien nos hyvers; elles ne gelent jamais dans les Provinces maritimes; & ſi dans l'intérieur du Royaume des gelées très-fortes font périr leurs branches, les racines ſubſiſtent, & elles produiſent de nouveaux jets.

L'eſpece nᵒ. 4 eſt plus délicate: néanmoins elle ſupporte les hyvers ordinaires, lorſqu'elle eſt en bonne expoſition.

Le nᵒ. 5 a ſupporté, en pleine terre, l'hyver de 1754 dans les Jardins de M. le Duc d'Ayen.

On peut multiplier les Lauriers-Ceriſes par les ſemences & les marcottes; & on greffe, ſi l'on veut, les eſpeces panachées, 2 & 3, & même l'*Azarero*, nᵒ. 4, ſur le nᵒ. 1.

On a greffé avec ſuccès le Laurier-Ceriſe ſur le Ceriſier; mais les arbres ne durent pas. Il y en a dans les Jardins de la Galiſſoniere, près de Nantes, qui ont deux ans, & qui ſe portent bien. On y a auſſi greffé, mais ſans ſuccès, les Ceriſiers ſur les Lauriers-Ceriſes: on s'étoit propoſé d'avoir ainſi des Ceriſiers nains.

USAGES.

Les efpeces, n°. 1, 2 & 3, portent de grandes & belles feuilles qui ne tombent point l'hyver ; ainfi ces arbres doivent être mis dans les bofquets de cette faifon. On peut auffi en garnir des terraffes : & je crois avoir remarqué qu'ils geloient moins à l'expofition du Nord qu'à celle du Levant.

Cet arbre fe charge dans le mois de Mai de belles fleurs en pyramides ; & quoiqu'elles ne foient pas d'un beau blanc, elles peuvent fervir à décorer les bofquets du printemps.

Dans les pays maritimes où le Laurier-Cerife ne gele jamais, on peut en faire des taillis qui fourniront d'excellens cercles ou cerceaux pour les barils.

Les fleurs & les feuilles du Laurier-Cerife ont une odeur d'Amande amere qui eft affez agréable ; on s'en fert dans les cuifines pour donner le goût d'Amande aux foupes au lait & aux crêmes. On en retire par la diftillation avec l'eau-de-vie, une liqueur qui eft affez gracieufe, & que l'on prétend être bonne pour l'eftomac ; mais il ne faut pas la charger trop de cet aromat : car en diftillant plufieurs fois de l'eau fur les feuilles de Laurier-Cerife, on en retire une liqueur qui eft un violent poifon pour les hommes & pour les animaux.

J'ai fait fur ce poifon diverfes expériences. Une cuillerée fuffit pour tuer fur le champ un gros chien. La diffection la plus exacte ne me fit appercevoir aucune inflammation ; mais lorfque nous ouvrîmes l'eftomac, il en fortit une odeur d'A-mande amere très-exaltée, qui penfa nous fuffoquer. Ainfi je crois que cette vapeur agit fur les nerfs ; car fi nous nous étions obftinés à refpirer l'odeur qui s'exhaloit de l'eftomac, nous ferions tombés évanouis, & peut-être aurions-nous auffi été fuffoqués. Malgré les fâcheux effets que produit cette eau qu'on a diftillée fur les feuilles de Laurier-Cerife, elle peut être un bon ftomachique, étant prife à petite dofe ; car fi l'on en fait avaler tous les jours deux ou trois gouttes à un chien, fon appétit augmente & il engraiffe.

L'*Azarero*, n°. 4, eft un arbriffeau très-agréable pour fa feuille & fa fleur ; mais il craint le froid, & l'on aura de la peine à l'élever, même en efpalier.

X x ij

Tome I. Pl. 133.

LAURUS, Tournef. & Linn. LAURIER.

DESCRIPTION.

LA fleur (*a*) du Laurier n'a point de calyce, mais quatre ou cinq pétales ovales (*b*), creufés en cuilleron, & ter-minés en pointe; ou plutôt un pétale divifé jufqu'à la bafe en quatre, cinq ou fix parties.

On découvre dans l'intérieur (*c*) neuf étamines rangées trois à trois fur trois lignes concentriques, qui ont pour centre ce-lui de la fleur, où eft un piftil compofé d'un embryon ovale qui eft furmonté d'un ftyle terminé par un ftigmate obtus.

L'embryon devient une baie (*d*) ovale terminée en pointe, & couverte en partie (*ef*) par le pétale qui tient lieu de ca-lyce.

On trouve dans l'intérieur un noyau ovale (*g*).

Outre les parties dont on vient de parler, on découvre auprès de l'embryon trois tubercules colorées que M. Linneus nomme *nectarium*, & deux petits corps arrondis qui font atta-chés par de courts pédicules à la bafe des trois étamines, qui occupent le fecond rang. Enfin on trouve quelquefois des fleurs mâles qui ne donnent point de fruit; & dans les Lauriers or-dinaires, n°. 2, il y a des individus mâles & des individus femelles.

Les Lauriers ne fe dépouillent point l'hyver; leurs feuilles font entieres, fimples, d'un beau verd, luifantes, fermes & pofées alternativement fur les branches.

Le verd des feuilles des Lauriers-jambons eft foncé & obf-cur. Les feuilles de la plupart font comme froncées par leurs bords.

E S P E C E S.

1. *LAURUS latifolia Dioſcoridis.* C. B.
Laurier à feuilles larges.
Tous les Lauriers ordinaires ſe nomment auſſi Laurier-jambon.

2. *LAURUS vulgaris.* C. B. P.
Laurier ordinaire, ou Laurier-franc.

3. *LAURUS vulgaris flore pleno.* H. R. Monſp.
Laurier ordinaire à fleur double.

4. *LAURUS vulgaris folio undulato.* H. R. Par.
Laurier ordinaire à feuille ondée.

5. *LAURUS tenuifolia mas.* Tabern. Icon.
Laurier à feuille étroite.

6. *LAURUS foliis enerviis, ovatis, utrinque acutis, integris, annuis.* Linn.
Hort. Cliff. ou *Arbor Virginiana, Pishaminis folio baccata, Ben-*
zoinum redolens. Pluk.
Laurier dont les feuilles ſont entieres, ovales & ſans nervures,
qui ſent le Benjoin.

7. *LAURUS foliis integris & trilobis.* Linn. Hort. Cliff. *Cornus*, Pluk.
Sassafras, C. B. P.
Laurier-Sassafras dont les feuilles ſont découpées par trois
grandes dentelures.

8. *LAURUS foliis lanceolatis, tranſverſe venoſis, calycibus fructus baccatis.*
Linn. Hort. Cliff.
Laurier dont les feuilles ſe terminent en pointe.

C U L T U R E.

Toutes les eſpeces de Lauriers craignent les grands hyvers;
néanmoins nous en avons qui, expoſés au midi le long d'un
mur, ont vingt ou vingt-cinq pieds de hauteur; & il y en a
dans le boſquet d'hyver qui y ſubſiſtent depuis huit ou dix ans
ans avoir été couverts en aucune maniere. Mais on fera bien de ne
riſquer les eſpeces 6 & 7 en pleine terre, que quand les pieds
feront un peu forts; & il ſera bon, ſur-tout dans les premieres
années, de mettre un peu de litiere ſur les racines.

· Au refte ces arbres peuvent fe multiplier par les femences & par les marcottes, & l'on peut les greffer les uns fur les autres.

. Ils réuffiffent mieux dans les terreins fecs que dans les ter-reins humides.

U S A G E S.

Comme toutes les efpeces de Lauriers confervent leurs feuil-les pendant l'hyver, on pourra les mettre dans les bofquets de cette faifon, fur-tout dans les pays maritimes.

· Le bois des efpeces nº. 1, 2, 3, 4 & 5, eft pliant & fort, quoique tendre; ainfi dans les Provinces maritimes où ces ar-bres ne gelent jamais, on pourra en faire de très-bons cerceaux pour les petits barils.

Les feuilles de ces Lauriers qu'on nomme *Laurier-jambon,* entrent comme affaifonnement dans plufieurs mets.

On tire des baies de ce Laurier une huile qui eft très-réfo-lutive. Pour cela on pile dans un grand mortier des baies de Laurier fraîchement cueillies & bien mûres; on les met dans une grande chaudiere avec de l'eau, de forte qu'elles en foient recouvertes d'environ un pied : on fait bouillir cette eau à petit feu pendant dix heures; enfuite la liqueur étant bouillante, on verfe le tout dans des facs de toile forte & un peu claire; on met le mare à la preffe pour mêler ce qui en découle avec la liqueur qui a paffé en premier lieu; & quand la liqueur eft refroidie, on trouve l'huile de Laurier qui s'eft figée à la fu-perficie de l'eau. On peut, en faifant bouillir le marc dans la même eau, en retirer encore un peu d'huile; mais celle-ci eft inférieure à la premiere.

On apporte des pays chauds des baies de Laurier feches; il faut les choifir récentes, bien nourries, point vermoulues, ni féparées de leur écorce, de couleur noirâtre : on les em-ployoit autrefois pour les teintures; mais on a maintenant des drogues plus communes qui fourniffent de plus belles couleurs.

· On fait que le Benjoin qui nous vient de Siam, de Sumatra & des côtes de Java, eft une gomme-réfine qui découle d'un arbre, comme le Sandaraque coule du Genievre. Nous avons dans nos cabinets des morceaux de cet arbre, dans lefquels on apperçoit des veines de Benjoin qui ont une odeur très-agréable. On trouve dans les boutiques deux efpeces de Benjoin: l'un en larme, qui eft le plus parfait; l'autre en maffe, qu'on peut fubftituer au premier quand il eft bien conditionné: l'un & l'autre doit avoir une odeur aromatique. & agréable, avec des taches blanches qui reffemblent à des Amandes rompues, ce qui le fait appeller *Benzoinum amygdaloides.* Si on le tient fur le feu dans une cucurbite de grais couvert d'un cornet de papier fort, il fe fublime en fleurs argentées qu'on emploie dans les parfums, & en Médecine pour les maladies du poumon, ainfi que dans la Chirurgie pour réfifter à la gangrene. On prétend qu'elles enlevent les taches de rouffeur.

Un Voyageur m'écrit: 1°. Qu'on recueille le Benjoin de deux manieres, ou par les incifions qu'on fait à l'arbre, ou en prenant celui qui en découle naturellement. 2°. Qu'il y en a de deux efpeces: l'un en fleurs noirâtres; c'eft le meilleur; il découle des jeunes arbres: l'autre, qu'on nomme *Amygdaloides,* & qui plaît à la vûe; mais il eft moins bon. 3°. Qu'on fophiftique le Benjoin en mêlant ces deux efpeces enfemble.

Le Laurier n°. 6, dont nous parlons dans cet article, n'eft pas l'arbre qui fournit le Benjoin; mais il en a l'odeur. Cet arbre qui nous vient de Virginie & de Canada, eft encore trop rare pour que nous puiffions entrer dans quelque détail fur les ufages qu'on en peut faire.

Le *Laurier-Saffafras,* n°. 7, nous vient de Canada du côté des Iroquois; mais il eft encore fort rare en France. On fait feulement que fon bois qu'on nous apporte de la Floride & d'ailleurs, a un goût piquant aromatique & l'odeur du Fenouil, & qu'on l'emploie comme incifif, apéritif & fudorifique.

Cet arbre eft commun à la Louyfiane: fon bois ne brûle que quand il eft excité par d'autre, & il s'éteint fi-tôt qu'on l'a retiré du feu.

M. Sarrazin dit que cet arbre fe plaît dans les bonnes terres & à découvert, & qu'en Canada on l'appelle fimplement *Laurier.*

On cultive en Angleterre deux variétés du Laurier n°. 8: l'une dont le fruit eft rouge; & l'autre dont le fruit eft bleu,

LENTISCUS,

Tome I. Pl. 134.

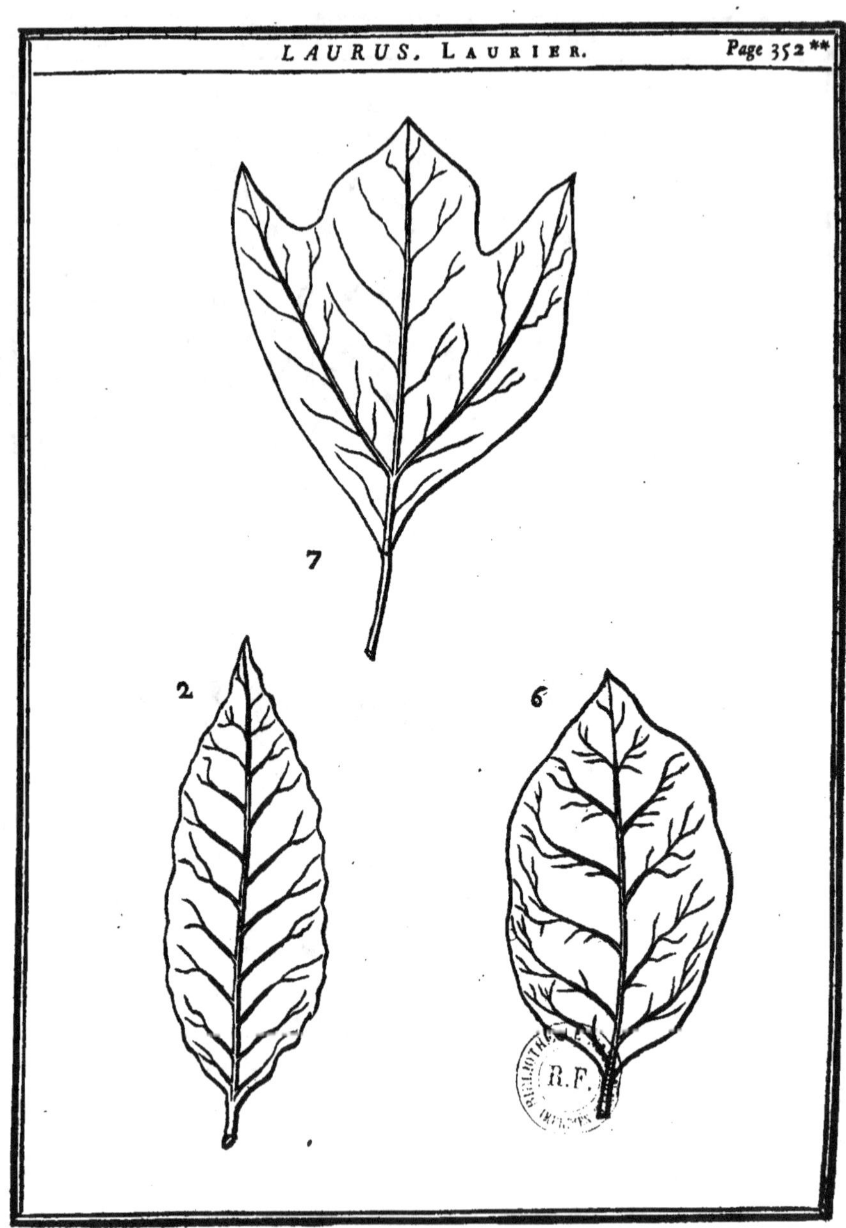

LENTISCUS, Tournef. *PISTACHIA*, Linn.
LENTISQUE.

DESCRIPTION.

LES Lentifques portent fur différents pieds des fleurs mâles & des fleurs femelles.

Les fleurs mâles font difpofées en grappes, & l'on trouve à
la bafe de chacune une petite feuille plate en forme d'écaille.
Outre cela chaque fleur a un calyce propre, fort petit & divifé en cinq; point de pétale, mais cinq étamines courtes,
terminées par des fommets affez gros.

Le calyce propre des fleurs femelles eft divifé en trois, &
fort petit; il n'a point de pétale, mais un piftil compofé d'un
embryon plus grand que le calyce, & de trois ftyles terminés
par des ftigmates affez gros & velus.

Il faut confulter, fur ce qui vient d'être dit, la vignette du
Terebinthus; ces deux genres fe reffemblant beaucoup, fur-tout
par les parties de la fructification.

L'embryon devient une baie oblongue (*a b*), peu charnue;
dans laquelle fe trouve un noyau de forme ovale (*c d*).

Les feuilles des Lentifques font compofées de plufieurs folioles rangées par paires fur un filet commun, qui n'eft point
terminé, comme dans la plupart des feuilles conjuguées, par
une foliole unique : cette circonftance peut fervir à diftinguer
les Lentifques d'avec les Térébinthes, fi l'on veut, comme M.
de Tournefort, en faire deux genres. Cet auteur remarque que
les Lentifques de l'Ifle de Scio ont leurs feuilles plus grandes
que ceux de Provence.

ESPECES.

1. *LENTISCUS vulgaris.* C. B. P. *Mas & femina.*
LENTISQUE ordinaire de Montpellier.

2. *LENTISCUS sativa latifolia,* SCHINOS *Græcorum.*
LENTISQUE cultivé à feuilles larges , qu'on nomme à Scio
SCHINOS.

3. *LENTISCUS sativa latifolia pubescens,* SCHINOS ASPROS *Græcorum.*
.LENTISQUE cultivé, ou LENTISQUE blanc qu'on nomme à
Scio SCHINOS ASPROS.

4. *LENTISCUS silvestris ramis rubentibus baccifera,* VOTOMOS *Græcorum.*
LENTISQUE sauvage cultivé, dont les rameaux sont rougeâtres,
& qui porte des baies qu'on nomme à Scio VOTOMOS.

5. *LENTISCUS silvestris foliis oblongis, acutis; baccifera,* PISCARI
Græcorum.
LENTISQUE sauvage cultivé, à feuilles oblongues & pointues,
qui porte des baies; & qu'on nomme à Scio PISCARI.

6. *LENTISCUS omnium minima.*
Très-petit LENTISQUE, ainsi nommé à Trianon. On l'y a élevé
de graines venues de Scio.

LENTISCUS Peruviana. Voyez MOLLE.

CULTURE.

Le Lentisque se multiplie aisément des semences qu'on tire
de Provence & du Levant; mais il craint le froid : ainsi on ne
peut espérer de parvenir à l'élever en pleine terre , qu'en le
mettant en espalier à une bonne exposition , & qu'en prenant
un grand soin de le couvrir en hyver.

Malgré ces précautions, il convient de ne le risquer en
pleine terre , que lorsqu'il sera devenu un peu gros.

Il croît naturellement en Languedoc , en Provence, en Italie,
en Espagne , aux Indes ; & on le cultive dans l'Isle de Scio
pour en recueillir le Mastic dont les Turcs font un grand usage.

La culture de cet arbre ne consiste qu'à le provigner. On a
par ce moyen beaucoup de jeunes pieds vigoureux , qui four-

niſſent plus de Maſtic que les vieux : c'eſt pour cela, dit M.
de Tournefort, que les Lentiſques de l'Iſle de Scio ne ſont point
raſſemblés en boſquets, ni plantés en haie ou en quinconce ;
mais qu'ils ſont répandus par buiſſons dans les campagnes.
On ne les laboure qu'en hyver ; pendant l'été on ſe contente
de tenir le deſſous des arbres bien net d'herbes & de feuilles,
afin que le maſtic qui tombe à terre en ſoit plus propre.

M. Digeon Drogman, chargé du Vice-Conſulat de Scio,
& M. Couſineri, tous deux Correſpondans de M. Peyſſonel,
Conſul de France à Smyrne, diſent qu'on greffe les bonnes
eſpeces ſur celles qui ſont plus communes ou moins précieu-
ſes ; & que les Turcs croient que ces arbres ne peuvent s'é-
lever de ſemence, ce qui eſt une erreur ; car les ſemences
du Lentiſque de Provence levent très-bien ; & M. Peyſſonel
a élevé des Lentiſques dans ſon Jardin avec la graine qui lui
avoit été envoyée de Scio.

Les Turcs plantent les jeunes Lentiſques en Janvier : ils
fleuriſſent en Mars. On leur fait des inciſions au mois de Juillet ;
la réſine coule ordinairement juſqu'à terre ; mais il s'en congele
en larmes ſur les branches : celle-ci eſt plus eſtimée que l'autre.
On commence à ramaſſer la réſine vers le ſeizieme d'Août ;
cette récolte dure huit jours : on fait enſuite d'autres inciſions
aux mêmes arbres, la ſeconde récolte commence vers le quatorze de Septembre ; & quoiqu'on ne faſſe plus enſuite de
de nouvelles inciſions, le maſtic continue de couler juſqu'au
huit de Novembre : on le ramaſſe tous les huit jours ; & après
ce temps la récolte n'en eſt plus permiſe.

USAGES.

Le Lentiſque forme un joli arbre qui ne quitte point ſes
feuilles pendant l'hyver : mais il eſt trop délicat pour être mis
dans les boſquets de cette ſaiſon.

On apporte des pays chauds le bois de Lentiſque. Il doit
être nouveau, ſec, difficile à rompre, peſant, point carié,
gris au dehors, blanc au dedans, d'un goût aſtringent. Comme
on lui attribue la propriété de fortifier les gencives, on en fait
des curedents, & on uſe de ſa décoction pour les gargariſmes.

Il entre dans quelques compofitions pharmaceutiques en qualité d'aftringent. En Italie, on tire du fruit de cet arbre une huile, ainfi que l'on tire celle du Laurier en Languedoc. Voyez pour cela l'article *LAURUS*.

M. de Tournefort dit qu'au Levant on fait, par expreffion, avec les fruits du Lentifque, une huile que les Turcs préferent à celle d'Olive pour brûler, & pour employer dans leurs médicaments.

Dans l'Ifle de Scio, on fait, comme nous l'avons dit, des incifions au tronc & aux groffes branches des Lentifques; & il en découle des larmes réfineufes qu'on nomme *Maftic*. Les gouttes de Maftic qui tombent à terre fe durciffent & compofent fouvent des plaques affez groffes. Pour que la récolte foit bonne, il faut que le temps foit fec & ferain; car fi la terre vient à être détrempée par la pluie, elle couvre ces larmes & les perd. On paffe le Maftic dans un tamis clair pour en féparer les ordures : la plus grande partie de cette récolte fert à payer le tribut au Grand-Seigneur. Le Maftic doit être par petits grains, clairs, tranfparents, luifants, d'un blanc jaunâtre & d'une odeur qui n'eft point defagréable. Le Maftic qu'on nomme *en forte* eft mêlé d'impuretés, quoiqu'il vienne du Levant comme celui qui eft *en larmes*.

On emploie intérieurement le Maftic pour fortifier l'eftomac, arrêter les diarrhées & les vomiffements. Il entre dans plufieurs baumes & emplâtres. On l'étend fur un morceau de taffetas, & on l'applique fur la tempe pour calmer les douleurs de dents. Enfin le Maftic fe diffout aifément; & il peut entrer dans la compofition de plufieurs vernis.

Les Turcs & les Dames du Serrail en mâchent prefque continuellement pour rendre leur haleine agréable, fortifier leurs gencives & blanchir leurs dents.

M^{rs}. Digeon & Coufineri difent qu'on diftingue quatre fortes de Lentifques qui fourniffent du Maftic, fans compter le fauvage qui n'en donne point. Les Grecs les nomment *Schinos*, *Schinos afpros*, ou Lentifque blanc; *Votomos* & *Pifcari* : les deux premiers font auffi nommés *Lentifques domeftiques*; & les deux autres *fauvages cultivés*.

Les *Schinos* & les *Schinos afpros* produifent le plus beau Maftic;

le plus tranſparent & le plus ſec ; c'eſt en conſéquence de ces qualités que les Marchands le nomment *Maſtic mâle* : M. Digeon remarque expreſſément que la ſeule différence qu'il y ait entre ces deux Lentiſques, c'eſt que le *Schinos* donne moins de Maſtic que le *Schinos aſpros*. Il y a apparence que ces deux eſpeces ne portent que des fleurs mâles , & ne fourniſſent point de fruit. Nous en ferons certains quand M. Peyſſonel aura pouſſé plus loin ſes recherches ; mais ce qui rend ceci fort probable , c'eſt·qu'on eſt obligé de multiplier ces deux eſpeces par boutures & par marcottes, ou de les greffer, au lieu que les autres ſe trouvent naturellement dans les bois. C'eſt une remarque de M. Couſineri.

Le *Votomos* qui donne du fruit, a les feuilles plus petites que les autres, & il étend davantage ſes branches. Il donne très-peu de Maſtic ; mais ce Maſtic eſt d'aſſez bonne qualité , & il eſt *mâle* , ſelon l'expreſſion des Marchands.

Ce Lentiſque, à cauſe de ſes petites feuilles , paroîtroit être celui de Provence ; au lieu que ceux dont nous avons parlé auparavant ſembleroient être l'eſpece que M. de Tournefort a apportée du Levant, & qui a ſubſiſté long-temps au Jardin du Roi. Mais comme il eſt dit que le *Votomos* donne des baies, on pourroit croire que c'eſt le Lentiſque femelle ; & que le *Schinos* eſt le Lentiſque mâle qui féconde les autres. Au reſte on connoît au Levant les Lentiſques ſauvages qui paroiſſent être les mêmes que ceux de Provence.

M. Digeon ajoute que le *Piſcari* forme un plus gros buiſſon que les autres ; que ſes feuilles ſont plus longues & plus pointues que celles du *Votomos* ; qu'il fournit beaucoup plus de Maſtic que les autres : mais que ce Maſtic eſt de médiocre qualité ; les Marchands le nomment *femelle*. Il eſt opaque & gluant : il ſe ſeche difficilement, & s'amollit à la moindre chaleur. M. Peyſſonel s'eſt aſſuré que ce Lentiſque donne des ſemences. M. Couſineri nous apprend encore que les Payſans mêlent de bon Maſtic avec celui du *Piſcari ;* & qu'au bout d'un mois ou ſix ſemaines , ce Maſtic forme des pains aſſez ſecs , mais faciles à diſtinguer du bon Maſtic en les rompant.

M. Peyſſonel nous a envoyé des branches d'un Lentiſque qu'il nomme *ſauvage* ; les feuilles de celui-ci ſont plus longues ,

plus étroites & plus pointues que celles des autres efpeces. Il
nous affure qu'on ne s'en fert que pour greffer fur les *Schinos* &
les *Schinos afpros*, qui ont leurs feuilles affez grandes, ovales, &
& leur bois chargé d'une efpece de petit duvet. Le Lentifque
qu'il nomme *fimple*, ou *Votomos*, a les feuilles un peu plus
petites que le blanc, & le bois plus rouge. Ces remarques font
faites fur des branches de toutes les efpeces de Lentifque, que
M. Peyffonel nous a envoyées parfaitement defféchées.

Ce que nous venons de rapporter s'accorde avec ce que je
trouve dans une Lettre d'un Voyageur, & dans ce qu'écrit un
Grec qui faifoit fa demeure à Scio même ; nous croyons devoir donner l'extrait de ces deux Lettres, ne fût-ce que pour
augmenter encore la confiance qu'on doit accorder aux Mémoires que M. Peyffonel & fes Correfpondans ont bien voulu nous
fournir.

Suivant la Lettre du Voyageur dont je parle, on diftingue à
Scio quatre efpeces de Maftic : la premiere efpece eft en groffes
larmes blanches ; la feconde, en larmes ou morceaux moins
gros ; la troifieme, en morceaux plus petits ; & la quatrieme eft
brute. Il ajoute que les Juifs ne font d'autre falfification à ce
Maftic, que de le faire fondre dans de l'eau bouillante pour le
purifier & le rendre plus blanc ; après quoi ils le réduifent en
affez gros morceaux, afin de le rendre plus commode à la
vente. On avoit foupçonné que les Juifs le mêloient avec du
Sandaraque : mais notre Voyageur dit que cela ne peut pas être,
parce que le Sandaraque coûte quatre fois plus au Levant que
le Maftic.

Le Grèc de Scio nous mande que le Maftic coule des incifions qu'on fait au tronc & aux branches des Lentifques dans
le mois d'Août & de Septembre ; & qu'on a foin de bien
battre & de balayer la terre qui eft fous ces arbres, afin que le
Maftic qui tombe à terre foit moins altéré. Il ajoûte qu'il y a
des Lentifques fauvages qui ne fourniffent pas de bon Maftic,
mais qui donnent une réfine prefque auffi liquide que la térébenthine. Il dit encore que les bons Lentifques ne fe trouvent
que dans la partie de l'Ifle qui eft du côté du Sud ; enfin il
obferve que la feule préparation qu'on donne au Maftic, eft de
trier les grains qui font les plus beaux & les moins chargés
d'impuretés.

Tome I. Pl. 136.

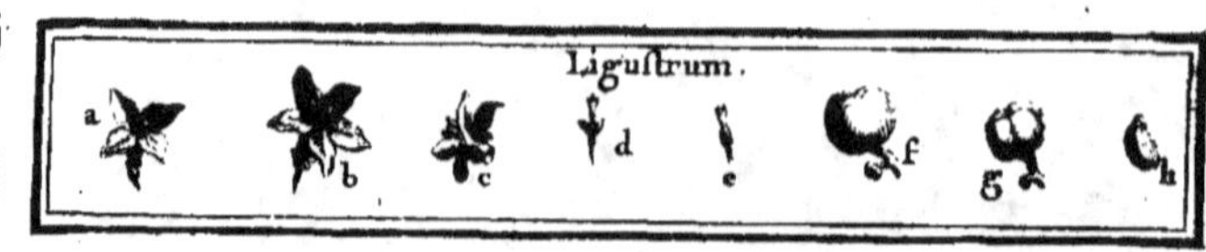

LIGUSTRUM, Tournef. & Linn. TROENE.

DESCRIPTION.

LES fleurs (*ab*) du Troêne ont un petit calyce d'une seule piece, divisé en quatre ; & un seul pétal (*c*) qui a la forme d'un tuyau dont les bords sont divisés en quatre parties ovales. On ne trouve dans l'intérieur que deux étamines & un pistil qui est formé d'un embryon & d'un style (*de*) fort court, & surmonté d'un stigmate qui est divisé en deux parties.

L'embryon devient une baie arrondie (*fg*), dans laquelle on trouve quatre semences (*h*) aussi arrondies d'un côté, mais plates & anguleuses sur les côtés où elles se touchent.

Les fleurs du Troêne sont rassemblées en épi comme celles du Lilas.

Ses feuilles sont simples, lisses, oblongues, non dentelées, opposées deux à deux sur les branches. Dans les hyvers doux, elles restent sur les arbres jusqu'au printemps ; mais elles tombent quand les gelées ont été très-fortes.

ESPECES.

1. *LIGUSTRUM.* J. B.
   TROENE.

2. *LIGUSTRUM foliis è luteo variegatis.* H. R. P.
   TROENE à feuilles panachées de jaune.

3. *LIGUSTRUM foliis argentatis.* Breyn. Prod.
   TROENE à feuilles panachées de blanc.

CULTURE.

Le Troêne s'éleve aifément de femence ; mais comme il en leve beaucoup dans les bois, on y trouve fuffifamment de jeunes plans. On peut greffer les Troênes panachés fur les communs, ou les multiplier par marcottes.

USAGES.

Comme les Troênes ne fe dépouillent que quand les gelées ont été très-fortes, on fera bien de les mettre dans les bofquets d'automne. On pourra auffi en mettre dans ceux d'été; car ces arbriffeaux font jolis au commencement de Juin, lorfque leurs fleurs font épanouies.

Les efpeces, 2 & 3, font eftimables à caufe de leurs feuilles panachées.

Comme les Troênes ne font point délicats, on peut en mettre dans les remifes; car les oifeaux fe nourriffent de leur fruit.

Les branches des Troênes font flexibles; on les emploie pour faire des liens & de petits ouvrages de vannerie.

La décoction des feuilles ou des fleurs de Troêne eft recommandée pour les maux de gorge , pour les ulceres de la bouche, & pour raffermir les gencives dans les affections fcorbutiques.

LILAC,

Tome I. Pl. 137.

LILAC, Tournef. *SYRINGA*, Linn. LILAS.

DESCRIPTION.

LE calyce de la fleur (*a*) du Lilas est petit, d'une seule piece, figuré en tuyau dont le bord est divisé en quatre. Le pétale (*b*) forme aussi un tuyau assez allongé, dont les bords sont divisés en quatre parties arrondies, creusées en cuilleron.

On ne trouve dans l'intérieur que deux étamines fort courtes, terminées par de petits sommets, & un pistil (*c d*) qui est formé d'un embryon allongé & d'un style assez court qui porte un stigmate divisé en deux.

L'embryon devient une capsule (*e*) oblongue, applatie, pointue, semblable à un fer de pique, divisée en deux loges (*f g*), dans chacune desquelles on trouve une semence (*h*) oblongue, applatie, pointue par les deux bouts, & bordée d'une aîle membraneuse.

Les fleurs sont rassemblées par bouquets ou épis assez gros.

Les feuilles sont de figure très-différente, suivant les especes, mais toujours opposées deux à deux sur les branches.

ESPECES.

1. *LILAC.* Math.
   LILAS des bois à fleur d'un bleu pâle.

2. *LILAC flore albo.* Inst.
   LILAS des bois à fleur blanche.

3. *LILAC flore saturatè purpureo.* Inst.
   LILAS à fleur pourpre.

4. *LILAC flore albo, foliis ex luteo variegatis.* M. C.
   L I L A S à fleur blanche dont les feuilles font panachées de jaune.

5. *LILAC flore albo, foliis ex albo variegatis.* M. C.
   L I L A S à fleur blanche dont les feuilles font panachées de blanc.

6. *LILAC Liguſtri folio.* Inſt.
   L I L A S de Perſe à feuilles de Troêne & à fleur pourpre.

7. *LILAC Liguſtri folio flore albo.*
   L I L A S à feuilles de Troêne & à fleur blanche.

8. *LILAC laciniato folio.* Inſt.
   L I L A S de Perſe à feuilles découpées & à fleurs bleues.

   L I L A S des Indes, voyez *A z e d a r a c h.*

C U L T U R E.

On n'eſt pas dans l'uſage de multiplier les Lilas par les ſemences, parce qu'ils reprennent très-aiſément de marcottes;
& l'on trouve preſque toujours des drageons enracinés auprès
des gros pieds.

Les Lilas viennent aſſez bien dans les terreins les plus arides; & même on en voit d'aſſez beaux dans les ruines des
vieux Châteaux ſur des murs écroulés. Les Lilas de Perſe aiment néanmoins une terre un peu ſubſtantieuſe; car ſi la terre
eſt trop aride, ils ſe couvrent de mouſſe, & ne font que languir. On les taille au ciſeau ou au croiſſant pour en former des
paliſſades ou des boules.

U S A G E S.

Les eſpeces, 1, 2, 3, 4, 5, ont leurs feuilles ſimples, entieres, unies, larges par le bas, terminées en pointe par le
bout, ſans aucune dentelure; & elles font d'un verd qui tire un
peu ſur le bleu: elles conſervent leur verdure juſqu'aux gelées;
mais elles font ſujettes à être dévorées par les cantharides.

Ces Lilas font de grands arbriſſeaux qui ſe chargent dans le
mois de Mai de belles grappes de fleurs, qui répandent une
odeur des plus agréable; ainſi il convient d'en mettre dans les

boſquets du printemps. On pourra planter dans les remiſes les
eſpeces n°. 1 & 2.

Les Lilas de Perſe forment de plus petits arbriſſeaux ; ils
fleuriſſent auſſi dans le mois de Mai ; on doit donc les mettre comme les autres dans les boſquets du printemps. On en
diſtingue de deux eſpeces : les uns, dont les feuilles ſont entieres comme celles du Troêne, ont leurs fleurs blanches ou
tirant un peu ſur le rouge ; les autres, qu'on nomme à feuilles
découpées, ont ſur le même pied des feuilles entieres, & d'autres qui ſont découpées ſi profondément qu'elles paroiſſent formées de deux, trois, quatre, cinq & quelquefois ſix folioles.
La fleur de cette eſpece tire plus ſur le bleu que celle de
l'eſpece précédente.

La poudre & la décoction des ſemences du Lilas ſont aſ-
tringentes.

Tome I. Pl. 138.

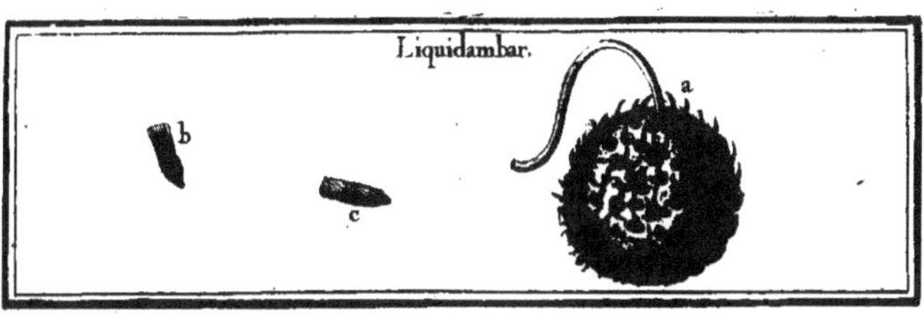

LIQUIDAMBAR, Boerh. & Linn.

DESCRIPTION.

LE Liquidambar porte des fleurs mâles & des fleurs femelles fur les mêmes pieds.

Les fleurs mâles font raffemblées de maniere qu'elles forment un épi qui fort d'un calyce compofé de quatre feuilles ou folioles ovales, creufées en cuilleron, & alternativement plus grandes l'une que l'autre. On n'apperçoit point de pétales, mais beaucoup d'étamines courtes qui font une efpece de houppe.

Les fleurs femelles font raffemblées en boules à la bafe des épis mâles; leur calyce eft femblable à celui des fleurs mâles; elles n'ont point de pétales, mais beaucoup d'embryons allongés, raffemblés en forme de fphere (*a*) avec deux ftyles garnis d'un ftigmate dans leur longueur. Chaque embryon devient une capfule oblongue (*b*) qui n'a qu'une loge; & chaque capfule eft renfermée dans des alvéoles qui font creufées dans le fruit, lequel a la forme d'un globe. C'eft dans ces capfules que l'on trouve les femences qui font oblongues (*c*) & terminées par un appendice membraneux.

Les feuilles de l'efpèce n°. 1 reffemblent beaucoup à celles de l'Erable à feuilles de Platane; mais elles font plus petites, & elles font pofées alternativement fur les branches.

Celles du n°. 2 font longues, étroites, profondément laciniées, & elles reſſemblent aux feuilles de l'*Aſplenium* ou *Ceterac.*

ESPECES.

1. *LIQUIDAMBAR.* C. B. P. ou *Styrax arbor Virginiana Aceris folio.* Raii Hiſt.
  LIQUIDAMBAR de la Louyſiane à feuilles d'Erable, ou LE COPALME.

2. *LIQUIDAMBAR foliis oblongis ſinuatis.* Linn. Spec. Plant. ou *Myrica foliis oblongis alternatim ſinuatis.* Linn. Hort. Cliff. ou *Gale-mariana Aſplenii folio.* Pet. Muſ.
  LIQUIDAMBAR à feuilles longues & découpées.

M. Peyſſonel nous a envoyé des fruits d'une troiſieme eſpece de Liquidambar, qu'il avoit reçue du Golfe de Boudron & de Stanchir. Ces fruits different de ceux du n°. 1, en ce que les boules font moins groſſes, & que les pointes qui terminent les enveloppes des ſemences font beaucoup plus petites & plus déliées. D'ailleurs les ſemences qui nous font venues du Levant font bien plus fines que celles du n°. 1 qu'on nous envoie de la Louyſiane.

CULTURE.

On multiplie l'eſpece n°. 1 par les ſemences qui nous font envoyées de la Louyſiane : cet Arbre aime la terre humide, & ſe plaît à l'ombre ; mais il faut avouer qu'on ne connoît pas encore bien ici la maniere de le cultiver ; car ceux que nous avons en France font languiſſants. Je crois que cet arbre craint les fortes gelées.

M. Peyſſonel, Conſul à Smyrne, en nous envoyant les fruits de la troiſieme eſpece dont je viens de parler, marquoit expreſſément que cet arbre croît, comme le Saule, le pied dans l'eau ; c'eſt ce qui m'a déterminé à planter l'eſpece n°. 1 dans cette poſition. Mais il n'y a que le temps qui puiſſe apprendre s'il réuſſira mieux ainſi.

Il ajoûte que dans les mêmes endroits il croît auſſi des arbres tout ſemblables à ceux dont nous parlons, mais qu'il n'en dé-

coule point de réfine : il nous promet fur cela des éclaircif-
fements.

U S A G E S.

Les feuilles de l'arbre, n°. 1, font d'un beau verd ; & quand
on les écrafe, elles répandent une odeur fort agréable. Cet
arbre fournit le Liquidambar des boutiques qui eft une réfine
liquide, claire, tirant fur le jaune, qui nous eft apportée de
la nouvelle Efpagne : cette réfine pour être bonne doit avoir
une odeur fort agréable. On dit que pour en faciliter le tranf-
port, on la fait quelquefois fécher au foleil ; alors c'eft une
réfine concrete. On nous a envoyé de la Louyfiane une réfine
liquide d'une odeur admirable. Le Liquidambar liquide, qui eft
le plus eftimé, eft regardé comme un excellent baume. Il paffe
pour émollient, maturatif, réfolutif, déterfif & antihyftérique.

Les fruits que M. Peyffonel nous a envoyés pour être ceux
de l'arbre qui donne le Storax, ont la forme de ceux du Liquidambar *Aceris folio*, qu'on nous envoie de la Louyfiane.

Néanmoins on trouvera dans cet Ouvrage, au mot *Styrax*,
un arbre d'un autre genre d'où cette réfine aromatique découle ;
mais comme on vend dans les boutiques du Storax en larme,
d'autre en pain, & d'autre liquide, ces différentes fubftances
peuvent être produites par des arbres de différent genre : ce qui
confirme dans cette opinion, c'eft qu'un Voyageur m'écrit que
le Storax en larme eft fourni par un arbre dont il me donne la
defcription, & qu'on ne peut douter être le *Styrax folio Mali
Cotonei* ; & il me marque expreffément que le Storax liquide
eft fort différent, & qu'il découle d'un arbre d'une autre efpece.

Cet arbre eft vraifemblablement celui dont M. Peyffonel
nous a envoyé les fruits & des femences qui ont levé. Mais
le Storax qui découle de cet arbre qu'on pourroit nommer le
Liquidambar, eft d'une odeur très-agréable & fort différent du
Storax liquide de nos boutiques, que nous foupçonnons être
une compofition.

Le bois de l'arbre, n°. 1, eft extrêmement fouple ; & quoiqu'il
foit tendre, il fe tourmente fi prodigieufement en fe féchant,
qu'il n'eft prefque d'aucun ufage. On ne l'emploie même guere
pour brûler, parce qu'il répand une odeur trop forte. Néanmoins

comme cette odeur eft gracieufe lorfqu'elle eft modérée, les Miffionnaires en mettent dans leurs encenfoirs en place d'en-cens.

Le Liquidambar, n°. 2 , eft un arbriffeau que quelques Au-teurs ont pris pour un *Gale* ; fes fruits font aromatiques.

Fin du Tome premier.